오토캐드 2급자격증 쉽게 취득하기

‖ 오토캐드 2급자격증 시험준비를 위한 지침서 ‖

최재완 · 조형석 공저

저자약력

최 재 완   경상대학교 학사 · 석사, 계명대학교 박사, 직업훈련교사(산업디자인, 공업미술)
AutoCad공인강사, AutoCad 1급, 2급 자격증
국립순천대학교 출강

조 형 석   2006~ 성동조선해양 선장배관설계과 근무중
2003~ 현재 AutoCad 기술자격시험 감독관

오토캐드 2급자격증 쉽게 취득하기
‖ 오토캐드 2급자격증 시험준비를 위한 지침서 ‖

초판발행 · 2006년 3월 20일
2판발행 · 2007년 3월 10일
3판발행 · 2009년 8월 10일
4판발행 · 2010년 6월 10일
5판발행 · 2014년 7월 5일
6판발행 · 2018년 4월 5일

지 은 이 · 최재완, 조형석
펴 낸 이 · 배수현
제   작 · 송재호
홍   보 · 전기복
출   고 · 장보경
유   통 · 최은빈

펴 낸 곳 · 가나북스 www.gnbooks.co.kr
출판등록 · 제393-2009-000012호
전   화 · 031-408-8811(代)
팩   스 · 031-501-8811

ISBN 978-89-94664-71-2(93560)

Auto Cad를 사용한지 벌써 10년이 되어갑니다. 이 책 또한 출간 한지 8년이 되어갑니다.

이 책을 출간할 당시가 생각납니다. 대학교 학생들이 조금이 나마 빠르고 쉽게 사용할수 있는 교재를 만들고 싶어 시작하게 되었습니다. 그리고 이왕이면 취업에 도움이 되는 자격증을 취득할 수 있었으면 했습니다.

캐드는 주로 명령어로 이루어져 있어서 버전이 바뀌어도 명령어만 익히면 그리 어렵지 않은 프로그램입니다. 그러나 명령어만 이해한다고 해서 해결되는 프로그램은 더욱더 아닙니다.

캐드는 명령어와 제도법을 이해해야 합니다. 도면을 그리는 기본적인 방식은 변하지 않습니다. 그래서 정확한 명령어의 사용법과 제도법을 이해하여야 합니다. 특히 자격증을 취득하기 위해서는 시험방식을 이해해야 합니다. 또한 시험장소의 컴퓨터 조건과 소프트웨어버전을 파악해야 합니다. 프로그램 버전과 상관없이 기본적인 조건을 설정한 후 시험에 임할수 있도록 도움을 주고자 합니다.

이 책은 제도법과 명령어의 정확한 사용법 설명과 함께 시험을 준비하는 모든이들에게 이해하기 쉽게 단계별로 그림을 수록하였습니다.

AutoCad 자격증을 필요로 하는 시험 준비생들에게 지침서가 되기를 바랍니다.

/ 머리말 /

컴퓨터 프로그램의 책들은 버전업이 되면서 매년 바뀌고 있습니다. 매년 나오는 프로그램 책 중에서 어떤 책이 배우는 학생의 입장에서 유익한 책인가를 고민 했습니다. 어떠한 프로그램이든 그 근본적인 사용방법을 알게 해주고 이해 시켜 주는 것이 좋은 교재이지 않을까 생각합니다. 단순히 버전업이 된 프로그램의 메뉴얼 설명만을 하는것이 아니라 그 기능의 적절한 사용법을 알려 주고 어떻게 하면 쉽게 도면을 보고, 쉽게 그리기 위해서는 어떻게 하는 것이 좋은가에 대해서 이해하기 쉽게 설명하는 것이 좋은 책이 되는 지름길이라고 생각합니다.

프로그램의 습득에 있어서 처음 배울 때 사용법을 제대로 배우는 것이 가장 중요합니다. 무작정 Tool에 있는 순서대로 배우는 경우가 있습니다. 이 방법은 그렇게 좋은 방법이 아니라고 생각됩니다. 도면을 작성할 때는 도면작성 방법이 있기 때문에 그 방법에 기초를 둔 명령어를 이해 하는 것이 가장 좋습니다.

이 책은 메뉴얼과는 조금 다른방식으로 편집되어 있습니다. 똑같은 명령어라도 사용방법에 따라서 다르게 응용이 되기 때문에 각각의 샘플을 이용해서 응용방법을 설명하고 있습니다.

오토캐드에는 너무나 많은 기능들이 있습니다. 이러한 기능들을 자세히 설명하고 실무나 자격증 시험시 사용할 수 있는 숨겨진 노하우를 수록하여 빠르고 쉽게 작업할 수 있도록 하였습니다. 시험을 치거나 작업을 하다 보면 초보자인 경우 명령어가 생각나지 않은 경우가 있습니다. 이러한 경우를 위해 기본적인 제도법을 응용하여 그리는 방법을 보여주고자 합니다. 그리고 강의를 하다보면 특징적인 질문을 하는 경우가 있습니다. 그것의 대부분은 오토캐드 프로그램에 대한 이해 부족이거나 Setting의 문제이거나 아니면 제도법의 이해 부족 때문입니다. 이것을 보완하기 위해 가장 질문이 많았던 것을 선별하여 50문 50답을 만들었습니다.

오토캐드 2급시험문제 기초편에는 기초문제 5문제를 골라서 풀이를 해두었습니다. 보통의 시험문제는 배운 사람이면 누구나 기능에는 문제가 없습니다. 하지만 제품의 도면을 볼 수 있는 능력이 있어야만 완벽하게 그려 낼 수 있습니다. 보통의 시험문제에서는 어려운 부분이 2~3개가 나옵니다. 이 부분을 그리지 못하면 다른 부분도 그리지 못하게 됩니다. 문제에 있어서 가장 어려운 3부분을 골라 도면의 이해와 함께 쉽게 그리는 방법 및 착각하기 쉬운 부분을 중점적으로 다루고자 합니다. 그리고 시험문제를 제출하기 위한 오토캐드상의 Setting방법이 있습니다. 이 부분은 꼭 필요한 부분이고 수많은 연습이 필요한 부분이나 중요하게 다루어지지 않은 부분입니다. 그리고 완성후 잘못된 부분이 발생시 쉽게 수정하는 방법도 알려주고자 합니다.

순천대학교 강의실에서

Auto Cad의 소개

CAD는 Computer Aided Design의 앞 글자를 따서 이름이 붙여졌으며, 뜻 그대로 컴퓨터를 활용한 설계 및 디자인을 뜻하며, 건축, 토목, 인테리어 설계, 자동차및 항공 등의 기계설계, 애니메이션 제작, 미디어 산업의 컴퓨터 디자인 등에 활용이 가능합니다.

Auto Cad의 시스템 요구사항

운영체제 – Window 2000.XP(다른 버전에도 설치가 가능하지만 기술지원이 안됩니다.)
프로세서 – Pentium III 이상
RAM – 512MB 이상
하드디스크 – 500MB 이상
비디오 – 1024×768 이상

Auto Cad 의 특징 및 역사

CAD는 하나의 세션에서 여러 개의 도면을 열어서 연계하여 작업할 수 있으며, 간단하면서도 직
감적인 명령어 진행방법과 Auto CAD 이외의 파일로도 저장이 가능하며, 현존하는 드로잉 프로그
램 중에서는 타 프로그램과의 호환성이 월등히 우수합니다. 또한 Lisp을 이용해서 사용자의 작업
환경에 맞게 명령어를 개발할 수 있으며, 다른 드로잉 프로그램에 비해 정밀도가 우수하며 출력이
용이합니다.

Release1   –   1982년, Autodesk 사에서 출시
Release2   –   1983년, 치수기입 기능 추가
Release3   –   1983년, Layer 개념 추가
Release4   –   1983년, 제도보조 기능 추가
Release5   –   1984년, Line Type 기능 추가
Release6   –   1985년, Plot 기능 추가 및 Lisp 사용 가능
Release7   –   1986년, 2차원 기능 추가
Release8   –   1987년, 3차원 기능 추가
Release9   –   1987년, 메뉴 기능 추가
Release10 –   1988년, 3차원 기능 추가
Release11 –   1990년, Window용 개발 시작
Release12 –   1992년, 한글판 발표
Release13 –   1994년, Dos와 Window용 출시
Release14 –   1997년, Window 전용 출시
AutoCAD2000 – 1999년, 인터페이스 기능추가로 인한 사용자 편리성 향상
AutoCAD2000 – 2001년, 인터넷과의 통합
AutoCAD2002 – 2002년, 도움말 시스템 및 명령 대화상자 추가
                하이퍼 링크와 다중 프로세스 지원
AutoCAD2004 – 2003년, 사용자 인터페이스 강화, Plot 기능 추가, 색상 영역 확장
AutoCAD2005 – 2004년, Sheet Set Manager 기능 추가
AutoCAD2006 – 2005년, 해치 및 블록기능 향상, 커서에 명령어 행 기능 추가

차 례

제1강
캐드를 시작하기 전 기본적으로 알아둘 것

1. 캐드에서의 enter키

캐드는 다른 프로그램보다 enter키를 많이 사용하는 프로그램입니다. 캐드에서 enter키는 세 가지가 있습니다. 첫번째는 자판에 있는 enter키, 두번째는 space bar, 세번째는 마우스 오른쪽 버튼입니다. 셋 중에 어느것을 사용해도 상관이 없지만 마우스 오른쪽 버튼을 사용할 것을 권장합니다. 그러나 캐드를 설치하고 바로 실행을 시키면 마우스 오른쪽 버튼은 enter키 기능을 하지 못합니다. 마우스 오른쪽 버튼이 enter키 기능을 하도록 바꾸어 주어야 합니다.

캐드화면 상단에 메뉴에 보면 TOOLS라는 메뉴를 선택하고 그 메뉴 중 맨 아래에 OPTIONS라는 항목을 선택하면 아래 왼쪽과 같은 대화상자가 나타납니다. 대화 상자에서 그림과 같이 체크하면 됩니다.

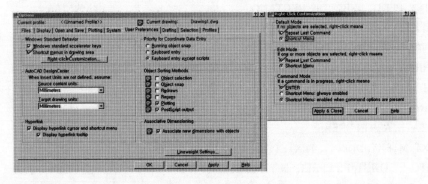

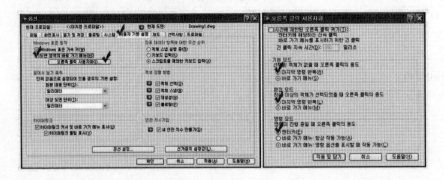

2. 캐드에서의 커서의 종류

캐드 작업 중 커서의 종류는 세가지입니다. 이것은 캐드 명령어 진행과 관계가 깊기 때문에 앞으로 캐드를 공부하면서 중요한 부분이므로 꼭 알고 계시기 바랍니다.

1) 대기 상태입니다

캐드가 아무런 작업을 하지 않고 명령을 기다리는 상태입니다.
COMMAND BOX에는 COMMAND라는 문구가 나타납니다.

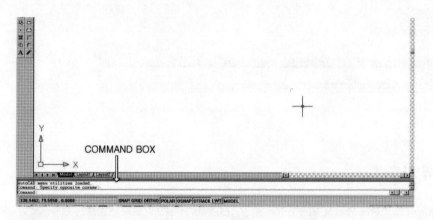

2) 객체를 선택하는 상태입니다

캐드사용시 편집명령어를 사용하면 객체를 선택하게 되는데 그 때 나타납니다.
COMMAND BOX에는 "Select objects" 라는 문구가 나타납니다.

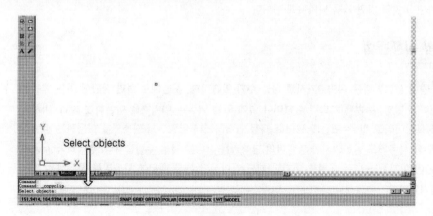

3) 캐드화면상에 점을 찍으라는 뜻입니다.

캐드사용시 그리기 명령어를 사용하면 사용자가 캐드상의 점을 선택하게 되는데 그 때 나타납니다.
COMMAND BOX에는 "Specify point" 라는 문구가 나타납니다.

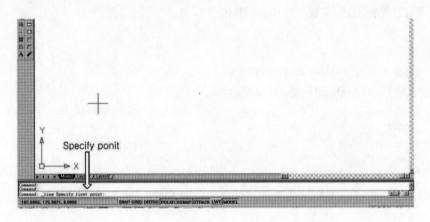

3. 마우스의 사용법

캐드에서 마우스의 사용법에 대해서 설명하기로 하겠습니다. 먼저 왼쪽버튼은 객체를 선택한다든지
캐드화면 상의 점을 지정할 때 사용합니다. 커서의 종류에서 2), 3)과 같은 경우에 사용합니다.
오른쪽 버튼은 앞에서 설명한 것과 마찬가지로 enter키의 기능을 합니다. 휠의 경우 휠을 돌리면 화면
의 축소, 확대 기능을 합니다. 휠을 누른채 마우스를 조작하면 화면 이동 기능이 됩니다. 그리고 휠을
더블 클릭을 하면 도면이 화면 가득 나타나게 됩니다.

4. 명령어의 실행방법

캐드에서의 명령어 실행방법은 대략 3가지로 나눌 수가 있습니다. 첫번째로 화면 상단에 있는 메뉴를
이용해서 실행하는 방법, 두번째로 화면 상단이나 옆에 있는 명령어 아이콘을 이용하는 방법, 마지막
으로 캐드만의 특징이라고 할 수 있는 명령어를 직접 입력하거나 명령어의 단축키를 이용하는 방법입
니다. 어떤 방법을 사용해도 상관없지만 명령어의 단축키를 사용할 것을 추천합니다. 편리하게 사용하
기 위해 아이콘이 있지 않느냐는 의견도 있지만 캐드 작업상의 특성 때문에 단축키를 사용하는 것이
신속하며 능률적입니다.

5. 명령어 진행 순서를 외우지 마세요.

대학이나 학원에 강의할 때 많이 접하는 일 중에 하나가 명령어 진행 순서를 외우는 분들이 많이 있다는 것입니다. "객체 선택하고 ENTER키 치고, 점찍고, F키 치고, 점찍고 . . 어쩌고 저쩌고 . ." 캐드는 대화형식의 프로그램입니다. 명령어 진행 순서를 외우지 말고 화면 아래 COMMAND BOX를 유심히 보고 이해를 하면 됩니다.

그리고 이후에 해보면 알겠지만 언제 ENTER키를 쳐야 되는지 외우는 분들이 상당히 많습니다. "뭐 . . 뭐 . . 한다음에 ENTER 누르고 . . 그 다음 뭐하고 . ." 간단합니다. 캐드에서 문자 또는 숫자를 입력한다거나 객체를 선택하면 무조건 ENTER키를 누르고 점을 지정하면 ENTER키를 누르지 않으셔도 됩니다.

6. 캐드가 모든 그림을 그릴 수 있는 것은 아닙니다.

캐드는 도면을 제작하는 프로그램입니다. 그래서 캐드상에서 모든 그림을 그릴 수 있다고 생각하는 분들이 많은데 사용해 보면 그렇치가 않습니다. 다시 말해서 캐드 명령어로 모든 그림을 그릴 수 있는 것은 아닙니다. 한 예로 원둘레 100인 원을 그린다든지 두점을 지나면서 반지름이 100인 원을 한 번에 그릴수는 없습니다. 원둘레가 100인 원을 그리기 위해서는 명령어 두 개를 사용하든지 LISP을 만들어야 합니다. 캐드는 응용력과 작도에 대한 어느 정도 기본적인 지식이 있어야 합니다.

7. 메인 화면의 기본 색상을 변경한 후 따라해 보세요.

오토캐드 화면을 open 하면 처음색상은 배경이 Black 색상로 나타나게 됩니다.
이 색상을 white색상으로 변경시켜주는 방법입니다. 이유는 배경색이 Black 색상이면 여러분들이 따
라하시기에 불편한 점이 있어서 편의상으로 변경하여 해보도록 하겠습니다.

▷ 화면상단의 메뉴에서 Tools → Options를 선택합니다.

Options상자의 메뉴에서 Display를 선택하고, 왼쪽 위에 있는 Colors 버튼을 클릭하세요. [7-1]
색상 지정상자가 나타납니다. 왼쪽의 바탕화면 그림을 한번 클릭하고, 색상을 선택합니다.
Apply&Close(적용 및 닫기)를 클릭합니다. [7-2]
Options 상자의 OK버튼을 클릭하고 화면으로 돌아오면 색상이 변경되어 있습니다. [7-3]
이 부분은 22강 50문 50답에서 다시 설명을 드리고 있습니다.

[7-1]

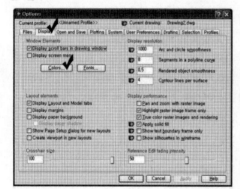

[7-2]

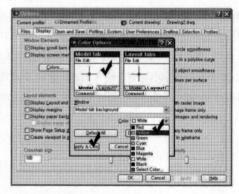

[7-3]

8. 객체 선택의 기본적인 방법 알아보기

1) 하나씩 선택하기
마우스로 선택하고 싶은 객체를 그냥 하나하나 콕콕 찍어
선택하는 방식입니다.

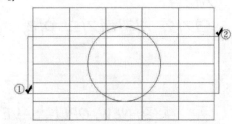

[W-1]

2) Window
마우스를 화면의 대략적인 위치에 클릭을 한번 하고 오른
쪽 방향으로 움직이면 선모양의 사각형이 나타납니다.
다시 대략적인 위치에서 마우스를 한 번 더 클릭을 하면
사각형 안에 완전하게 포함되는 객체만 선택이 됩니다.
Command: E → 어떤 명령어를 실행시켜도 됩니다.
COPY, MOVE, TRIM 등.
Select objects: Specify opposite corner: 3 found
→ 그림과 같이 선택을 하면 가운데 가로선 3개만 선택이
됩니다. [W-1], [W-2]

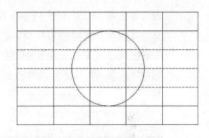

[W-2]

3) Cross
마우스를 화면의 대략적인 위치에 클릭을 한번 하고 왼쪽
방향으로 움직이면 점선모양의 사각형이 나타납니다.
다시 대략적인 위치에서 마우스를 한 번 더 클릭을 하면
사각형 안에 완전하게 포함이 되거나 사각형에 걸쳐지는
객체는 모두 선택이 됩니다.

Command: CO

Select objects: Specify opposite corner: 10 found
→ 그림과 같이 선택을 하면 선과 원 10개의 객체가 선택
이 됩니다. [C-1], [C-2]

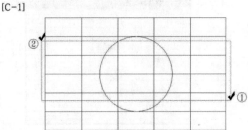

[C-1]

4) All
화면에 있는 모든 객체를 선택 합니다.

Command: M

Select objects: all 14 found → all을 입력하고 ENTER키
를 입력하면 14개의 객체를 찾았다고 나타납니다.
[ALL]

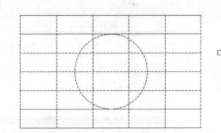

[C-1]

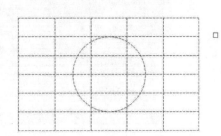

[ALL]

제2강
열기와 저장하기의 여러 가지 요소들

제2강. NEW, OPEN, SAVE

캐드설치 후 캐드를 열면 아래와 같은 START UP 창이 보입니다. 이 창은 캐드를 시작함에 있어서 새 도면에서 작업을 할 것인지 아니면 기존의 미완성 도면을 작업 할 것인지를 결정합니다.
①번은 기존의 도면을 수정한다든지 미완성된 도면을 완성하기 위해서 기존의 도면을 Open시키는 버튼이고 ②, ③, ④번은 새로운 도면을 Open해서 처음부터 작업을 하기 위한 버튼들입니다.

캐드를 실행시켰는데도 위와 같은 창이 열리지 않는다면 캐드화면 상단메뉴에 TOOLS라는 메뉴를 선택하고 그 메뉴 중 맨 아래에 OPTIONS라는 항목을 선택하면 아래와 같은 대화상자가 나타납니다.
아래와 같이 체크를 하고 캐드를 닫았다가 다시 열면 START UP 창이 나타날 것입니다.

1. NEW (새 도면 열기)

②번 부터 설명을 드리자면, 앞으로 우리가 공부하면서 가장 많이 사용할 새 도면을 여는 방법입니다. 일반적으로 새도면을 Open할때 이 방법을 가장 많이 사용합니다. Open할 때 한 가지 주의 사항은 기본 설정값이 영국식(Imperial)과 미터법이(Metric) 있는데 도면의 단위를 인치로(Inches) 그릴 때에는 영국식(Imperial)에 체크를 하고 밀리미터(mm)로 그릴 때는 미터법(Metric)을 체크하고 OK를 클릭하면 됩니다.

앞으로 우리가 공부하거나 시험을 볼 때는 미터법(Metric)에 체크하는 것을 잊지 말고 시험을 볼 때 영국식(Imperial)에 체크를 하고 도면을 작성하면 감점의 요인이 되므로 주의하기 바랍니다.

②번은 백지상태의 새 도면을 여는데 비해 ③은 도면의 테두리선이 그려져 있는 새 도면을 열어줍니다. 모든 도면에는 테두리선이 있습니다. 테두리선 한쪽 모서리에는 그 도면의 작성자나 SCALE, 작성날짜, 검사관 등이 기재되는데 테두리선은 출력할 도면의 용지크기에 따라 그 크기나 방향이 달라지므로 다양한 테두리선이 작성되어 있습니다. 이 기능은 사용빈도가 적다고 보면 됩니다.

④번 역시 새 도면을 여는 것인데 도면을 작성하기 전에 캐드의 환경 즉, 화면의 크기, 각도의 기준, 각도의 방향, 도면의 표현단위 등을 미리 설정하는 버튼입니다. 이 기능 역시 사용빈도가 적다고 보면 됩니다.

2. Open (도면열기)

①번은 앞서 설명한 바와 같이 기존의 도면을 여는 버튼인데 ①을 클릭하면 아래와 같은 창이 뜹니다.

위의 그림과 같이 왼쪽부분은 최근에 사용한 도면의 목록들이 나타나고 다른 도면을 열고자 할 때는 오른쪽의 찾아보기(Browse)를 클릭하고 열고자 하는 도면을 찾으면 됩니다. 캐드는 여러 개의 도면을 열어서 동시에 작업을 할 수가 있는데, 우선 찾아보기(Browse)를 클릭하고 C드라이버 → PROGRAM FILES → AutoCAD 2006 → Sample폴더에 『8th floor furniture.dwg』를 열어 보겠습니다. 아래 ① 번 도면이 열릴 것입니다. ①번 도면이 열려있는 상태에서 화면상단의 메뉴에 File → Open을 클릭하고 『colorwh.dwg』을 열면 ②번 도면이 열립니다. 같은 방법으로 『db_samp.dwg』을 열면 ③번 도면이 열립니다. (도면을 Open 할때는 화면 상단의 다음 아이콘을 클릭 해도 됩니다.)

우리는 총 세 개의 도면을 열었지만 화면에는 마지막에 Open한 ③번 도면만 보일 것입니다.
앞의 ①, ②번 도면은 ③도면 밑에 깔려 있는 것입니다.

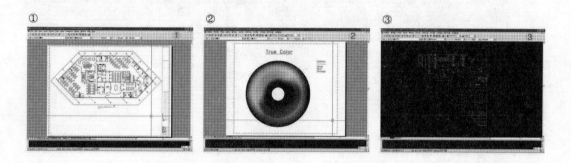

①, ②번 도면을 불러면 화면 상단의 메뉴에 WINDOW를 클릭하면 아래 그림과 같은 여러 가지 항목
이 나옵니다. ⓐ에 해당하는 부분은 여러 개의 도면을 계단식 또는 수평, 수직을 동시에 도면을 볼 수
있는 항목입니다. ⓑ에 해당하는 부분은 하나의 도면만을 보는 방식인데 체크가 되어 있는 도면이 현
재 화면에 나타나 있는 도면입니다.

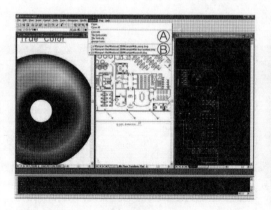

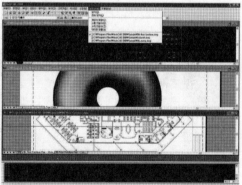

3. Save (도면저장)

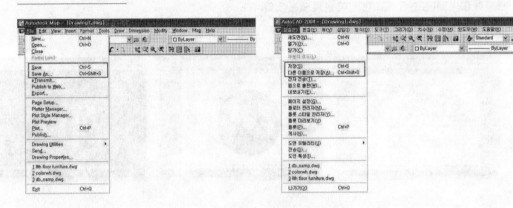

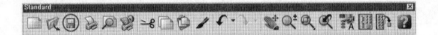

도면을 저장할 때는 타 프로그램과 마찬가지로 저장하기, 다름 이름으로 저장하기가 있습니다.

화면 상단 메뉴에서 File → save를 클릭해도 되고, 화면상단 save아이콘을 클릭하면 아래와 같은 창이

보입니다.

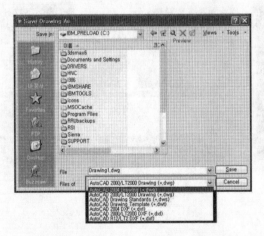

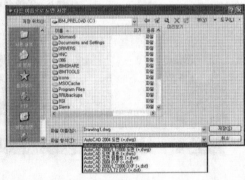

저장을 할 때는 설치한 캐드 버전으로 저장해도 되지만 실무에서 도면이라는 것이 본인만 관리하는 것이 아니기 때문에 다른 이들의 캐드버전도 고려를 해야 됩니다.

캐드 프로그램 특성상 상위버전에서 작업한 도면은 하위버전에서는 Open이 되지 않습니다. 다시 말해 2004에서 작업한 도면은 2002에서는 열리지 않는다는 것입니다. 저장을 할 때는 앞에서 보는 바와 같이 파일형식을 가장 하위 버전으로 하는게 좋습니다.

파일 형식중 뒤의 확장자가 dwg인것 중에서 가장 낮은 버전을 선택하든지 AutoCAD 도면 표준 (*.dws) (AutoCAD Drawing standards(*dws))을 선택하면 어떤 버전에서도 Open이 가능합니다.

이렇게 하다보면 저장할 때 마다 파일형식을 선택해줘야 하는 번거로움이 있습니다. 이 번거로움을 해소해 보도록 하겠습니다.

화면 상단 Tools → Options를 클릭하면 아래와 같은 창에서 설정을 해주면 됩니다.

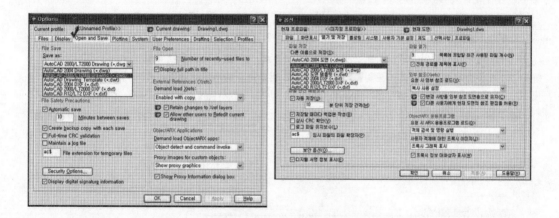

직장에서 많이 접하는 일 중에 하나가 다른 작업자가 보내준 도면이 상위버전이라 열리지 않는 경우입니다. 현재 캐드버전은 2014까지 출시가 되었습니다. 캐드 프로그램이 고가의 제품이라는 것은 알고 있을 것입니다. 버전업이 될 때마다 회사에서는 새 제품을 구입하기가 어렵습니다. 타 회사에서 r14 버전을 사용하는 경우도 보았습니다. 이 점 꼭 유의 해서 실무에 도움이 되기 바랍니다.

제3강
사용성을 위한 기본적인 명령어 알아보기

제3강. LINE, UNDO, REDO, ERASE, ORTHO(F8), 좌표, CIRCLE(I)

이제부터 캐드 명령어를 배워봅시다. 먼저 설명에 들어가기에 앞서 여러분의 화면 상태와 저의 화면 상태를 같은 환경으로 만들어 보겠습니다. 지금 설명하는 내용은 앞으로 배울 내용들이므로 의문을 가지지 말고 일단은 그대로 따라해 보세요.

먼저 화면 아래에 부분에 "SNAP. GRID. ORTHO. POLAR. OSNAP. OTRACK. LWT. MODEL" 버튼들이 있습니다. 일단 이 버튼들이 활성화되어 있다면 (눌러져 있다는 뜻입니다.) 초보자들에게는 헷갈리는 요인들이 있으므로 이 버튼들을 클릭해서 비활성화 시켜주세요.
이 버튼들을 클릭 할 때마다 COMMAND BOX에서는 <ORTHO OFF>, <OSNAP OFF> 이런 메시지가 보일 것입니다. 단 "MODEL" 이란 버튼은 그대로 놔두면 됩니다. 이것을 클릭하면 이상하게 되니 클릭하지 마세요. 나중에 설명 드리겠습니다.

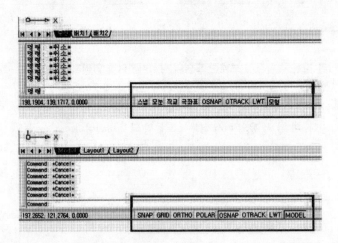

두 번째로 할 일은 여러분의 화면 크기와 필자의 화면 크기를 같게 해보겠습니다. 이후에 숙달이 되면 상관이 없지만 캐드 초보자들에게는 결과가 다르게 나타날 수가 있으므로 화면 크기를 같게 만들어 보겠습니다. ZOOM(단축키:Z) 이라는 명령어가 있습니다.

화면을 확대, 축소하는 기능인데 이 명령어로 여러분과 저의 화면을 같게 만들어 보겠습니다.

일단 COMMAND BOX에 "COMMAND:" 라는 문구가 있는걸 확인하고, ("COMMAND:"라는 문구가 없다면 ESC키를 눌러 주세요) ZOOM의 단축키 "Z"를 입력해 보겠습니다.

이 때도 간혹 COMMAND BOX에 커서가 깜박이지 않는다고 마우스로 COMMAND BOX를 마우스로 클릭하는 분들이 계신데, 캐드는 커서가 깜박이지 않아도 문자를 입력하면 COMMAND BOX에 문자가 입력이 됩니다. "Z"를 입력하였으면 설명 안 해드려도 ENTER키를 치셨겠죠.
(문자를 입력하면 무조건 ENTER키를 친다고 앞서 설명 드렸습니다).

그 다음 "A"를 입력하고 (이 때 "A"는 ALL의 약자입니다),

역시나 문자를 입력한 후 ENTER키! 다시 쉽게 『Z → ENTER → A → ENTER』.

일단은 그림이 없는 상태이기 때문에 화면상에서는 변화가 없지만 이 책의 모든 독자들과 저자의 화면 크기가 같게 되었습니다. 현재 상태의 화면의 가로 크기는 420이고 세로크기는 297입니다.

A3용지 크기입니다. 이제부터 마우스의 휠을 돌리면 안됩니다. 우리 모두가 같게 만들어 놓은 화면 크기가 또 달라집니다. 마우스의 휠은 화면을 확대, 축소하는 기능이므로 그림이 없는 상태에서 사용하면 화면상에서는 변화가 없지만 저의 설명과 결과가 다르게 나올수도 있으므로 숙달될 때까지 사용하지 마시기 바랍니다.

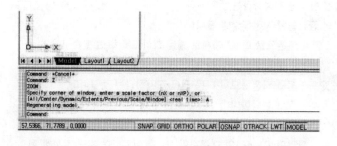

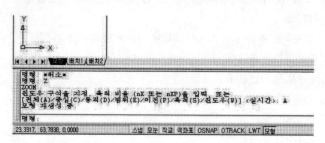

1. LINE (선 그리기)

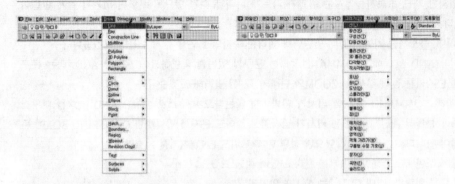

Command: L → **단축키 "L"**

COMMAND BOX에 "COMMAND:"가 있는 상태에서 단축키 "L"을 입력합니다.

"COMMAND"가 없으면 ESC키를 누른 후에 "L" 입력하세요.

"L" 입력 후 ENTER키 입력은 기본이죠.

문자입력 다음에는 ENTER키를 반드시 치기 바랍니다

Specify first point: → 선이 시작되는 첫점을 지정하라는 뜻입니다.

선은 캐드가 그려줍니다. 우리는 선의 끝점들만 지정해주면 됩니다.

기억하시죠. 점을 지정할때는 마우스 왼쪽 버튼으로 클릭! 예제로 별을 그리도록 해 보겠습니다.

화면에 마우스 왼쪽 버튼으로 화면의 적당한 곳에 클릭 합니다. ①

Specify next point or [Undo]: → 첫번째 점을 지정했으니 다음 점을 지정하라는 뜻입니다.

역시 화면의 적당한 곳에 마우스 왼쪽 버튼으로 클릭합니다. 이 때 보면 앞에 보지 못했던 문자가
뒤에 있습니다. [Undo]라는 단어가 뒤에 있습니다. 지금 지정한 점이 잘못 지정되었거나 마음에 들지
않았을 경우 취소하는 옵션입니다. 취소 할려면 **[Undo]의 대문자인 "U"**를 입력하면 지금 지정한 점
은 취소가 되고 앞 단계로 되돌아 갑니다. ②

Specify next point or [Undo]: → 이제 부터는 같습니다. 계속해서 다음 점을 지정해 보겠습니다.

이 때도 마찬가지로 취소 할려면 "U"를 입력하면 됩니다. ③

Specify next point or [Close/Undo]: → 역시 다음점 지정.

또 다른 단어가 나타 났군요. [Close/Undo]에서 [Close]는 뜻 그대로 닫는다는 뜻입니다.

이 기능은 다음 단계에서 사용해 보도록 하죠. ④

Specify next point or [Close/Undo]: → 다음점 지정. ⑤

Specify next point or [Close/Undo] : C → 이제 별 그리기의 마지막 단계입니다.

다섯번째점을 지정하면 이제 별을 완성하기 위해서 우리가 처음에 지정했던 점을 다시 지정해야 되는데 지금 상태로서는 처음에 지정한 점을 다시 지정하기란 불가능 합니다.

이 때 사용하는것이 [Close]입니다. 취소를 할 때는 **[Undo]의 대문자 "U"**를 입력했습니다.

[Close]을 실행할려면 어찌 해야 할까요. 그렇습니다. **[Close]의 대문자 "C"**를 입력하면 됩니다.

자 "C"를 입력해 볼까요. (문자를 입력하면 Enter키를 입력한다!).

그렇습니다! [Close]기능은 우리가 첫점을 다시 지정하지 않아도 캐드가 첫점을 다시 지정해서 첫점으로 선이 그려지고 Line명령어를 종료시키는 명령어입니다. 이 때 "C"를 입력하지 않고 그냥 Enter키를 입력하면 그 때까지 그린 선만 그려지고 Line명령어가 종료됩니다. ⑥

한글판 명령어 설명

명령: L

첫번째 점 지정:	→	①
다음 점 지정 또는 [명령 취소(U)]:	→	②
다음 점 지정 또는 [명령 취소(U)]:	→	③
다음 점 지정 또는 [닫기(C)/명령 취소(U)]:	→	④
다음 점 지정 또는 [닫기(C)/명령 취소(U)]:	→	⑤
다음 점 지정 또는 [닫기(C)/명령 취소(U)]: C	→	⑥

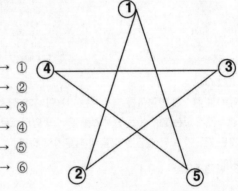

이런 식으로 해서 몇 개의 별을 더 그려봅시다.

그릴 때마다 LINE의 단축키인 L을 입력해도 되지만, COMMAND 상태에서 단축키를 입력하지 않은 상태에서 그냥 Enter키를 입력하면 앞서했던 명령어가 다시 실행됩니다. 반복해서 같은 명령어를 사용할때는 이런 식으로 Enter키를 최대한 활용하세요.

Enter키는 마우스 오른쪽 버튼을 사용하기 바랍니다.

2. UNDO, REDO

1) UNDO (단축키 U)

앞서 했던 명령어를 취소하는 명령어입니다.

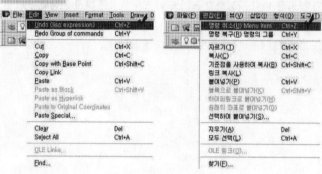

2) REDO

UNDO로 취소된 명령어를 되살리는 기능입니다. 단축키 없음.

※단축키가 없는 경우에는 단축키를 우리의 임의대로 만들 수 있습니다※

이것은 캐드가 조금 숙달된 다음에 다루기로 하죠.

앞서 그렸던 별 그림들에서 UNDO를 실행하면 별이 하나씩 없어질 것입니다.

이것은 별이 지워진 것이 아니고 별을 그린 LINE 명령어가 취소가 된 겁니다.

UNDO를 세번 실행하면 별 그림들이 모두 없어지겠죠.

이 상태에서 다시 REDO 기능을 세번 실행하면 다시 취소되었던 LINE명령어가 되살아 납니다.

3. ERASE

단축키: E

그려진 객체를 삭제하는 명령어입니다.

앞서 그렸던 별들을 지워 보도록 하죠.

Command: E → ERASE의 단축키인 "E"를 입력. 문자를 입력하면 ENTER를 칩니다.

Select objects: 1 found → 모든 편집명령어의 첫번째 문장은 객체를 선택하라는 것입니다.

캐드의 마우스 모양이 사각형으로 변할 것입니다.

마우스의 모양이 사각형으로 변할 때는 100% 객체를 선택하라는 것입니다.

객체를 선택할 때는 마우스 왼쪽 버튼. 오른쪽은 무조건 ENTER키입니다.

마우스 왼쪽 버튼으로 지울 객체를 하나씩 선택합니다. "1 found" 하나의 객체를 선택했다는 말입니다.

선택되어진 객체는 선택되었다는 뜻으로 점선으로 변할 겁니다.

Select objects:1 found, 2 total → 계속해서 마우스 왼쪽으로 객체선택. "1 found, 2 total"

또 하나의 객체가 선택되었고 총 2개의 객체가 선택되었다는 뜻입니다.

Select objects:1 found, 3 total → 같은 방법으로. 총 3개의 객체선택,

같은 방법으로. 총 4개의 객체선택, ④ 같은 방법으로. 총 5개의 객체선택.

Select objects: → 별을 이루고 있는 5개의 선들을 모두 선택했습니다.

이제 더 이상 선택할 선이 없습니다. 어떤 편집 명령어든지 마찬가지입니다. 더 이상의 선택할 객체가

없을 때는 그냥 ENTER키 입력. ENTER키를 입력하면 선택했던 선들이 지워집니다.

명령: E
객체 선택: 1개를 찾음
객체 선택: 1개를 찾음, 총 2
객체 선택: 1개를 찾음, 총 3
객체 선택: 1개를 찾음, 총 4
객체 선택: 1개를 찾음, 총 5
객체 선택:

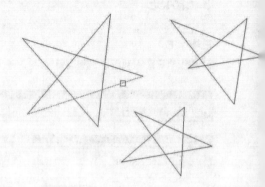

앞의 방식대로 객체를 선택할 때 하나 하나씩 객체를
선택하면 객체가 많을 때는 곤란한 경우가 생깁니다.
이번에는 한번에 객체를 선택해서 지워보도록 하죠.
앞의 방식과 마찬가지로 erase명령어를 실행시키고
객체를 선택할 때 그림과 같이 왼쪽 버튼으로 클릭,
드래그 하면 사각box에 걸쳐지는 객체들은 모두
선택이 됩니다.
역시 마지막에 enter키를 입력해야 삭제가 됩니다.
이와 같이 객체를 선택할 때는 하나 하나 선택할 수 있고
한번에 선택할 수 있습니다. 객체를 선택하는 방법에는
여러 가지가 있지만 다른 방법들은 앞으로 차근차근
배워 보도록 하겠습니다.

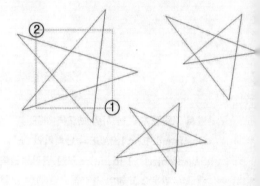

4. ORTHO – 직교

단축키 – 기능키 F8
점을 선택할 때 수직과 수평으로 점을 선택할 수 있도록 해줍니다.
예들 들어서 Line을 그릴 때 수직과 수평으로 선을 그릴 수 있도록 해줍니다.

| SNAP | GRID | ORTHO | POLAR | OSNAP | OTRACK | LWT | MODEL |

| 스냅 | 모눈 | 직교 | 극좌표 | OSNAP | OTRACK | LWT | 모형 |

실습을 해보도록 하겠습니다.

먼저 우리 모두의 화면을 같은 상태로 만들기 위해서 Zoom에서 All을 실행시킵니다.

(Z → ENTER → A → ENTER)

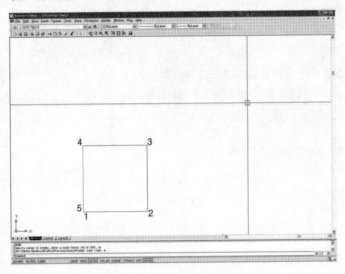

Command: Z

Specify corner of window, enter a scale factor (nX or nXP), or

[All/Center/Dynamic/Extents/Previous/Scale/Window] <real time>: A

Command: L → 일단 Line명령어를 실행시킵니다.

Specify first point: → 화면 하단 적당한 곳에 첫점을 지정합니다.

Specify next pointor [Undo]: <Ortho on> 100 → 마우스를 움직이면 어느 방향으로든 ◎을 선택할
수 있습니다. 이 때 F8 키를 입력하면 <Ortho on>이라는 단어가 나타나면서 (화면아래 상태버튼에
ORTHO버튼도 활성화 됩니다. F8키를 입력해도 되고 화면아래 ORTHO버튼을 직접 클릭해도 됩니
다.) 점을 수직과 수평으로만 선택할 수 있으면서 수직과 수평선의 선을 그릴 수 있습니다.

F8키를 입력할 때 마다 <Ortho on>과<Ortho off>가 번갈아 나타나면서 Ortho모드가 변경이 됩니
다. 그럼 <Ortho on>로 되어있는 상태에서 마우스를 오른쪽 방향으로 하고 100을 입력합니다.

문자를 입력했으니 당연히 Enter키 입력!. 이 말은 현재 점에서 오른쪽 방향으로 100만큼 간곳에 점
을 지정하라는 말입니다. 그러면 오른쪽 방향으로 길이가 100인 선이 그려집니다.

Specify next point or [Undo]: 100 → 같은 방식으로 마우스를 위쪽 방향으로 하고 100을 입력.
위쪽 방향으로 길이가 100인 선이 그려집니다.

Specify next point or [Undo] : 100 → 마우스를 왼쪽 방향으로 하고 100을 입력.

Specify next point or [Close/Undo] : C → 마지막으로 마우스를 아래쪽 방향으로 하고 100을 입력 후 마지막으로 Line명령어를 끝내는 의미에서 Enter키를 입력해도 되고, 마우스를 어느 방향이든 상관없이 Close의 단축키 C를 입력해도 됩니다.

명령: Z

윈도우 구석을 지정, 축척 비율 (nX 또는 nXP)을 입력, 또는

[전체(A)/중심(C)/동적(D)/범위(E)/이전(P)/축척(S)/윈도우(W)] <실시간>: A

명령: L

첫번째 점 지정:

다음 점 지정 또는 [명령 취소(U)]: <직교 켜기> 100

다음 점 지정 또는 [명령 취소(U)]: 100

다음 점 지정 또는 [닫기(C)/명령 취소(U)]: 100

다음 점 지정 또는 [닫기(C)/명령 취소(U)]: C

5. 좌 표

캐드에서 사용되는 좌표의 형식에는 대표적으로 절대좌표, 상대좌표, 상대극좌표로 세 가지가 있습니다.
세 가지 좌표의 형식은 선을 그릴 때 뿐만 아니라 다른 명령어에서도 응용이 되므로 꼭 숙지하시기 바랍니다.

1) 절대좌표

좌표형식 : X좌표값, Y좌표값

학교 수학시간에 배운 좌표의 의미와 같은 형식으로 이해를 하면 됩니다.
일단 화면의 모든 객체를 삭제하고 Zoom에서 All을 실행시킵니다.
ORTHO MODE가 ON으로 설정되었다면 F8키를 입력해서 ORTHO MODE를 OFF로 설정합니다.
캐드화면에는 눈에 보이지는 않지만 고유의 좌표값이 있습니다.
마우스를 움직이면 커서의 위치에 따라서 왼쪽아랫 부분의 좌표값이 변화되는게 보일 것입니다.
만약 좌표값이 변화되지 않는다면 F6키를 입력해서 <Coords on> (또는 <좌표 켜기>)로 변경하면 됩니다). 그럼 화면상의 좌표를 우리의 눈으로 확인해 보도록 하겠습니다. 일단 F7키를 입력하겠습니다.
화면아래 COMMAND BOX에 <Grid on>(또는 <모눈 켜기>)이라는 문구가 나타나면서 화면이 립과
같이 될 것입니다. 이것 역시 F8키와 마찬가지로 F7키를 입력할 때 마다 <Grid on>,<Grid off>가 반복이 됩니다.
화면상의 점들은 캐드상의 좌표값을 일정간격으로 표시해 놓은 것입니다.
점의 간격은 10이며 왼쪽 가장 아랫부분의 좌표값이 (0,0) 입니다.
오른쪽으로 (10,0) (20,0) (30,0).........위쪽으로 (0,10) (0,20) (0,30)........
화면에 있는 이런 좌표값을 입력함으로써 선을 그릴 수 있습니다.

100×150 크기의 사각형을 그려 보도록 하겠습니다.

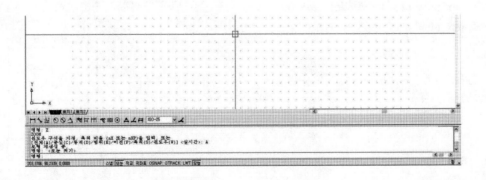

Command: L

Specify first point: 50,50 → 앞의 방식에서는 마우스의 왼쪽 버튼으로 화면상 임의의 점을 지정했지만 좌표값을 직접 입력함으로서 화면상의 정확한 위치에 LINE의 첫점을 지정합니다.

50,50을 입력함으로써 LINE의 첫 점을 X좌표가 50이고, Y좌표가 50인 좌표점에 LINE의 첫 점을 지정하겠다는 뜻이 됩니다. ENTER키 입력하는 것을 잊지 마세요.

Specify next point or [Undo]: 150,50 → 첫 점의 좌표값이 50,50 이므로 가로가 100인 선이 그려지기 위해서는 X축 양의 방향으로 100만큼 떨어진 좌표값을 입력하면 됩니다.

다음 좌표값을 계산하면 50+100,50 이므로 150,50 을 입력하면 됩니다.

Specify next point or [Undo]: 150,200 → 150,50에서 Y축으로 양의 방향으로 150인 선이 그려져야 되므로 계산을 하면 150,50+150 이므로 150,200 을 입력하면 됩니다.

Specify next point or [Close/Undo]: 50,200 → 150,200에서 X축 음의 방향으로 100인 선이 그려져야 되므로 계산을 하면 150-100,200 을 계산하면 50,200 을 입력하면 됩니다.

Specify next point or [Close/Undo]: C → 마무리 CLOSE의 단축키 C입력 !

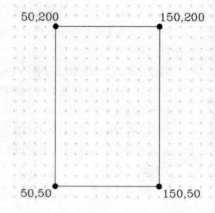

명령: L
첫번째 점 지정: 50,50
다음 점 지정 또는 [명령 취소(U)]: 150,50
다음 점 지정 또는 [명령 취소(U)]: 150,200
다음 점 지정 또는 [닫기(C)/명령 취소(U)]: 50,200
다음 점 지정 또는 [닫기(C)/명령 취소(U)]: C

50×100 크기의 사각형을 그려보도록 합시다.

Command: L

Specify first point: 200,50 → 첫 점은 무조건 임의점을 지정하지 말고 특정한 좌표점을 지정해야 합니다.

Specify next point or [Undo]: 250,50

Specify next point or [Undo]: 250,150

Specify next point or [Close/Undo]: 200,150

Specify next point or [Close/Undo]: C

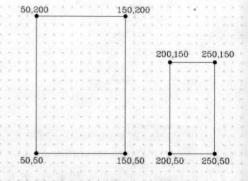

이번에는 밑변이 100이고 높이가 100인 삼각형을
그려 보도록 하세요.

Command: L

Specify first point: 200,180

Specify next point or [Undo]: 300,180

Specify next point or [Undo]: 250,280

Specify next point or [Close/Undo]: C

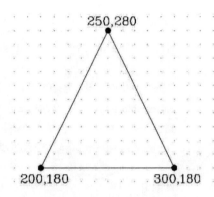

2) 상대좌표

좌표형식 : @X의 증분값,Y의 증분값

절대좌표의 형식으로 선을 그리면 계산도 복잡할 뿐만 아니라 반드시 첫 점의 좌표값을 알아야 다음
좌표값이 계산이 되므로 실질적으로는 잘 사용하지 않습니다.

토목분야에서 측량한 자료를 캐드상에서 입력할 때 외에는 캐드에서는 절대좌표를 잘 사용하지 않습
니다. 이번에는 첫 점의 좌표값을 모르는 상황에서 선을 그려보도록 하겠습니다.

상대좌표는 절대좌표의 형식과는 다르게 최종좌표점에서 다음 좌표점 까지의 증분값, 즉 x좌표와 y좌
표의 증분값을 적어주면 됩니다.

이 때 **증분값앞에 "@"를 붙여서 입력** 해야 됩니다.

앞선 100×150 크기의 사각형을 그릴 때 절대좌표를 아래와 같이 입력하였습니다.

Command: L

Specify first point: 50,50

Specify next point or [Undo]: 150,50 → x값에 100을 더하고, y값에 0을 더해서 좌표가 산출되었습
니다. (상대좌표로 바꿔서 적으면 @100,0)

Specify next point or [Undo]: 150,200 → x값에 0을 더하고, y값에 150를 더해서 좌표가 산출되었
습니다. (상대좌표로 바꿔서 적으면 @0,150)

Specify next point or [Close/Undo]: 50,200 → x값에 100을 빼고, y값에 0을 더해서 좌표가 산출되
었습니다. (상대좌표로 바꿔서 적으면 @-100,0)

Specify next point or [Close/Undo]: C

100×150 크기의 사각형을 그려보겠습니다.

일단 화면의 모든 그림을 삭제하고, 화면의 모든 객체를 삭제할 때 아래와 같이 해보세요.

Command: E → 삭제명령어.

Select objects: ALL → 화면의 모든 객체를 선택한다는 뜻입니다.

11 found → 화면상의 11개의 객체를 선택했다는 뜻입니다.

Select objects: → 더 이상 선택할 객체가 없으므로 그냥 ENTER키!

명령: E

객체 선택: ALL

11개를 찾음

객체 선택:

Command: L

Specify first point: 임의의 점을 지정 → 절대좌표와는 달리 첫 점은
화면상에서 임의의 지점에 마우스 왼쪽으로 클릭하면 됩니다. ①

Specify next point or [Undo]: @100,0 → ①에서 지정된 첫 점에서
x축으로 100만큼 y축으로 0만큼 이동한 좌표점이라는 뜻입니다. ②

Specify next point or [Undo]: @0,150 → ②에서 지정된 점에서
x축으로 0만큼 y축으로 150만큼 이동한 좌표점이라는 뜻입니다. ③

Specify next point or [Close/Undo]: @-100,0 → ③에서 지정된
점에서 x축으로 -100만큼 y축으로 0만큼 이동한 좌표점이라는 뜻입
니다. ④

Specify next point or [Close/Undo]: C → 마지막 마무리 close ! ⑤

※ Tip ※

상대좌표를 입력할 때 좌표앞에 @를 붙입니다.

@를 붙이는 이유는 단순한 형식이 아니라 @에도 의미가 있습니다.

캐드에서 @의 의미는 우리가 지정한 마지막 점이라는 뜻입니다.

앞서 우리가 100×150 크기의 사각형을 그릴 때 마지막으로 지정한 점은 ④번 점입니다.

다시 line명령어를 실행하고 첫 점을 지정할 때 @만 입력해 보겠습니다. 어떻습니까?

선의 시작점이 ④번 점으로 지정이 되었지요. 이처럼 @는 우리가 지정했던 마지막 점이라는 뜻입니다.

그러므로 상대좌표도 다시 해석을 해보자면, "@100,50"의 뜻은 마지막 점에서 x축으로 100만큼, y축으로 50만큼 이동한 점이라는 뜻입니다.

@의 의미는 앞으로 사용할 기회가 많으니 꼭 기억하시기 바랍니다.

Command: L

Specify first point: @

Specify next point or [Undo]

명령: L

첫번째 점 지정: @

다음 점 지정 또는 [명령 취소(U)]

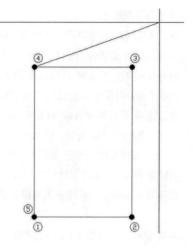

이번에는 밑변이 100이고 높이가 100인 삼각형을 그려 보
도록 하겠습니다.

Command: L

Specify first point: → 마우스 왼쪽 버튼으로 화면상에 임
의의 점 지정. ①

Specify next point or [Undo] : @100,0
→ 화면상에서 마지막으로 지정했던 점. ①번 점에서 x축
으로 100만큼, y축으로 0만큼 이동한 좌표점. ②

Specify next point or [Undo] : @-50,100 → 화면상에
서 마지막으로 지정했던 점. ②번 점에서 x축으로 -50만큼
(즉, 왼쪽으로 50만큼), y축으로 100만큼 이동한 좌표점. ③

Specify next point or [Close/Undo] : C → 마지막 close!

명령: L

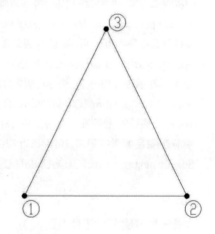

첫번째 점 지정: 임의의 점 지정 → ①

다음 점 지정 또는 [명령 취소(U)]: @100,0 → ②

다음 점 지정 또는 [명령 취소(U)]: @-50,100 → ③

다음 점 지정 또는 [닫기(C)/명령 취소(U)]: C

이번에는 밑변이 100이고 높이가 100인 역삼각형을 그려봅시다.

Command: L

Specify first point: 임의의 점 지정 → ①

Specify next point or [Undo]:@100,0 → ②

Specify next point or [Undo]:@-50,-100 → ③

Specify next point or [Close/Undo]:C

명령: L

첫번째 점 지정: 임의의 점 지정 → ①

다음 점 지정 또는 [명령 취소(U)]: @100,0 → ②

다음 점 지정 또는 [명령 취소(U)]: @-50,-100 → ③

다음 점 지정 또는 [닫기(C)/명령 취소(U)]: C

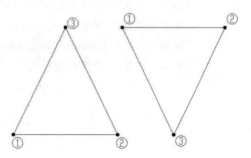

3) 상대극좌표

좌표형식: @다음점까지의 거리(양수)<각도(방향)

앞서 그렸던 밑변이 100이고 높이가 100인 삼각형은 앞서 배운 절대좌표와 상대좌표의 형식으로 그릴 수 있지만, 한변의 길이가 100인 정삼각형은 그릴 수가 없습니다. 왜냐하면 정확한 높이값을 계산할 수 없기 때문이죠. 이럴때 상대극좌표를 이용하면 됩니다. 상대극좌표는 다음 점까지의 거리와 각도, 즉 방향을 입력하면 됩니다. 캐드에서의 각도는 화면의 오른쪽은 0°, 화면의 위쪽은 90°, 화면의 왼쪽은 180°, 화면의 아래쪽은 270°입니다.

고등학교 수학시간에 배운 좌표상의 각도와 같습니다.

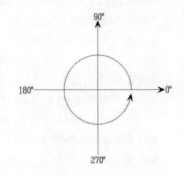

역시 앞서 그렸던 100×150 크기의 사각형을 그려봅시다.

Command: L
Specify first point: 임의의 점 지정
→ 마우스 왼쪽 버튼으로 화면상에 임의의 점 지정. ①
Specify next point or [Undo]: @100<0 → ①번 점에서 100만큼 화면의 오른쪽에 있는 점, 즉 0° 방향으로 있는 좌표점. ②
Specify next point or [Undo]: @150<90 → ②번 점에서 150만큼 화면의 위쪽에 있는 점, 즉 90° 방향으로 있는 좌표점. ③
Specify next point or [Close/Undo]: @100<180 → ③번 점에서 100만큼 화면의 왼쪽에 있는 점, 즉 180°방향으로 있는 좌표점. ④ (거리값은 방향에 관계없이 무조건 양수값을 입력하면 됩니다.)
Specify next point or [Close/Undo]: C → 마무리 close! ⑤

명령: L
첫번째 점 지정: 임의의 점 지정 → ①
다음 점 지정 또는 [명령 취소(U)]: @100<0 → ②
다음 점 지정 또는 [명령 취소(U)]: @150<90 → ③
다음 점 지정 또는 [닫기(C)/명령 취소(U)]: @100<180 → ④
다음 점 지정 또는 [닫기(C)/명령 취소(U)]: C → ⑤

100×150 크기의 사각형을 반대방향으로 그려봅시다.

Command:L
Specify first point: 임의의 점 지정 → ①
Specify next point or [Undo]: @150<90 → ②
Specify next point or [Undo]: @100<0 → ③
Specify next point or [Close/Undo]: @150<270 → ④
Specify next point or [Close/Undo]: C → ⑤

명령: L
첫번째 점 지정: 임의의 점 지정 → ①
다음 점 지정 또는 [명령 취소(U)]: @150<90 → ②
다음 점 지정 또는 [명령 취소(U)]: @100<0 → ③
다음 점 지정 또는 [닫기(C)/명령 취소(U)]: @150<270 → ④
다음 점 지정 또는 [닫기(C)/명령 취소(U)]: C → ⑤

이번에는 한 변이 100인 정삼각형을 그려봅시다..
정삼각형의 내각은 60°임을 생각하면서 그려보세요.
Command: L
Specify first point: 임의의 점 지정
→ 마우스 왼쪽버튼으로 화면상에 임의의 점 지정. ①
Specify next point or [Undo]: @100<0
→ ①번 점에서 100만큼 0° 방향으로 있는 좌표점. ②
Specify next point or [Undo]: @100<120
→ ②번 점에서 100만큼 120° 방향으로 있는 좌표점. ③
Specify next point or [Close/Undo]: C
→ 마무리 close! ④

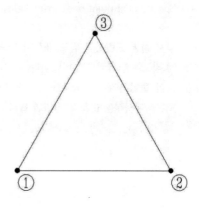

②번점에서 ③점으로 갈 때 왜 60°가 아니고 120°인지 의
문을 가지는 분들이 많을 것이라 생각합니다.
각도 계산이 안되는 분들은 각도계를 출발점에 그려보기
바랍니다.
화면의 오른쪽이 0°이고 위쪽이 90°이므로 대략 생각을
해봐도 60°를 입력하면 오른쪽과 위쪽 가운데 방향으로 가
겠죠. 옆의 그림을 보면 각도는 항상 출발점에서 계산을 하
면 됩니다.
출발점에서 오른쪽부터 0°를 계산하면 됩니다.

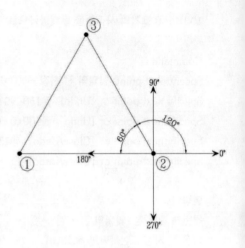

이번에는 반대 방향으로 그려봅시다.

Command: L
Specify first point: 임의의 점 지정 → ①
Specify next point [Undo]: @100<60 → ②
Specify next point or [Undo]:@100<300 → ③
Specify next point or [Close/Undo]: C → ④

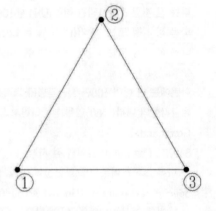

앞서 설명 드렸듯이 각도 계산이 안되는 분들은 출발점에
서 각도계를 그려보기 바랍니다.
항상 출발점에서 각도계를 그리고 다음점 까지의 각도를
오른쪽에서부터 0°로 계산하면 됩니다.

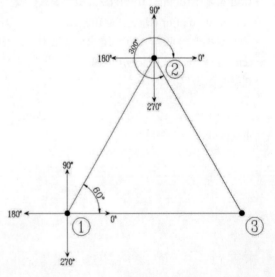

지금까지 배운것을 조합해서 한번 그려보겠습니다.

실질적으로 절대좌표는 잘 사용 하지 않습니다. 상대좌표와 상대극좌표를 이용해서 그려보겠습니다.

일단은 상대좌표로 그려보세요. 그릴 때 마우스의 휠을 조절하면서 화면을 적당히 조절하며 그려보기를 바랍니다. 마우스의 휠을 앞뒤로 돌리면 화면이 확대 또는 축소가 됩니다. 마우스를 누른 채 움직이면 화면이 이동됩니다. F8키를 입력하여 ORTHO MODE를 OFF로 설정하세요.

①번 그림만 설명을 드리겠습니다. 왼쪽 밑에서부터 시계 반대방향으로 그려보겠습니다.

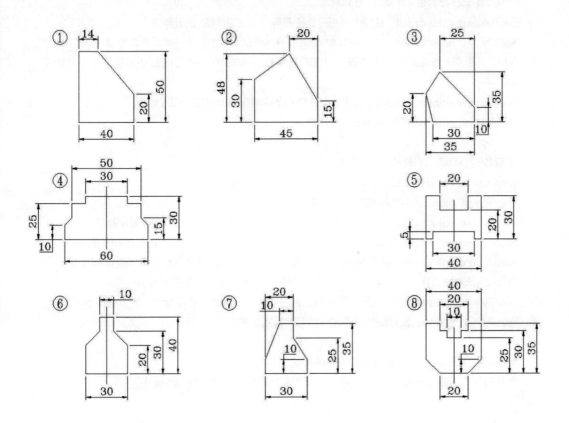

Command: L → 단축키 L

Specify first point: → 화면의 임의의 점 지정

Specify next point or [Undo] : @40,0 → X축으로만 40만큼 이동한 점

Specify next point or [Undo] : @0,20 → Y축으로만 20만큼 이동한 점

Specify next point or [Close/Undo] : @-26,30 → X축으로 -20만큼, Y축으로 30만큼 이동한 점

Specify next point or [Close/Undo] : @-14,0 → X축으로만 -14만큼 이동한 점

Specify next point or [Close/Undo] : C → 마무리 CLOSE

이것을 다른 방법으로 그려봅시다.

Command: L → 단축키 L

Specify first point: → 화면의 임의의 점 지정

Specify next point or [Undo]: <Ortho on> 40 → F8키를 입력하여 ORTHO MODE를 ON으로 설정. 수평과 수직으로만 점이 선택되도록 변경되었습니다.

마우스를 오른쪽 방향으로 하고 40 입력

Specify next point or [Undo]: 20 → 마우스를 위쪽 방향으로 하고 20입력

Specify next point or [Close/Undo]: @-26,30 → X축으로 -26만큼, Y축으로 30만큼 이동한 점. 상대좌표를 이용한다고 해서 F8키를 다시 입력해서 ORTHO MODE를 OFF로 변경할 필요는 없습니다.

Specify next point or [Close/Undo]: 14 → 마우스를 왼쪽 방향으로 하고 14입력

Specify next point or [Close/Undo]: C → 마무리 CLOSE

또 다른 방법으로 그려봅시다.

Command: L → 단축키 L

Specify first point: → 화면의 임의의 점 지정

Specify next point or [Undo]:@40<0 → 0˚ 즉 화면의 오른쪽 방향으로 40만큼 이동한 점

Specify next point or [Undo]: @20<90 → 90˚ 즉 화면의 위쪽 방향으로 20만큼 이동한 점

Specify next point or [Close/Undo]: @-26,30 → X축으로 -26만큼, Y축으로 30만큼 이동한 점. 상대극좌표로는 그릴 수가 없습니다. 정확한 거리와 각도가 계산되지 않기 때문입니다.

Specify next point or [Close/Undo]: @14<180 → 180˚ 즉 화면의 왼쪽 방향으로 14만큼 이동한 점

Specify next point or [Close/Undo]: C → 마무리 CLOSE

이번 그림들은 상대극좌표를 많이 활용해야 합니다.

역시 ①번 그림만 설명을 드리죠. 왼쪽 밑에서부터 시계 반대 방향으로 그려봅시다.

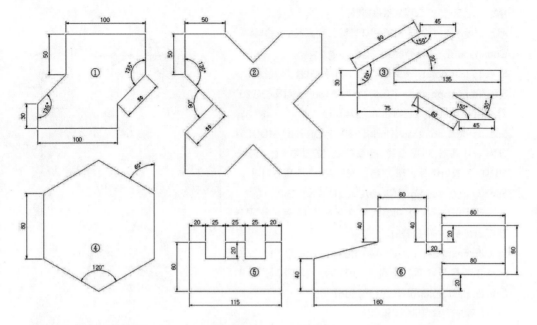

Command: L→ 단축키 L

Specify first point: → 화면의 임의의 점 지정

Specify next point or [Undo] : <Ortho on> 100 → F8키를 조작하여 ORTHO MODE를
ON으로 설정하고 마우스를 오른쪽으로 하고 100입력

Specify next point or [Undo]: 30 → 마우스를 위쪽으로 하고 30입력

Specify next point or [Close/Undo] : @50<45 → 거리가 50이고 45°방향에 있는 점 지정.
앞에서도 설명 드렸지만 우리는 점만 지정하면 됩니다. 선은 CAD가 그려줍니다.

135°는 두 선간의 사이각이고요, 항상 계산 할때는 0°에서 계산하면 됩니다.

Specify next point or [Close/Undo] : 50 → 마우스를 위쪽으로 하고 50입력

Specify next point or [Close/Undo] : 100

→ 마우스를 왼쪽으로 하고 100입력

Specify next point or [Close/Undo] : 50

→ 마우스를 아래쪽으로 하고 50입력

Specify next point or [Close/Undo] : @50<225

→ 거리가 50이고 225°방향에 있는 점 지정, 135°는
두 선간의 사이각이고 역시 0°에서 계산을 하면
225°임을 알 수가 있습니다.

Specify next point or [Close/Undo] : C

→ 마무리 CLOSE

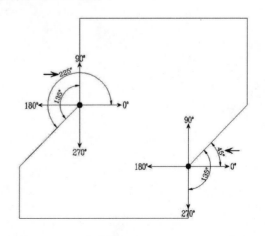

④번 그림도 한번 그려보겠습니다.

제일 밑에 있는 점부터 시계 반대방향으로 그려보겠습니다.

Command: L → 단축키 L

Specify first point: → 화면의 임의의 점 지정

Specify next point or [Undo]: @80<30 → 각도는 120°
가 아니라 0°에서 계산하면 30°입니다.

Specify next point or [Undo]: 80 → ORTHO MODE가
ON 상태에서 마우스를 위로하고 80입력. ORTHO
MODE는 화면아래 상태 버튼을 보면 알 수가 있습니다.

Specify next point or [Close/Undo]: @80<150 →
표시되어 있는 60°를 이용해서 0°에서 부터 계산을 하면
150°임을 알 수가 있습니다.

Specify next point or [Close/Undo]: @80<210 →
역시 0°에서 부터 계산을 하면 210°라는 결과가 나옵니다.

Specify next point or [Close/Undo]: 80 →
마우스를 아래로 하고 80입력.

Specify next point or [Close/Undo]: C → 마무리 CLOSE

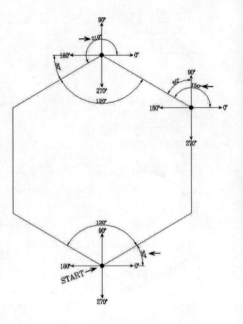

지금까지 우리는 F8키를 이용한 ORTHO MODE, 절대좌표, 상대좌표, 상대극좌표를 이용해
서 선을 그리는 방법을 공부했습니다. 앞으로 그림을 그릴 때도 배운 방법 중에서 가장 쉬운
방법을 이용하면 됩니다. 불필요하게 수평으로 선을 그리는데 상대좌표나 상대극좌표를 사용
하지 않아도 되겠죠. 그리고 다시 강조하지만 우리가 하는 일은 점을 지정하는 것입니다.
선의 각 꼭지점이 되는 점을 지정함으로써 CAD가 선을 그릴 수 있는 것입니다.
ORTHO MODE, 절대좌표, 상대좌표, 상대극좌표는 선을 그리는 것이 아니라 점을 지정하는
방법입니다. 이렇게 이해를 해야 앞으로 배울 명령어들을 이해하는데 도움이 될 것입니다.

6. CIRCLE(Ⅰ) (단축키:C)

명령어 뜻 그대로 원을 그리는 방식입니다. 캐드에는 원을 그리는 다양한 방법이 있습니다.
여기에서는 원의 중심과 반지름, 지름을 알고 있을 때 그리는 방법을 알아 보도록 하겠습니다.

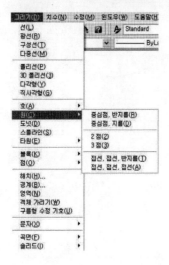
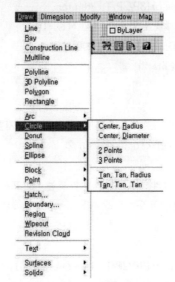

임의의 반지름으로 원을 하나 그려보도록 하겠습니다.

Command: C → **CIRCLE의 단축키 C입력**.

Specify center point for circle or [3P/2P/Ttr (tan tanradius)]:
→ 원의 중심이 되는 화면상의 임의의 점을 지정 합니다.
점을 지정하는 건 무조건하고 마우스 왼쪽 버튼입니다. ①

Specify radius of circle or [Diameter]: → 원의 반지름을 지정
하면 되는데요, 특정한 숫자를 입력해도 됩니다, 마우스가 움직이
는 만큼 원의 중심에서 원이 그려집니다. 즉 마우스가 원의 중심
에서 멀어지는 만큼이 반지름이 되는 것입니다.

대략적인 임의의 원을 그리려면 마우스를 대충 이동해서 마우스
왼쪽 버튼 클릭!

원을 그릴 때는 마지막에 Enter키를 입력하지 않아도 됩니다. ②

명령: C

CIRCLE 원에 대한 중심점 지정 또는 [3P/2P/Ttr(접선 접선 반지름)]: ①

원의 반지름 지정 또는 [지름(D)]: ②

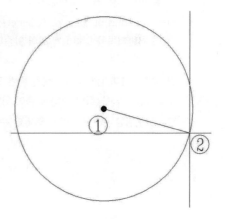

이번에는 반지름이 60인 원을 한번 그려봅시다.
도면에서 반지름을 표시할 때는 R을 사용합니다.
R은 Radius(반지름)의 약자입니다.
R60은 반지름이 60인 원이라는 뜻입니다.

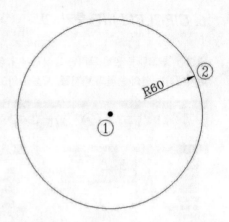

Command: C
Specify center point for circle or [3P/2P/Ttr (tan tan radius)] : → 원의 중심이 되는 화면상의 임의의 점 지정. ①
Specify radius of circle or [Diameter] <10.0000>: 60
→ 반지름값을 입력. 입력 후 Enter키! ②

명령: C
CIRCLE 원에 대한 중심점 지정 또는 [3P/2P/Ttr(접선 접선 반지름)] : ①
원의 반지름 지정 또는 [지름(D)] <10.0000>: 60 ②

이번에는 지름이 140인 원을 그려봅시다. 지름은 D 또는 ϕ로 표시합니다.
D140 또는 ϕ140은 지름이 140이라는 뜻입니다.

Command: C
Specify center point for circle or [3P/2P/Ttr (tan tan radius)] :
→ 원의 중심이 되는 화면상의 임의의 점 지정.
Specify radius of circle or [Diameter] <120.0000>: 70
→ 항상 반지름을 입력하게 되어 있습니다. 지름이 140이므로 지름의 반인 70을 입력하면 됩니다.

그러면 지름이 120.335인 원을 한번 그려보세요.
이럴 때는 암산능력이 뛰어난 분이 아니라면 전자계산기가 필요하겠죠.
CIRCLE명령어는 반지름도 입력할 수 있지만 지름값을 바로 입력할 수 있습니다.

Command: C

Specify center point for circle or[3P/2P/Ttr (tan tan radius)]:

→ 원의 중심이 되는 화면상의 임의의 점 지정. ①

Specify radius of circle or [Diameter] <60.0000>: D → LINE에서도 설명을 드렸지만 []안의 대문자를 입력하면 []안의 명령이 실행됩니다. Diameter의 대문자 D를 입력하고 역시 Enter키입력. 그러면 반지름 대신에 지름을 입력하라는 메시지가 나타납니다. ②

Specify diameter of circle<120.0000>: 120.335 → 120.335입력 후 Enter키! ③

명령: C

원에 대한 중심점 지정 또는 [3P/2P/Ttr(접선 접선 반지름)]: ①

원의 반지름 지정 또는 [지름(D)] <120.0000>: D ②

원의 지름를 지정함 <10.0000>: 120.335 ③

다시 한번 더 정리를 하면.....R60 (φ120)인 원을 그려봅시다.

① C→ Enter→ 중심점 지정 → 60

② C → Enter→ 중심점 지정 → D → Enter→ 120

다시 한번 더 강조하지만 명령어 순서는 외우지 말고 이해를 하세요

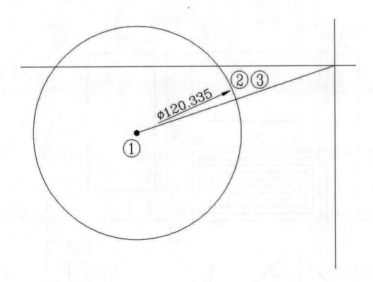

[연습문제-1]

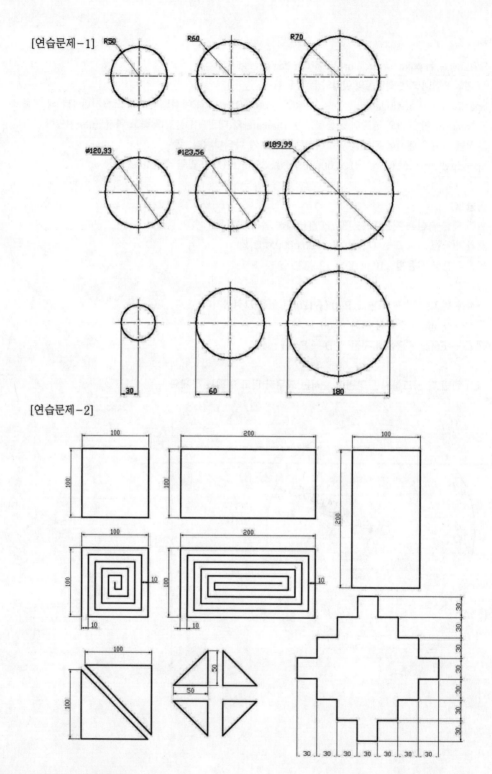

R50 R60 R70
Ø120,33 Ø123,56 Ø189,99
30 60 180

[연습문제-2]

100 200 100
100 100 200
100 200
100 10 10
10 10
100 50
100 50
30
30
30
30
30
30
30
30 30 30 30 30 30 30

[연습문제-3]

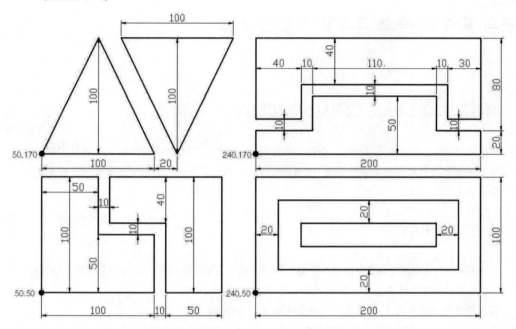

[연습문제-4]

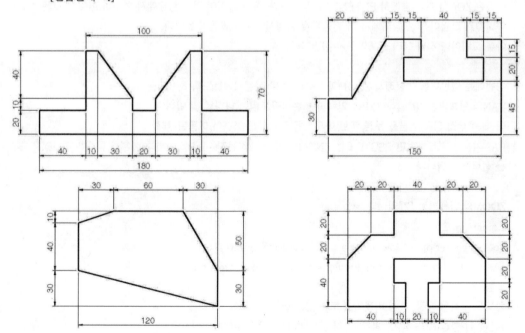

제4강
도면의 확대와 축소 그리고 특별한 점들

제4강. ZOOM, PAN, OSNAP, CIRCLE(Ⅱ)

이번 강좌에서는 도면의 확대, 축소, 화면 이동을 할 수 있는 ZOOM, PAN 기능과 캐드에서 그려지는 각 객체들이 가지고 있는 특별한 점들 (OSNAP), 그리고 원을 그리는 다양한 방법들에 대해서 배워보겠습니다.

1. ZOOM, PAN

마우스를 이용해 화면의 배율을 조절하는 방법은 앞서 설명 드렸지만 다시 한번 더 설명드리겠습니다.
마우스의 가운데 부분 휠을 돌리면 화면이 확대, 축소가 될 것입니다.
휠을 앞으로 돌리면 확대, 뒤로 돌리면 축소가 됩니다. (ZOOM 기능)
그리고 **휠을 누른 채로 마우스를 움직이면 화면이 마우스의 방향대로 움직입니다. (PAN 기능)**
그리고 **휠을 더블 클릭(연속해서 두 번 딱 딱 클릭!!) 하면 화면 가득히 그림이 꽉 차게 표현됩니다.**
이것은 ZOOM 기능 중에서 ENTENTS 기능입니다. 혹시 그림이 없는 상태에서 연습하고 있는 것은 아니겠죠 그림이 있는 상태에서 이 기능들을 실행시키셔야 확인이 됩니다.
아무 그림이나 하나 그리고 확인하기 바랍니다.

이번에는 명령어를 이용해서 ZOOM과 PAN기능을 실행시켜보도록 하세요.
PAN의 단축키는 "P"입니다. P를 입력하면 손바닥모양이 나타날 것 입니다.
이 때 마우스 왼쪽 버튼을 누른 채로 마우스를 움직이면 화면이 이동됩니다.
PAN기능을 종료하려면 ESC키 또는 ENTER키를 입력하든지 마우스 오른쪽 버튼을 클릭한 후 EXIT 를 선택하면 됩니다.

ZOOM의 단축키는 "Z"입니다.
Command: Z
Specify corner of window, enter a scale factor (nX or nXP), or
[All/Center/Dynamic/Extents/Previous/Scale/Window] <real time>:
명령: Z
윈도우 구석을 지정, 축척 비율 (nX 또는 nXP)을 입력, 또는
[전체(A)/중심(C)/동적(D)/범위(E)/이전(P)/축척(S)/윈도우(W)] <실시간>:

명령어 구조를 보면 괄호가 두 가지가 있습니다. [ ]이런 괄호, < >이런 괄호가 있습니다.

[ ]이런 괄호 안에 있는 것들은 ZOOM의 여러 가지 기능이 들어가 있는 것입니다.

< >이런 괄호안에 있는 것은 앞에서도 여러번 설명을 드렸지만 기본적으로 실행되는 기본값입니다.

이런 명령어의 구조는 모든 명령어가 동일합니다.

[ ]안은 선택사항, < >안은 기본값. < >안의 기본값은 그냥 ENTER키를 입력하면 됩니다,

[ ]안의 선택사항을 실행시키려면 각 영어단어의 대문자를 입력하면 됩니다.

보통 첫 글자가 대문자로 지정되어 있지만 중간의 글자가 대문자로 또는 두 글자가 대문자로 되어있는 경우가 있기 때문에 꼭 첫 글자가 단축키가 아니라는 것을 기억하기 바랍니다.

[All/Center/Dynamic/Extents/Previous/Scale/Window]에서 All은 "A"를, Center은 "C"를,

Extents는 "E"를 입력하면 됩니다. <real time>은 그냥 ENTER키를 입력하면 됩니다.

<real time>기능은 마우스 휠을 돌리는 기능과 동일합니다.

ZOOM의 ALL기능을 실행시키려면 Z+ENTER→ A+ENTER 이렇게 입력하면 됩니다.

① Z+ENTER→ A+ENTER, CAD화면 영역전체를 보는 기능입니다.

화면영역 안에 객체가 그려져 있으면 화면영역을 화면영역 밖으로 객체가 그려져 있으면 객체를 화면 가득 나타나게 합니다. 이 때 화면영역은 F7키를 입력했을 때 화면에 나타나는 점들의 영역입니다.

② Z+ENTER→ E+ ENTER, 무조건 그려진 객체를 화면가득 나타나게 합니다.

③ Z+ENTER→ P+ENTER, 이전 화면 상태로 돌아갑니다.

④ Z+ENTER→ W+ENTER, 이 기능은 휠 마우스가 나오기 전에 가장 많이 사용한 기능으로 화면의 일정 영역을 지정하면 지정한 영역만 확대되어 보이는 기능입니다.

이 기능은 W를 입력하지 않아도 실행이 가능합니다. [ZOOM-WINDOW]

⑤ Z+ENTER+ENTER→ <real time>기능이 실행됩니다.

ZOOM 기능은 이것 이외에도 여러 가지 기능이 있습니다

위의 기능만 알고 계셔도 CAD를 활용하기에 아무런 문제가 없습니다.

[ZOOM-WINDOW]

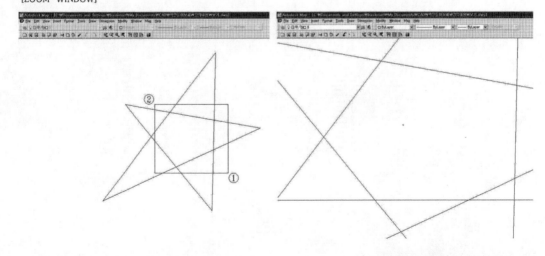

휠을 돌리면 화면의 배율이 크고 작아지는데 이 크고 작아지는 속도를 조절 할 수가 있습니다.

ZOOMFACTOR이라는 명령어를 이용해서 배율이 변경되는 속도를 조절해 봅시다.

기본값은 30이구요 3부터 100까지 조절 할 수 있습니다. 숫자가 클수록 속도가 빨라집니다.

Command: ZOOMFACTOR → 캐드에서는 띄어쓰기가 없습니다.

왜냐하면 SPACE BAR가 ENTER키 기능을 하기 때문이죠.

ZOOMFACTOR 모두 붙여서 적어주세요. 아쉽게도 단축키가 없습니다.

Enter new value for ZOOMFACTOR <30>: 80 → 가로안에 30이라는 기본값이 보입니다.

모든 명령어에서 괄호안의 숫자나 문자는 기본값이라는 뜻입니다. 80을 입력해 봅시디.

이제는 휠을 앞뒤로 돌려봅시다. ZOOMFACTOR 명령어 실행전보다 휠을 조금만 돌려도 이전보다

화면배율이 크고 작아지는 비율이 빨라졌습니다. 보통 80정도 설정합니다.

100까지 설정 할 수 있지만 너무 빠르기 때문에 오히려 더 불편 할 수 있습니다.

휠을 누른 채로 마우스를 움직이면 화면이 이동되는 PAN기능이 된다고 앞서 설명 드렸습니다.

하지만 휠을 누르면 PAN기능이 실행되지 않고 그림과 같이 화면에 선택BOX가 나타날 경우가 있습

니다. 이것은 CAD가 가동되면서 여러 가지 변수 값이 설정이 되는데 그 중에서 MBUTTONPAN라는

변수 값이 0으로 설정되어 있기 때문입니다. **PAN기능이 안되는 분은 MBUTTONPAN명령어를 실행**

한 다음 변수 값을 1로 설정하면 됩니다.

Command: MBUTTONPAN → 역시 모든 문자를 붙여서 써주세요.

MOUSE BUTTON PAN의 약자입니다.

Enter new value for MBUTTONPAN <0>: 1 → 괄호안의 숫자가 기본값이라고 설명 드렸습니다.

기본값이 0으로 설정 되어 있기 때문에 PAN기능이 되지 않는 것입니다. 1을 입력하고 ENTER키!

2. OSNAP (OBJECT SNAP)

앞서 배웠던 ORTHO MODE, 좌표의 개념은 화면상의 특정한 점을 지정하는 방법들 이었습니다.
OSNAP기능은 우리가 그릴 수 있는 CAD상의 모든 객체 LINE, CIRCLE, ARC, ELLIPSE 등의
특정한 점을 지정할 수 있는 기능입니다. 예를 들어 선과 선이 교차하는 지점에서부터 선을 시작하고
싶을 때, 마주보는 두 선의 중심을 이어주는 선을 그릴 때 등에 OSNAP기능이 사용 됩니다.
이 기능은 CAD를 사용하는데 있어서 없어서는 안되는 기능이므로 꼭 숙지하시기 바랍니다.

일단 화면에 선을 하나 그려보세요. 그림과 같이 선을 하나 그립니다.
여기에서 선을 다시 연결해서 그려보겠습니다.
그러나 지금까지 배운 방식으로는 정확한 선의 끝부분에서 선
을 시작 할 수 없습니다. 이런 경우 사용하는 것이 OSNAP입
니다.

[END-1]

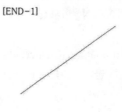

OSNAP은 객체의 어느 특정한 점을 지정하게 해 줍니다.
예를 들어 선의 끝점이라든지 선의 중간점, 선과 선이 또는 선
과 원이 만나는 점을 지정하게 해줍니다.

그럼 옆의 선이 끊어진 상태에서 다시 LINE명령어를 실행시
켜서 삼각형을 완성시켜 보겠습니다. [END-1]

[END-2]

Command: L → LINE 명령어 실행
Specify first point: _endp of → Shift키를 누른 채로 마우스
오른쪽 버튼 클릭을 하면 옆의 그림과 같이 OSNAP BOX가
나타납니다. [END-2]
OSNAP BOX에 Endpoint를 선택하고 마우스를 ①번 점 위에
올려놓으면 사각형의 마크가 나타날 것입니다.
이 때 마우스 왼쪽 버튼을 클릭하면 선의 끝부분에 Line의 첫
점이 지정되는 것 입니다. [END-3]

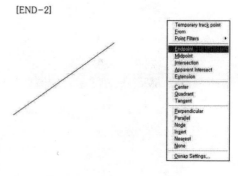

[END-3]

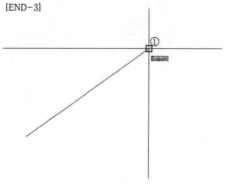

Specify next point or [Undo]: → ②번 점은 화면의 적당
한 곳에 클릭하세요. [END-4]

Specify next point or [Undo]: _endp of → 마지막으로
삼각형을 완성하기 위해서 또다시 선의 끝부분을 지정해야
합니다. 같은 방법으로 Shift키를 누른 채로 마우스 오른쪽
버튼 클릭!. [END-5]

OSNAP BOX에서 Endpoint를 선택하고 ③번 점 클릭.
이 때 "C"를 입력하면 안되냐는 질문을 많이 받는데요,
"C"를 입력하면 선의 첫 점으로 선이 그려진다고 설명을
드렸습니다. 지금 선의 첫 점은 ③번 점이 아니고 ①번 점
이므로 "C" 를 입력하면 안됩니다.

지금은 괄호안에 [Undo] 옵션밖에 없기 때문에 "C"를 입
력해도 명령어가 실행되지 않습니다.

[END-6]

Specify next point or [Close/Undo]: → 마지막으로
Line명령어를 끝내기 위해서 Enter키 입력.

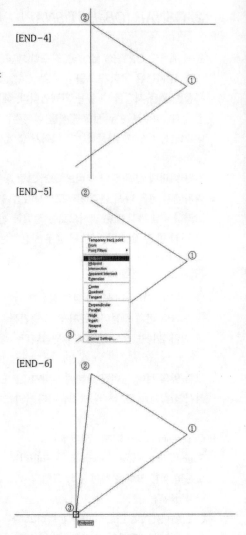

이번에는 그려진 삼각형의 변의 중간점을 잇는 삼각형을
그려보도록 하겠습니다.
중간점을 지정하는 것은 Midpoint입니다. [MID-1]

Command: L → Line 명령어 실행
Specify first point: _mid of → Shift키를 누른 채로 마우
스 오른쪽 버튼 클릭! OSNAP BOX에서 Midpoint를 선택
하고 ①번 점 클릭. [MID-2]
Specify next point or[Undo] : _mid of → Shift 키를 누른
채로 마우스 오른쪽 버튼 클릭! OSNAP BOX에서
Midpoint를 선택하고 ②번 점 클릭. [MID-3]
Specify next point or[Undo] : _mid of → Shift키를 누른
채로 마우스 오른쪽 버튼 클릭! OSNAP BOX에서
Midpoint를 선택하고 ③번 점 클릭. [MID-4]
Specify next point or [Close/Undo] : C
→ Close의 "C" 입력!. [MID-5]

선의 끝점을 지정 : Endpoint
선의 중간점을 지정 : Midpoint

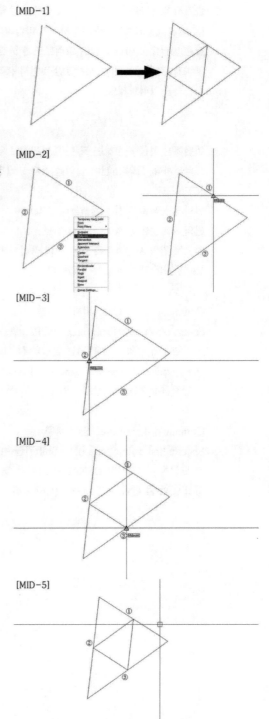

[MID-1]

[MID-2]

[MID-3]

[MID-4]

[MID-5]

한가지 더 선과 선(선과 원)이 교차하는 점을 지정 :
Intersection(교차점) 꼭 기억하시기 바랍니다.
같은 방법으로 옆의 그림을 그려보도록 하겠습니다.
그리기 전에 어떤 방법으로 그릴 것인지 생각을 하고
차근차근 그려보세요.

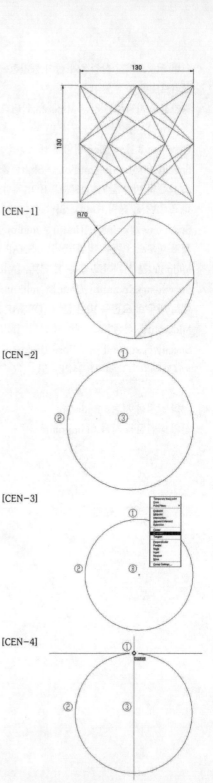

이번에는 점을 지정하는 또 다른 방법으로 옆의 그림을
그려봅시다. 그리기 전에 설명을 먼저 드리겠습니다.
[CEN-1]
원의 중심점을 지정 : Center
원의 사분점을 지정 : Quadrant
참고로 원의 사분점이라 함은 원의 중심점에서 0°, 90°,
180°, 270° 방향에 있는 점입니다.

Command: C → Circle명령어 실행
Specify center point for circle or [3P/2P/Ttr (tan tan radius)] :
→ 화면상에 원의 중심이 되는 임의의 점 지정
Specify radius of circle or [Diameter] <10.0000>: 70
→ 반지름값 70입력. [CEN-2]

Command: L → Line명령어 실행
Specify first point: _qua of → Shift키를 누른 채로 마우
스 오른쪽 버튼 클릭! OSNAP BOX에서 Quadrant를 선택
하고 ①번 점 클릭. [CEN-3], [CEN-4]

Specify next point or [Undo] : _qua of → Shift키를 누른
채로 마우스 오른쪽 버튼 클릭! OSNAP BOX에서
Quadrant를 선택하고 ②번 점 클릭. [CEN-5]
Specify next point or [Undo] : _cen of → Shift키를 누른
채로 마우스 오른쪽 버튼 클릭! OSNAP BOX에서 Center
를 선택하고 ③번 점 클릭. [CEN-6], [CEN-7]
Specify next point or [Close/Undo] : _qua of
→ Shift키를 누른 채로 마우스 오른쪽 버튼 클릭! OSNAP
BOX에서 Quadrant를 선택하고 ①번 점 클릭.
이 때 Close의 "C"를 입력해도 됩니다. [CEN-8]
Specify next point or [Close/Undo] : → Line명령어를
끝내기 위해서 Enter키 입력하면 됩니다.

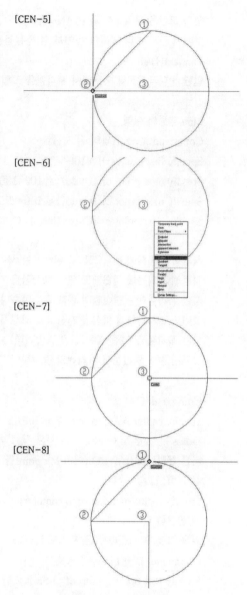

[CEN-5]

[CEN-6]

[CEN-7]

[CEN-8]

옆의 그림을 그려봅시다. [TAN-1]
여기서 한가지 더 임의의 점에서 원의 접점을 지정 :
Tangent(접점)
일단 상대극좌표를 이용해서 사각형을 그립니다.

Line 명령어 실행
Command: L → 임의의 점 지정
Specify first point: → @100<45
Specify next point or [Undo]: @100<135
Specify next point or [Undo]: @100<225
Specify next point or [Close/Undo]: C. [TAN-2]

사각형의 중심에 원을 그리기 위해서는 사각형의 중심점을
지정해야 되는데 아쉽게도 원의 중심점을 지정할 수는 있
지만 사각형에는 중심점이 존재하지 않습니다.
그러므로 사각형의 중심을 지정하기 위해서 사각형의 마주
보는 꼭지점 두 개를 잇는 선을 그립니다. [TAN-3]
그려진 선의 중간점이 사각형의 중심점이 되었습니다.

Command: C
Specify center point for circle or [3P/2P/Ttr (tan tan
radius)]: _mid of → Shift키를 누른 채로 마우스 오른쪽
버튼 클릭! OSNAP BOX에서 Midpoint를 선택하고 ①번
점 클릭. [TAN-4]
Specify radius of circle or [Diameter] <10.0000>: 30
→ 반지름 값 30입력.
원을 그린 후 가운데 선은 지워도 됩니다.
Command: L → Line명령어 실행
Specify first point: _endp of → Shift 키를 누른 채로 마
우스 오른쪽 버튼 클릭! OSNAP BOX에서 Endpoint를 선
택하고 ①번 점 클릭. [TAN-5]

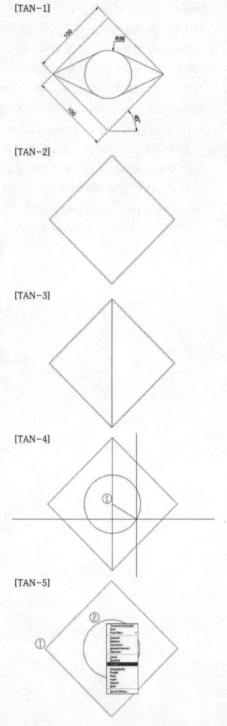

[TAN-1]

[TAN-2]

[TAN-3]

[TAN-4]

[TAN-5]

Specify next point or [Undo]: _tan to → Shift키를 누른
채로 마우스 오른쪽 버튼 클릭! OSNAP BOX에서
Tangent를 선택하고 ②번 점 클릭. [TAN-6]
Specify next point or [Undo]: → Line 명령어를 끝내기
위해서 Enter키 입력!!
같은 방법으로 다른 선들도 그려보세요.

마지막으로 어느 한 점에서 객체로 선을 그릴 때 임의의 점
에서 직각이 되도록 점을 지정: Perpendicular (직교점)

옆의 그림을 그려봅시다. [PER-1]
사각형을 그리고, 마주보는 꼭지점을 잇는 선을 그려 주기
바랍니다

Line명령어 실행.
Command: L → Shift키를 누른 채로 마우스 오른쪽
Specify first point: _endp of → 버튼 클릭! OSNAP BOX
에서 Endpoint를 선택하고 ①번 점 클릭. [PER-2]
Specify next point or[Undo]: _per to → Shift키를 누른
채로 마우스 오른쪽 버튼 클릭! OSNAP BOX에서
Perpendicular를 선택하고 ②번 점 클릭.
[PER-3], [PER-4]
Specify next point or [Undo]: → Line명령어를 끝내기
위해서 Enter키 입력.

[TAN-6]

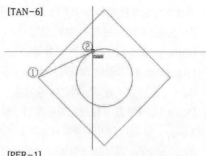

[PER-1]

[PER-2]

[PER-3]

[PER-4]

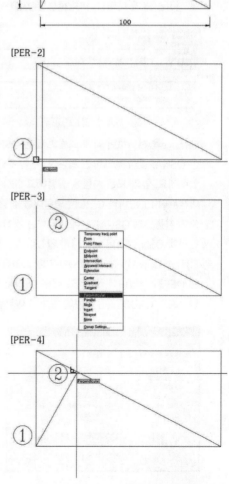

지금까지 알아본 점을 지정하는 OSNAP을 정리해 보겠습니다.

Endpoint(끝점) : 선 또는 호의 끝점

Midpoint(중간점) : 선 또는 호의 중간점

Intersection(교차점) : 객체와 객체가 교차하는 점

Center(중심점) : 원, 호, 타원의 중심점

Quadrant(사분점) : 원, 호, 타원의 중심점에서 0˚, 90˚, 180˚, 270˚ 방향에 있는 점

Tangent(접점) : 임의의 점에서 원으로 접선을 그릴 때 원의 접점을 지정하는 점

Perpendicular(직교점) : 임의의 점에서 선 또는 호로 직각인 선을 그릴 때 직각인 점

하나 하나 어떤 점인지를 꼭 기억하세요. 우리가 점을 선택할 때 마다 Shift키를 누른 상태에서 OSNAP을 선택하면 여간 귀찮은 일이 아닙니다.

이번에는 Shift키를 이용하지 않고 OSNAP점을 자동으로 지정되도록 해보겠습니다.

마우스를 화면 아래 상태 버튼 중에서 OSNAP 위에 커서를 올려 놓고 마우스 오른쪽 버튼을 클릭하면 설정BOX가 나타납니다. 설정 BOX에서 Settings(설정값) 선택.

Settings을 선택하면 아래 그림과 같은 OSNAP BOX가 나타납니다. OSNAP BOX에서 지금까지 배우신 OSNAP값을 체크하면 됩니다. 왼쪽 위에 **Object Snap on(객체 스냅 켜기-단축키: F3키)**는 꼭 체크하세요. 앞의 모든 사항을 실행하고 OK를 클릭하면 다시 화면으로 돌아갑니다.

이제부터 LINE이나 CIRCLE명령어를 실행시키고 앞서 그렸던 그림 위에 마우스를 객체 위에 올려 놓으면 자동으로 OSNAP점이 나타나는 것을 확인 할 수 있을 것입니다.

만약에 OSNAP점이 나타나지 않는다면 F3 키를 한번 누르세요.

F3키는 OSNAP기능을 ON/OFF를 조절하는 버튼입니다. F3키를 누를 때마다 OSNAP기능이 ON 또는 OFF될 것입니다. 우리가 배운 OSNAP점 외에도 여러 가지 OSNAP점이 있지만 배운것 만으로도 CAD를 사용하는데 있어서 아무런 불편이 없으리라 생각됩니다.

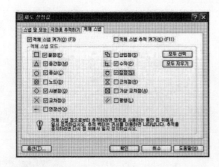

아래의 그림을 그릴 때 사각형을 그리고 사각형의 중심에 반지름이 20, 40. 60인 원을 그리고. 사각형을 각 꼭지점에서 각각의 원에 접선을 그려야 되는데. OSNAP은 자석기능이 있어서 꼭 그 점 위에 마우스가 위치해 있지 않아도 마크가 나타나게 되므로, 접점을 ⊙ 클릭해야 되는데 사분점을 ◇ 클릭할 경우가 종종 있습니다.

이런 경우 OSNAP이 자동으로 나타나는게 오히려 더 귀찮은 경우입니다. OSNAP Setting을 Endpoint와 Tangent만 지정하면 그림을 그릴 때 훨씬 더 쉽게 그릴 수가 있을 것입니다.

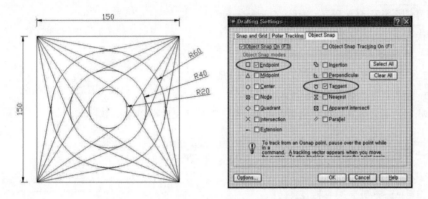

OSNAP Setting은 CAD를 시작하기전 항상 확인을 하고 배운대로 설정하고 작업을 하시기 바랍니다.
그럼 지금까지 배운 것을 바탕으로 해서 다음 그림을 그려보세요.

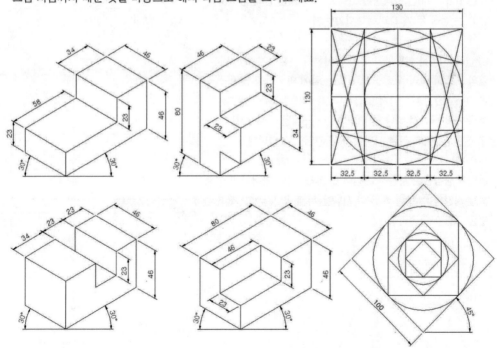

3. CIRCIE (II)

앞서 원을 그리는 방법은 설명을 드렸습니다. 원을 그리는 방법은 두 가지가 있었습니다.
원의 중심점을 지정하고 반지름을 입력, 원의 중심점을 지정하고 지름을 입력해서 원을 그리는 방법
을 앞서 배웠습니다. 여기서는 이 두 가지 방법 이외에 원을 그리는 방법을 공부해 보겠습니다.

일단 여러 가지 원을 그리는 방법을 열거해 보죠.

1) 원의 중심점 지정하고 반지름 입력(Center, Radius)

2) 원의 중심점 지정하고 지름 입력(Center, Diameter)

3) 원이 지나는 두 점을 지정(2P)

4) 원이 지나는 세 점을 지정(3P)

5) 두 선(또는 원)에 접하고 반지름 입력(Ttr : Tan Tan Radius)

6) 세 선(또는 원)에 접하는 원(Ttt : Tan Tan Tan)

1)과 2)는 앞서 배운 내용이고 나머지 방법들은 지금부터 공부해 보도록 하겠습니다

1) 원이 지나는 두점을 지정(2P)

옆의 그림을 그려보도록 하겠습니다. [2P-1]

일단 100×100인 사각형을 그리고, 마주보는 변의 중간점
을 잇는 선을 두 개 그리세요. [2P-2]

Circle명령어를 실행하고 원을 중심점을 지정하기 위해서
옆의 그림과 같이 체크가 되어 있는 점에 마우스를 올려보
면 Osnap점이 나타나지 않습니다. 왜냐하면 모든 선은 끝
점 두개와 중간점 하나, 총 3개의 Osnap점을 가지고 있기
때문에 중간점과 끝점 사이에 또 중간점이 없습니다.

[2P-3]
이렇게 중심점을 지정하고 싶어도 Osnap점이 없어서 중심
점을 지정할 수 없을 때 원이 지나는 두 점을 지정(2P)해서
원을 그릴수 있습니다.

[2P-1]

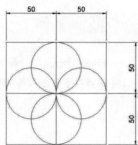

[2P-2]

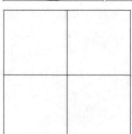

[2P-3]

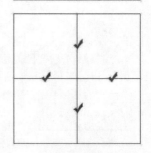

원이 지나는 두 점을 지정 (2P)해서 그려보도록 하겠습니다.

Command: C → Circle 명령어 실행

Specify center point forcircle or [3P/2P/Ttr (tan tan radius)]: 2P → 대괄호 안에 보면 [3P/2P/Ttr]옵션이 보입니다. 2P옵션을 실행하기 위해서 2P입력하세요.

Specify first end point of circle's diameter:
→ ①점 지정 (Osnap은 Setting해 놓으셨죠.). [2P-4]

Specify second end point of circle's diameter:
→ ②점 지정 끝입니다. [2P-5]

흔히 여기서 다시 Enter키를 입력을 하는데 원이 그려졌으므로 Enter키를 다시 입력할 필요는 없습니다.

모든 명령의 마지막에는 Enter키를 입력하는 것은 아닙니다! [2P-6]

명령: C
원에 대한 중심점 지정 또는
[3P/2P/Ttr(접선 접선 반지름)]: 2P
원 지름의 첫번째 끝점을 지정:
원 지름의 두번째 끝점을 지정:

위의 한글판 설명을 보면 '원 지름의 첫번째 끝점과 두번째 끝점을 지정' 이란 말이 있습니다. 생각을 해보면 어느 특정한 두 점을 지나는 원은 굉장히 많습니다.

그래서 CAD에서 그려보면 알겠지만 2P(두 점을 지나는 원)는 지름이 되는 양끝 두 점을 의미합니다.

바꿔 말하면 Circle명령어 한번만 실행해서 두 점을 지나면서 반지름을 입력해서 그릴 수는 없습니다.

이런 원은 뒤에 다시 다루기로 하겠습니다.

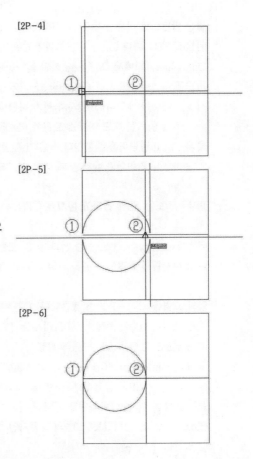

[2P-4]

[2P-5]

[2P-6]

같은 방법으로 다른 원들도 그리면 됩니다. 한 가지 주의 할 것은 Circle 명령어를 한번 실행했으므로 원을 그릴 때 마다 Circle의 단축키인 C를 입력하지 않아도 된다는 것입니다.

Command상태에서 그냥 enter키만 입력하면 앞서 실행되었던 명령어 Circle이 실행이 됩니다.

처음에 설명을 드렸지만 Command상태에서 그냥 enter키를 입력하면 앞서 실행되었던 명령어가 다시 실행된다는 것입니다. 잊지 마시기 바랍니다.

enter키를 입력할 때도 마우스 오른쪽 버튼을 이용하세요. 한 가지 더 앞서 2P를 실행했다고 해서 다음에 Circle 명령어를 실행한다고 2P가 실행되는 것은 아닙니다.

2P는 Circle 명령어가 실행될 때 마다 입력해 주어야 합니다.

2) 두 선(또는 원)에 접하고 반지름 입력(Ttr)

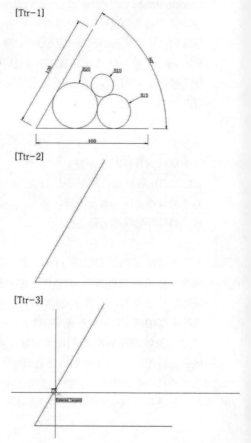

[Ttr-1]

[Ttr-2]

[Ttr-3]

이번에는 어느 두 선 또는 한 선과 한 원 또는 두 원에 접하면서 반지름을 입력해서 원을 그려 보도록 하겠습니다.

옆의 그림을 그려보도록 하겠습니다. [Ttr-1]

일단 길이가 100인 선을 두 개 그리세요. [Ttr-2]

Command: C → Circle 명령어 실행

Specify center point for circle or [3P/2P/Ttr (tan tan radius)] : t → 2P를 실행 할 때는 2P를 입력했듯이, Ttr을 실행할 때는 Ttr을 입력하여도 됩니다. LINE을 그릴 때 Close의 "C"를 입력했듯이 **Ttr의 대문자인 "T"만 입력**하여도 됩니다.

Specify point on object for first tangent of circle: → 원이 첫번째로 접하는 객체(선또는원)를 지정하라는 뜻입니다. 마우스를 선위에 올려놓으면 Tangent OSNAP 마크가 나타납니다. 이 때는 어느 특정한 점을 지정하는 것이 아니기 때문에 선위에 대략적인 위치에 클릭을 하면 됩니다. 물론 마우스 왼쪽 버튼 입니다. [Ttr-3]

Specify point on object for second tangent of circle:
→ 원이 두번째로 접하는 객체(선 또는 원)를 지정하라는
뜻입니다. 또 다른 한 선의 대략적인 위치에 클릭을 하면
됩니다. [Ttr-4]
Specify radius of circle <10.0000>: 20 → 원의 반지름값
20입력 후Enter키 입력. [Ttr-5]

명령: C
원에 대한 중심점 지정 또는
[3P/2P/Ttr(접선,접선,반지름)]: t
원의 첫번째 접점에 대한 객체위의 점 지정:
원의 두번째 접점에 대한 객체위의 점 지정:
원의 반지름 지정: 20

Command: C → Circle 명령어 실행
Specify center point for circle or [3P/2P/Ttr (tan tan
radius)]: t → 단축키 t입력.
Specify point on object for first tangent of circle:
→ 원이 첫번째로 접하는 객체 지정.
앞서 그린 원 위에 대략적인 위치에 클릭. [Ttr-6]
Specify point on object for second tangent of circle:
→ 원이 두번째로 접하는 객체 지정.
아래선의 대략적인 위치에 클릭. [Ttr-7]
Specify radius of circle <10.0000>: 15 → 원의 반지름값
15입력 후 Enter키 입력. [Ttr-8]

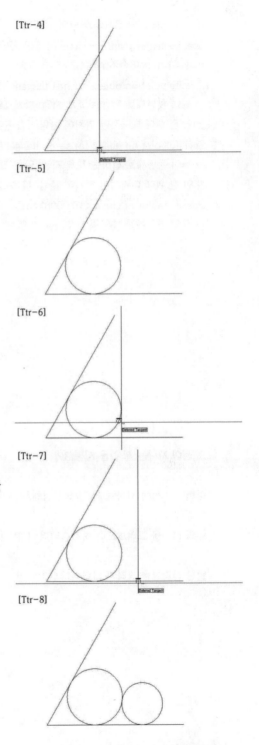

[Ttr-4]

[Ttr-5]

[Ttr-6]

[Ttr-7]

[Ttr-8]

Command: C → Circle 명령어 실행

Specify center point for circle or [3P/2P/Ttr (tan tan radius)] : t → 단축키 t입력.

Specify point on object for first tangent of circle:
→ 원이 첫번째로 접하는 객체 지정. 앞서 그렸던 반지름 20인 원 위에 대략적인 위치에 클릭. [Ttr-9]

Specify point on object for secondtangent of circle:
→ 원이 두번째로 접하는 객체 지정. 앞서 그렸던 반지름 15인 원 위에 대략적인 위치에 클릭. [Ttr-10]

Specify radius of circle <10.0000>: 10
→ 원의 반지름값 10입력 후 Enter 키 입력. [Ttr-11]

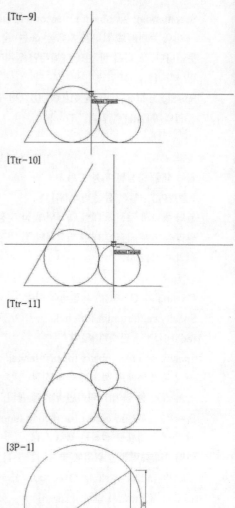

[Ttr-9]

[Ttr-10]

[Ttr-11]

3) 원이 지나는 세 점을 지정(3P)

이번에는 원이 지나는 세 점을 지정해서 원을 그려보도록 하겠습니다.
옆의 그림을 그려보도록 하겠습니다. [3P-1]

일단 삼각형을 그리기 바랍니다 .[3P-2]

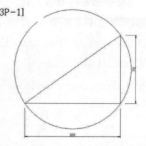

[3P-1]

[3P-2]

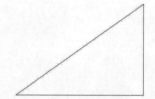

Command: C → Circle명령어 실행.

Specify center point for circle or [3P/2P/Ttr (tan tan radius)]: 3P → 세 점을 지나는 원을 그리기 위해서 단축키 3P 입력. ENTER키 입력.

Specify first point on circle: → 원이 지나는 첫 번째 점을 클릭합니다. 삼각형의 ①번 꼭지점을 마우스 왼쪽으로 클릭. [3P-3]

Specify second point on circle: → 원이 지나는 두 번째 점을 클릭합니다. 삼각형의 ②번 꼭지점을 마우스 왼쪽으로 클릭. 두 번째 점을 클릭하면 원이 나타날 것입니다. [3P-4]

Specify third point on circle: → 원이 지나는 세 번째 점을 클릭합니다. 삼각형의 ③번 꼭지점을 마우스 왼쪽으로 클릭. [3P-5], [3P-6]

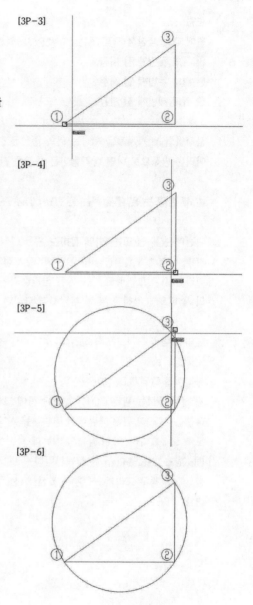

[3P-3]

[3P-4]

[3P-5]

[3P-6]

명령: C
원에 대한 중심점 지정 또는 [3P/2P/Ttr(접선 접선 반지름)]: 3P
원 위의 첫번째 점 지정:
원 위의 두번째 점 지정:
원 위의 세번째 점 지정:

삼각형의 세 꼭지점을 지나는 원의 중심은 삼각형의 중심이 됩니다.
이러한 방식으로 어떤 삼각형이든 중심을 간단하게 찾아 낼 수가 있습니다.

4) 세 선(또는 원)에 접하는 원 (Ttt : Tan Tan Tan)

이번에는 세 선(또는 원)에 접하는 원을 그려 보도록 하겠습니다. 기본적인 의미로는 3P입니다.
3P를 실행해서 접점(Tangent)만 세 번 지정되도록 하는 것입니다. 앞서 그렸던 원은 삼각형의 외접원
이라면 지금 그릴려고 하는 원은 삼각형의 내접원입니다. 정삼각형의 경우에는 3P를 선택해서 삼각형
의 세 변의 중간점을 세 번 지정해서 그리면 되는데, 정삼각형이 아닐 때는 적용이 안됩니다.

옆의 그림을 그려보도록 하겠습니다. [Ttt-1]

삼각형을 그리세요. [Ttt-2]
세 선에 접하는 원은 COMMAND명령에 그리기가 조금 까
다롭습니다. 이 원은 메뉴에서 명령어를 선택해서 그려보
도록 하겠습니다. 화면 상단의 메뉴에 보면 Draw →
Circle → Tan,tan,tan 을 선택합니다.
한글판일 경우 그리기 → 원 → 접선, 접선, 접선을 선택하
면 됩니다.

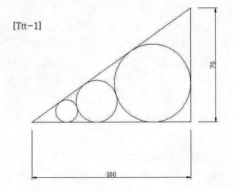

[Ttt-1]

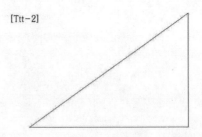

[Ttt-2]

명령어를 실행하면 COMMAND BOX에 아래와 같이
명령어 행이 나타납니다.

Command: _circle(Draw → Circle → Tan,tan,tan
그리기 → 원 → 접선, 접선, 접선)

Specify center point for circle or
[3P/2P/Ttr (tan tan radius)]: _3p

Specify first point on circle: _tan to
→ 삼각형의 첫번째 변 위에 마우스를 올려 놓으면
Tangent마크가 나타납니다. 대략적인 위치에 마우스 왼쪽
으로 클릭. [Ttt-3]

Specify second point on circle: _tan to → 삼각형의
두번째 변 위의 대략적인 위치에 마우스 왼쪽으로 클릭.
아직까지 원이 나타나지 않습니다. [Ttt-4]

Specify third point on circle: _tan to → 삼각형의
세번째 변 위의 대략적인 위치에 마우스 왼쪽으로 클릭.
[Ttt-5], [Ttt-6]

명령: _circle
원에 대한 중심점 지정 또는
[3P/2P/Ttr(접선 접선 반지름)]: _3p
원 위의 첫번째 점 지정: _tan
원 위의 두번째 점 지정: _tan
원 위의 세번째 점 지정: _tan

왼쪽의 작은 원을 그려 보겠습니다.
메뉴에서 선택하기가 불편하면 메뉴선택 단축키가 있습니
다. Alt키를 누른 채로 D, C, A를 차례로 입력하면 실행이
됩니다.

Command:_circle(Alt키를 계속해서 누르시고+D+C+A)
Specify center point for circle or [3P/2P/Ttr (tan tan radius)]: _3p
Specify first point on circle: _tan to → 삼각형의 첫번째 변 클릭.
Specify second point on circle: _tan to → 삼각형의 두번째 변 클릭.
Specify third point on circle: _tan to → 원 클릭.
클릭 할 때는 순서는 상관이 없습니다.
같은 방법으로 나머지 원도 그려보죠.

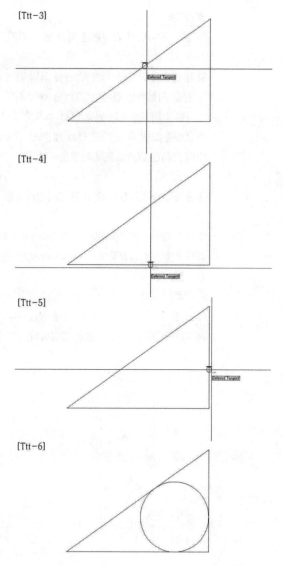

[Ttt-3]

[Ttt-4]

[Ttt-5]

[Ttt-6]

두 점을 지나면서 반지름을 갖는 원 그리기

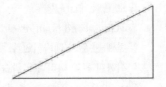

[T-1]

앞서 설명을 드렸듯이 2P로 원을 그릴 때는 지름의 양 끝점
두 점을 지정하는 겁니다. 그러면 원이 지나는 임의의 두점과
반지름을 입력해서는 원을 그릴 수가 없습니다. 단 한 번의 명
령으로는 그릴 수 없지만 원을 세 개를 그리면 가능해 집니다.
옆의 그림을 그려보도록 하겠습니다. [T-1]

[T-2]

밑변이 100이고 높이가 50인 직각삼각형을 그려보세요.
[T-2]
빗변의 양끝점을 지나면서 반지름이 80인 원을 그려보도록합
시다. 빗변의 양끝점에서 반지름이 80인 원을 두 개 그립니다.
[T-3], [T-4]

[T-3]

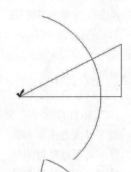

그린 원이 교차하는 곳이 두 군데 있습니다. 아래쪽 교차점에
서 다시 반지름이 80인 원을 그립니다. [T-5], [T-6]

[T-4]

[T-5]

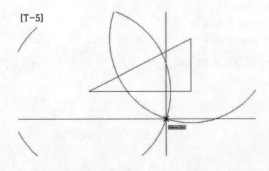

[T-6]

처음에 그렸던 반지름 80인 원을 ERASE명령어로 삭제합
니다. [T-7]

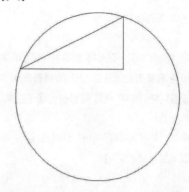

[T-7]

이와 같은 방법으로 두 점을 지나면서 반지름을 지정해서
그릴수가 있습니다. 처음 캐드에서는 하나의 명령어를 실
행시켜 그릴 수 없는 그림들이 종종 있습니다.
이럴 때는 작도법을 이용해서 그려야 합니다. 위의 방법이
이해가 된다면, 이를 응용해서 세 변의 길이가 각각 100,
70, 80인 삼각형을 한번 그려보시기 바랍니다.

※ TIP ※
둘레가 300인 원 또는 넓이가 3000인 원 그리기

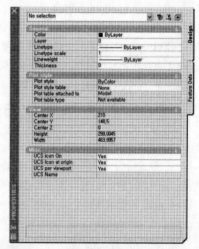

이런 경우는 드물지만 건축이나 인테리어, 토목에서는 가
끔씩 사용되는 것이므로 설명을 드립니다. 이 방법도 하나
의 명령어를 실행시켜 그릴 수가 없습니다. 일단은 임의의
반지름으로 원을 하나 그려보도록 하겠습니다. 어떤 원이
든 상관이 없습니다. 원을 그린 후PROPERTIES (단축키
는 MO를 입력해도 됩니다. Ctrl키+1 을 입력해도 됩니
다.) 명령어를 입력합니다. 옆의 그림과 같은 상자가 나타
날 것입니다. 이 상자는 객체의 속성을 조회 및 변경을 할
수 있는 상자입니다.

특성상자가 나타나 있는 상태에서 원을 클릭 (마우스 왼
쪽!) 하면 특성상자의 내용이 원이 가지고 있는 특성들로
바뀝니다. 원의 중심점 좌표, 반지름(Radius), 지름
(Diameter), 원의 둘레(Circumference), 원의 넓이(Area)
등을 표기해 줍니다. 바꾸고 싶은 특성의 숫자를 클릭하고
원하시는 수치로 바꿔주면 클릭한 원이 변경한 내용으로
바뀝니다. 다시 말해 원 둘레가 300인 원을 만들고 싶으면
원 둘레의 숫자를 클릭하고 300을 적은 후 Enter키를 입
력하면 됩니다. 원 둘레 300일 때는 반지름은 47.7465 입
니다.

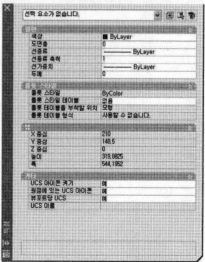

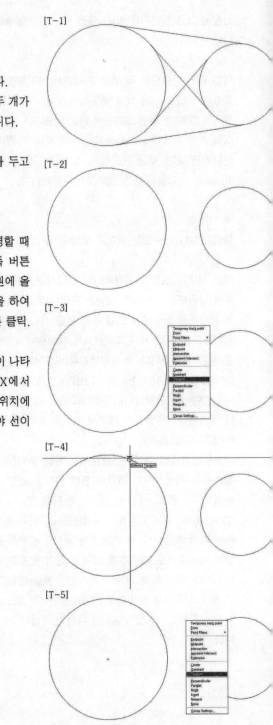

[T-1]

[T-2]

[T-3]

[T-4]

[T-5]

※TIP※

원의 공통접선

두 원 사이에는 동시에 접하는 선이 네 개가 있습니다.
이를 공통접선이라고 하는데 내접선 두 개, 외접선 두 개가
있습니다. 이 네 개의 공통접선을 한 번 그려보겠습니다.
[T-1]
우선 큰 원과 작은 원을 그림과 같이 적당한 거리를 두고
그려보세요.[T-2]

Command: L→ LINE명령어 실행
Specify first point:_tan to → 앞서 OSNAP을 설명할 때
했던 것입니다. Shift키를 누른 채로 마우스 오른쪽 버튼
클릭. OSNAP BOX에서 Tangent 선택. 마우스를 원에 올
려 놓으면 Tangent 마크가 나타날 것입니다. 예측을 하여
선이 시작되는 대략적인 위치에서 마우스 왼쪽 버튼 클릭.
[T-3], [T-4]
Specify next point or [Undo]: _tan to → 아직 선이 나타
나지를 않습니다. 같은 방법으로 OSNAP BOX에서
Tangent 선택. 반대쪽 원의 접선이 생길 대략적인 위치에
마우스 왼쪽 버튼 클릭하고 두 번째 접점을 클릭해야 선이
그려집니다. ENTER키 입력.
[T-5], [T-6], [T-7]

다른 방법으로 그려봅시다.

이번에는 OSNAP SETTING BOX를 열어서 OSNAP을
Tangent만 체크를 합니다. 이렇게 하면 다른 OSNAP점은
나타나지 않고 Tangent만 나타나게 됩니다. [T-8]

Command: L→ LINE명령어 실행
Specify first point: → Tangent만 선택이 되므로 원 위에
마우스로 대략적인 위치에 클릭. [T-9]
Specify next point or [Undo]: → 같은 방법으로 나머지
원 위에 클릭. [T-10]
Specify next point or [Undo]: → LINE명령어 끝내기
ENTER키 입력. [T-11]

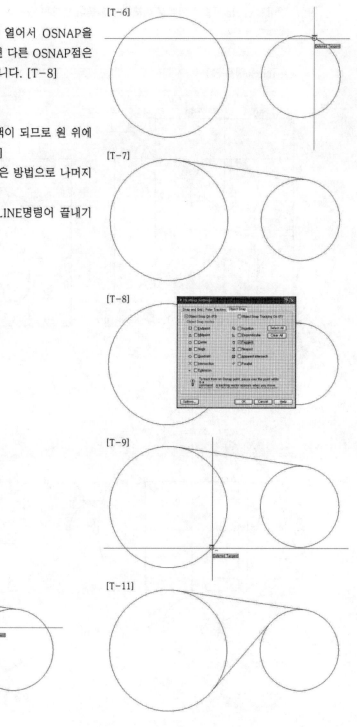

[T-6]

[T-7]

[T-8]

[T-9]

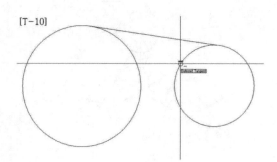

[T-10]

[T-11]

이제 circle 복습의 의미로 예제문제를 풀어 보도록 합시다

[circle예제-1]

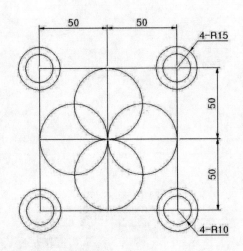

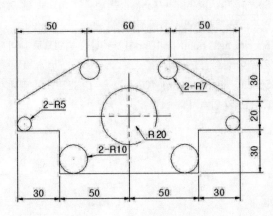

[circle예제-2]

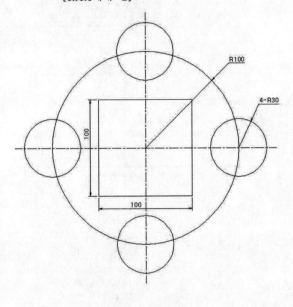

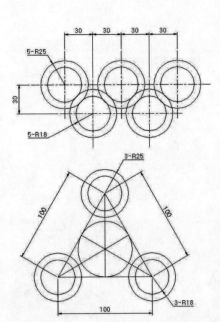

[circle예제-3]

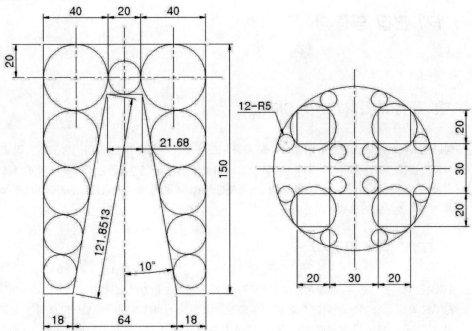

[circle예제-4]

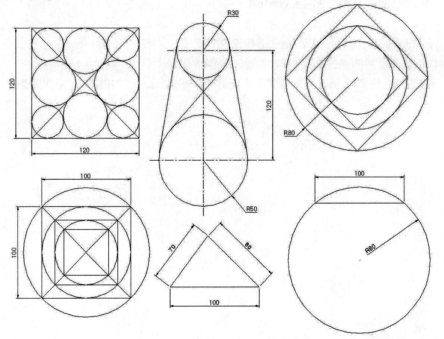

제5강
여러가지 편집 명령어

제5강. TRIM, EXTEND, OFFSET

이번 강좌에서는 CAD명령어 중에서 가장 사용 빈도가 높은 명령어인 TRIM과 OFFSET 그리고 부수적으로 EXTEND명령어에 대해서 공부해 보도록 하겠습니다. 이 명령어들은 객체를 그리고 나서 편집을 하는 명령어들 입니다. 특히 앞서 말씀드렸지만 TRIM과 OFFSET은 중요한 명령어이므로 확실하게 자기의 것으로 만드시기 바랍니다.

1. TRIM (객체 자르기)

TRIM은 객체를 그린 후 한 부분만을 잘라내기 할 때 사용하는 명령어 입니다.
ERASE와 혼동을 하는 분들이 있는데 ERASE는 객체를 완전하게 화면에서 없어지게 하는 명령어이고 TRIM은 객체의 한 부분만 삭제(엄밀히 말해서 자르기)하는 명령어입니다. ERASE로 삭제를 하면 되는데 TRIM명령어를 사용하는 분들을 보아 왔습니다. ERASE와 TRIM을 확실하게 구분하시기 바랍니다. **ERASE는 삭제! TRIM은 잘라내기!**

TRIM명령어는 간단한데 처음하는 분들은 잘 이해를 못하는 분들이 있습니다.
TRIM을 하기 위해서는 두 가지 조건이 필요합니다.
첫째 자르기 할 객체, 둘째 자를 객체의 경계선 이 두 가지만 있으면 TRIM을 할 수가 있습니다.

옆의 그림을 그려보도록 하겠습니다.

일단 왼쪽의 ①번과 ②번 선을 대략적으로 그려보도록 하
세요. ①번 선을 경계로 해서 ②번 선의 오른쪽 부분을 잘
라 보도록 하겠습니다. [TR-1-1]

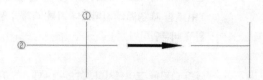

Command: TR → **TRIM의 단축키는 TR입니다.**

Current settings: Projection=UCS, Edge=None Select
cutting edges ...

Select objects: 1 found → 경계가 되는 객체를 선택하면
됩니다. ①번 객체 선택. [TR-1-2]

[TR-1-2]

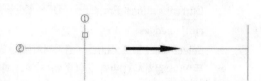

Select objects: → 경계가 되는 객체는 하나일 수도 여러
개 일 수도 있으므로 또 경계되는 객체가 있는지 계속해서
물어봅니다. 더 이상 경계가 되는 객체가 없으므로 여기서
는 그냥 ENTER키를 입력.

경계객체를 모두 선택했다면 ENTER키를 반드시 입력해
야 됩니다.

Select object to trim or shift-select to extend or
[Project/Edge/Undo]: → 잘려나갈 객체의 한 부분을 선
택하면 됩니다. 그림과 같이 ②번 객체의 오른쪽 부분을 클
릭 하면 됩니다. [TR-1-3]

[TR-1-3]

Select object to trim or shift-select to extend or
[Project/Edge/Undo]: → 잘려나갈 객체가 또 있는지 물
어 봅니다. 자를 객체가 존재한다면 또 선택을 하면 되고
여기서는 그냥 ENTER키를 입력하면 TRIM명령어가 종료
됩니다.

명령: TR

현재 설정값: 투영=UCS 모서리=없음

절단 모서리 선택 ...

객체 선택: 1개를 찾음

객체 선택:

자르기할 객체 선택 또는 연장을 위한 shift+선택 또는 [투영(P)/모서리(E)/명령 취소(U)]:

자르기할 객체 선택 또는 연장을 위한 shift+선택 또는 [투영(P)/모서리(E)/명령 취소(U)]:

객체의 선택이나 점의 지정은 마우스 왼쪽 버튼, 마우스 오른쪽 버튼은 오로지 ENTER키 기능을 합니다.
TRIM 할 때 경계의 선택이나 자를 객체의 선택은 마우스 왼쪽 버튼입니다.

옆의 그림을 그려봅시다. [TR-2-1]
일단 ①, ②, ③ 선을 대략적으로 그리고 TRIM명령어를 실행 시켜보겠습니다.

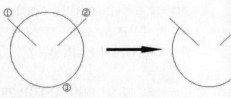

[TR-2-1]

Command: TR → TRIM명령어 실행
Current settings: Projection=UCS, Edge=None Select cutting edges ...
Select objects: 2 found → 경계객체를 선택.
두 번에 걸쳐서 ①번과 ②번을 하나 하나 찍어서 선택을 해도 됩니다.
한꺼번에 ①, ②번 객체를 선택해도 됩니다.
[TR-2-2], [TR-2-3]
Select objects: → 경계를 다 선택했으므로 ENTER키 입력.

Select object to trim or shift-select to extend or [Project/Edge/Undo]: → ③번 객체의 중간을 자를 것이기 때문에 ①번과 ②번 사이에 ③번 객체에 해당하는 부분을 마우스 왼쪽으로 클릭하면 됩니다.
더 이상 자를 객체가 없으므로 ENTER키 입력. [TR-2-4]
명령: TR
현재 설정값: 투영=UCS 모서리=없음
절단 모서리 선택 ...
객체 선택: 1개를 찾음
객체 선택: 1개를 찾음, 총 2
객체 선택
자르기할 객체 선택 또는 연장을 위한 shift+선택 또는 [투영(P)/모서리(E)/명령 취소(U)]:
자르기할 객체 선택 또는 연장을 위한 shift+선택 또는 [투영(P)/모서리(E)/명령 취소(U)]:
선만 경계가 되는 것이 아니라 원 또는 CAD상에서 그릴 수 있는 모든 객체는 경계가 될 수 있습니다.

[TR-2-2]

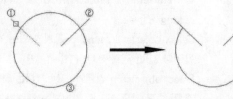

[TR-2-3]

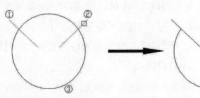

[TR-2-4]

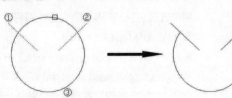

그림과 같이 대략적으로 그려주세요. [TR-3-1]

Command: TR → TRIM명령어 실행

Current settings: Projection=UCS, Edge=None

Select cutting edges ...

Select objects: Specify opposite corner: 2 found

→ 두 개의 원이 서로 경계가 되므로 원을 모두 경계로 선택. 선택할 때는 콕! 콕! 찍어서 두 번에 걸쳐서 선택을 해도 되고, 그림과 같이 한번에 두 원을 선택하여도 됩니다. 선택할 때 앞에서도 해 보았듯이 그림의 사각형 점선의 오른쪽 아랫점과 왼쪽 윗점을 클릭하면 됩니다. [TR-3-2]

Select objects: → 더 이상의 경계가 없으므로 ENTER키 입력 하세요

Select object to trim or shift-select to extend or [Project/Edge/Undo]: → 잘려나갈 한쪽 원을 클릭하세요. [TR-3-3]

Select object to trim or shift-select to extend or [Project/Edge/Undo]: → 잘려나갈 나머지 한쪽 원을 클릭하면 됩니다. [TR-3-4]

Select object to trim or shift-select to extend or [Project/Edge/Undo]: → 더 이상 자를 객체가 없으므로 ENTER키 입력 하세요

두 개의 원이 서로 경계가 되므로 경계를 선택할 때 두 개의 원을 모두 선택하고, 자르기를 할 때도 경계도 자르기가 되므로 한번의 TRIM명령어로 두 개의 원을 동시에 자를 수가 있습니다. 기억하세요. 경계도 자를 수가 있습니다.

같은 방법으로 아래 쪽의 눈모양 그림도 TRIM을 해보시기 바랍니다

[TR-3-1]

[TR-3-2]

[TR-3-3]

[TR-3-4]

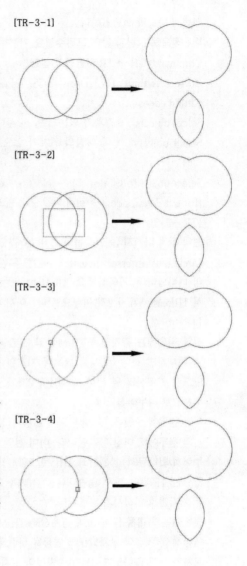

이번이 마지막 설명입니다.

대략적으로 그림과 같이 그려주세요. [TR-4-1]

Command: TR → TRIM명령어 실행.

Current settings: Projection=UCS, Edge=None Select cutting edges ...

Select objects: → 경계가 되는 ①번 선 선택. [TR-4-2]

Select objects: → 더 이상의 경계가 없으므로 ENTER키 입력.

Select object to trim or shift-select to extend or [Project/Edge/Undo]: → 잘려 나갈 ②번 원의 한부분 선택. [TR-4-3]

원이 잘려 나가지 않고 다음과 같은 메시지.

Circle must intersect twice. → "원은 두 번 교차해야 함." 이 나타납니다. 기억하세요. TRIM 할 때는 경계선에 의해서 TRIM될 객체가 2개 이상으로 나누어져야 합니다. [TR-4-4]

선일 경우에는 경계선과 TRIM될 객체 간의 교차점이 1개만 존재하면 선이 두 개로 나누어 지지만, 원일 경우에는 반드시 경계선과 원 간에 교차점이 2개가 있어야 원이 두 부분으로 나누어집니다.

이런 경우에는 원은 TRIM이 되지 않습니다.

선의 경우에도 마찬가지 입니다. 이미 선이 두 부분으로 나누어져 있다든지, 경계선과 TRIM할 객체가 서로 교차하지 않으면 TRIM이 되지 않습니다. TRIM이 되지 않을 때는 두 가지만 확인하시기 바랍니다.

첫번째는 확대를 많이 하여 경계선과 TRIM할 객체가 교차하고 있는지, 교차되지 않았다면 경계선을 연장해서 두 선이 교차되도록 연장을 하면 됩니다. (연장하는 방법은 다음에 설명 하겠습니다)

교차가 되지 않아도 TRIM하는 방법이 있지만 지금 설명을 드리면 혼동을 하므로 뒤에 설명을 하기로 하겠습니다. 두번째는 교차하고 있다면 TRIM할 객체는 하나의 객체가 아니고 원래 두 개의 객체로 그려 놓은 것입니다. 초보자들이 가장 많이 실수 하는 부분입니다. 처음부터 두 개로 그려놓고 TRIM을 할려면 TRIM이 되지 않습니다. 이런 경우는 ERASE로 삭제해 주세요.

[TR-4-1]
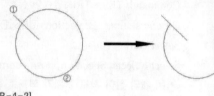

[TR-4-2]
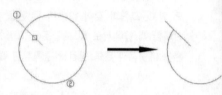

[TR-4-3]
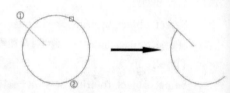

[TR-4-4]
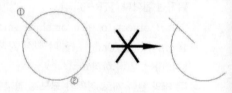

2. EXTEND (객체연장)

[EX-1-1]

EXTEND는 TRIM명령과 반대인 명령어입니다.
예를 들어 TRIM은 긴 선을 잘라주는 명령어이고,
EXTEND는 짧은 선을 늘여주는 명령어입니다.
TRIM과 마찬가지로 EXTEND는 선과 원 기타 다른 객체
를 늘여줍니다.
옆의 그림을 그려보도록 하겠습니다.

[EX-1-2]

①, ②번 선을 대략적으로 그려보도록 하겠습니다.
①번 객체는 길게 그려주십시오. [EX-1-1]

Command: EX → **EXTEND 단축키는 "EX"입니다.**
Current settings: Projection=UCS, Edge=None
Select boundary edges ...

[EX-1-3]

Select objects: 1 found → TRIM과 마찬가지로 늘일 객체
를 먼저 선택 하는게 아니고, 어디까지 늘일 것인가,
즉 늘일 경계 객체를 먼저 선택합니다.
①번 객체를 선택합니다. "①번 까지 늘일 것이다." 이런
뜻이 됩니다. [EX-1-2]
Select objects: → TRIM과 마찬가지로 더 이상 연장 경계
가 없기 때문에 ENTER키 입력.
Select object to extend or shift-select to trim or [Project/Edge/Undo]: → 늘일 객체 ②번 선을
클릭하면 되는데 이 때 주의할 사항은 TRIM과 달리 ②번 선의 임의의 위치에 클릭 하는게 아니라 ②
번 선의 오른쪽이 늘어나야 하기 때문에 ②번 선의 중간에서 오른쪽 부분을 클릭해야 됩니다.
중간에서 왼쪽을 클릭하면 연장이 되지 않습니다. EXTEND는 늘어나는 방향 쪽의 객체부분을 클릭해
야 됩니다. [EX-1-3]
Select object to extend or shift-select to trim or [Project/Edge/Undo]: → 더 이상 늘어날 객체가
없기 때문에 ENTER키를 입력해서 EXTEND명령어 종료.
명령: EX
현재 설정값: 투영= UCS 모서리=없음
경계 모서리 선택 ...
객체 선택: 1개를 찾음
객체 선택:
연장할 객체 선택 또는 자르기를 위한 shift+선택 또는 [투영(P)/모서리(E)/명령 취소(U)]:
연장할 객체 선택 또는 자르기를 위한 shift+선택 또는 [투영(P)/모서리(E)/명령 취소(U)]:

이번에는 원을 연장시켜 보겠습니다.

옆의 그림을 그려 보도록 하겠습니다. 원을 그리고 원을 가로 지르는 수평선을 하나 그린 후 선을 경계로 원을 TRIM 하겠습니다. TRIM한 후 수평선은 삭제를 하세요.

그림과 같이 원의 중간쯤에 수직선을 하나 그리겠습니다.

[EX-2-1]

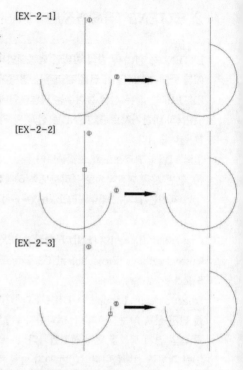

[EX-2-1]

[EX-2-2]

[EX-2-3]

Command: EX → EXTEND명령어 선택.

Current settings: Projection=UCS,Edge=None Select boundary edges .

Select objects: 1 found →

연장 경계객체 선택. ①번 선 선택. [EX-2-2]

Select objects: → 더 이상 연장 경계가 없기 때문에 ENTER키 입력.

Select object to extend or shift-select to trim or [Project/Edge/Undo]: → 연장 할 객체선택. 원을 선택하면 되는데 역시 연장할 방향의 부분을 선택하면 됩니다.

이 때는 원이기 때문에 원의 왼쪽을 클릭하면 왼쪽

방향으로 원이 연장이 되며, 오른쪽을 클릭하면 오른쪽 방향으로 연장이 됩니다. [EX-2-3]

Select object to extend or shift-select to trim or [Project/Edge/Undo]:

→ ENTER키를 입력해서 EXTEND명령어 종료.

TRIM과 마찬가지로 EXTEND도 안되는 경우가 있습니다.

옆의 그림과 같은 경우 입니다.

연장할 객체와 연장경계 객체는 EXTEND한 후 반드시 교차해야 됩니다.

EXTEND한 후 교차되지 않는다면 연장이 되지 않습니다.

연장이 되지 않을 때는 연장경계 객체를 더 길게 그려주면 됩니다.

물론 연장경계 객체가 짧아도 연장이 되게끔 할 수도 있지만 지금 설명 드리면 혼동을 하므로 뒤에 설명 드리기로 하겠습니다.

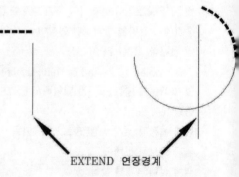

EXTEND 연장경계

TRIM과 EXTEND의 연관관계

지금부터 설명 하는 것은 2002버전 부터 적용이 되는 내용입니다. TRIM으로 연장을 할 수가 있고, EXTEND로 자르기를 할 수 있습니다. 앞서 했던 그림을 이용해서 설명을 드리겠습니다.

다음 그림을 그려봅시다. [EX-3-1]
EXTEND명령어를 이용해서 ②번 선을 잘라 보겠습니다

Command: EX → EXTEND명령어 실행.

Current settings: Projection=UCS, Edge=None

Select boundary edges

Select objects: 1 found → 자르기 경계객체 선택.
①번 선 선택. [EX-3-2]

Select objects: → 경계객체가 없으므로 ENTER키 입력.

Select object to extend or shift-select to trim or [Project/Edge/Undo] : → 옆의 말을 간단하게 해석을 하면, 선택을 하면 연장이 되고, **shift키를 누르고 선택을 하면 자르기가 된다는 내용입니다.** shift를 누른 채로 ②번 객체를 선택을 하면 자르기가 됩니다. [EX-3-3]

Select object to extend or shift-select to trim or [Project/Edge/Undo] : → 마무리 ENTER키 입력.

[EX-3-1]

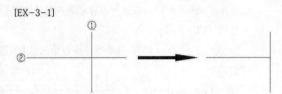

[EX-3-2]

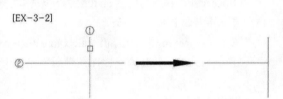

[EX-3-3]

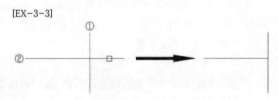

명령: EX

현재 설정값: 투영=UCS, 모서리=없음

경계 모서리 선택 ...

객체 선택: 1개를 찾음

객체 선택:

연장할 객체 선택 또는 자르기를 위한 shift+선택 또는 [투영(P)/모서리(E)/명령 취소(U)] :

연장할 객체 선택 또는 자르기를 위한 shift+선택 또는 [투영(P)/모서리(E)/명령 취소(U)] :

이번에는 TRIM명령어를 이용해서 연장을 해 봅시다.
다음 그림을 그려보겠습니다. [TR-5-1]

[TR-5-1]

TRIM명령어를 이용해서 ②번 선을 연장시켜 봅시다.
Command: TR → TRIM명령어 실행.
Current settings: Projection=UCS, Edge=None Select
cutting edges..
Select objects: 1 found → 연장 경계객체 선택. ①번 선
선택. [TR-5-2]
Select objects: → 연장 경계객체가 없으므로 ENTER키
입력.
Select object to trim or shift-select to extend or
[Project/Edge/Undo]: → Shift를 누른 채로 ②번 선의 오
른쪽 부분을 클릭. [TR-5-3]
Select object to trim or shift-select to extend or
[Project/Edge/Undo]: → ENTER키 입력. ⑤

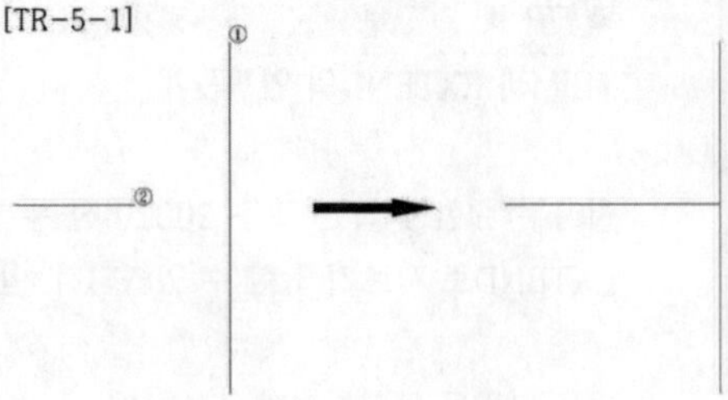

[TR-5-2]

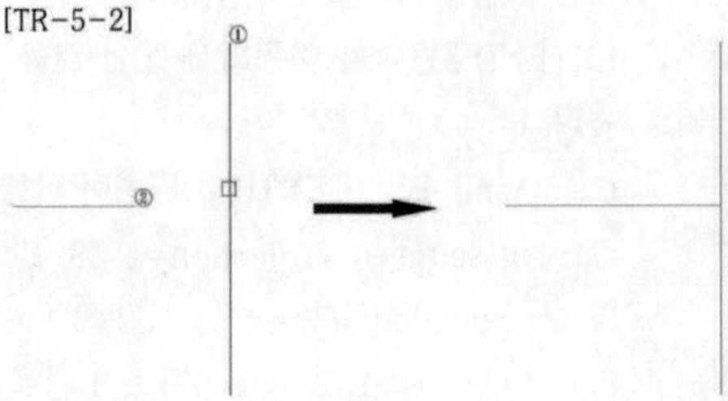

[TR-5-3]

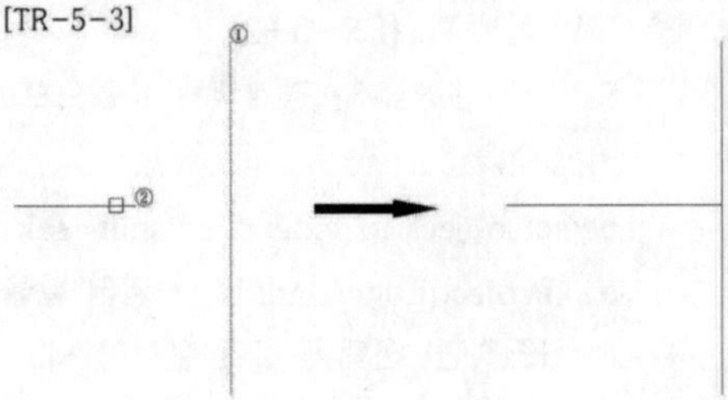

명령: TR
현재 설정값: 투영=UCS, 모서리=없음
절단 모서리 선택 ...
객체 선택: 1개를 찾음
객체 선택:
자르기할 객체 선택 또는 연장을 위한 shift+선택 또는 [투영(P)/모서리(E)/명령 취소(U)]:
자르기할 객체 선택 또는 연장을 위한 shift+선택 또는 [투영(P)/모서리(E)/명령 취소(U)]:

배운 것을 이용하여 다음의 그림들을 그려보세요.

[연습문제-1]

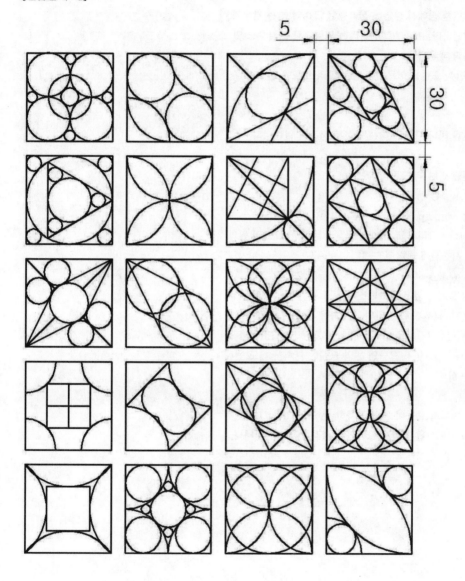

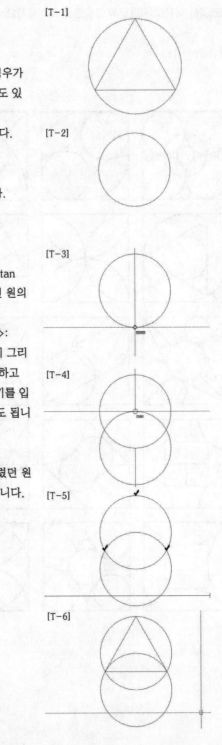

※TIP ※
임의의 원안에 정삼각형 그리기

연습 그림들 중에서 원안에 삼각형을 그려야 하는 경우가
있을 것입니다. POLYGON이라는 명령어로 그릴수도 있
지만 아직 배우지 않은 단계입니다.

기초적인 제도법을 이용하여 한번 그려 보도록 합시다.
[T-1]

일단 원을 하나 그리고 어떤 원이든 상관이 없습니다.
[T-2]
다시 원을 하나 더 그립니다.
Command: C
Specify center point for circle or [3P/2P/Ttr (tan tan
radius)]: → 그리려고 하는 원을 중심을 앞서 그렸던 원의
아래쪽 사분점에 클릭. [T-3]
Specify radius of circle or [Diameter] <230.7020>:
→ 원의 크기는 앞서 그렸던 원의 반지름과 동일하게 그리
면 되는데, 앞서 그렸던 원의 반지름을 CAD가 기억하고
있기 때문에 반지름을 입력하지 않고 그냥 ENTER키를 입
력하여도 되고, 앞서 그렸던 원의 중심에 클릭을 해도 됩니
다. [T-4]

옆의 그림에서 보듯이 원의 교차점 두 개와 처음 그렸던 원
의 위쪽 사분점을 이어서 그리면 정삼각형이 그려집니다.
[T-5], [T-6]

3. OFFSET (객체 간격 띄우기)

OFFSET은 선택된 객체(LINE, CIRCLE...)를 입력한 거리만큼, 지정한 방향으로 객체를 하나 더 만들어 주는 명령어입니다. CAD에서 그릴 수 있는 대부분의 객체를 OFFSET 할 수 있으며 TRIM된 원에도 적용이 됩니다. TRIM과 OFFSET 명령어만 제대로 익힌다면 CAD를 사용하는데 있어 50%는 완성되었다고 볼 수 있습니다.

명령어 진행 순서.

Command: O → **OFFSET 단축키는 "O"입니다.**

Specify offset distance or [Through]<1.0000>: 10 → 띄울 간격 값을 입력하고 ENTER키 입력.

Select object to offset or <exit>: → 객체선택. 이 때 여러개의 객체를 선택을 할 수 없습니다.
마우스 왼쪽 버튼으로 하나의 객체만 콕!

Specify point on side to offset: → 간격 띄우기 할 방향에 마우스 왼쪽 버튼으로 콕!
반복

OFFSET명령을 종료하고 싶다면 ENTER키 입력.

명령: O
간격 띄우기 거리 지정 또는 [통과점(T)] <통과점>:
간격 띄우기 할 객체 선택 또는 <나가기>:
간격 띄우기 할 쪽으로 점 지정:
반복

※다시강조※
① 마우스 왼쪽 버튼 : 객체를 선택. 점을 지정
② 마우스 오른쪽 버튼 : ENTER키 기능
③ Command 상태에서 명령어를 입력하지 않고 그냥 ENTER키를 입력하면 :
   앞서 사용했던 명령어 재실행

옆의 그림을 그려보도록 하겠습니다. [O-1-1]

일단 ①번 선을 그리세요. [O-1-2]

OFFSET명령을 실행 시킵니다.

Command: O → OFFSTE명령어 실행

Specify offset distance or [Through] <10.0000>: 20
→ 간격 값 20입력 후 ENTER키(마우스 오른쪽 버튼)입력.

Select object to offset or <exit>: → ①번 선 선택.
[O-1-3]

Specify point on side to offset: → ①번 선의 오른쪽 방
향의 임의의 곳에 마우스 왼쪽으로 콕! 찍으면 ②번 선이
그려집니다. [O-1-4], [O-1-5]

Select object to offset or <exit>: → ②번 선 선택.

Specify point on side to offset: → ②번 선의 오른쪽 방
향의 임의의 곳에 마우스 왼쪽으로 콕! 찍으면 ③번 선이
그려집니다. [O-1-6], [O-1-7]

Select object to offset or <exit>: → 다음에 띠울 간격을
30으로 변경을 해야 되는데, OFFSET명령어를 실행하는
중에는 간격을 변경하지 못합니다. OFFSET명령을 종료하
고 다시 실행하여 간격값을 다시 주어야 합니다.

OFFSET명령어를 종료하기 위해서 마우스 오른쪽 버튼
(ENTER키) 클릭.

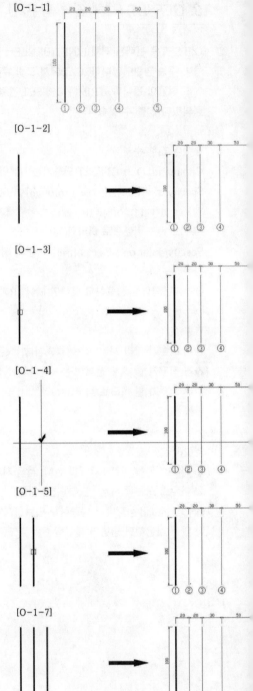

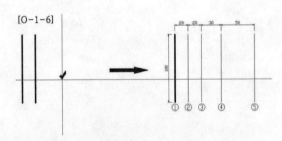

Command: → 아무것도 적지를 않습니다.

마우스 오른쪽 버튼(ENTER키) 클릭. 앞서 실행되었던 명령어 OFFSET이 다시 실행됩니다.

Specify offset distance or [Through] <20.0000>: 30
→ 간격 값 30입력 후 ENTER키 (마우스 오른쪽 버튼) 입력.

Select object to offsetor <exit>: → ③번 선 선택.
[O-1-8]

Specify point on side to offset: → ③번 선의 오른쪽 방향의 임의의 곳에 마우스 왼쪽으로 콕! 찍으면 ④번 선이 그려집니다. [O-1-9], [O-1-10]

Select object to offset or <exit>: → 간격을 다시 50으로 바꾸어야 하므로 OFFSET명령어을 종료해야 합니다.

OFFSET명령어를 종료하기 위해서 마우스 오른쪽 버튼 (ENTER키) 클릭.

Command: → 아무것도 적지를 않습니다.

마우스 오른쪽 버튼(ENTER키) 클릭. 앞서 실행되었던 명령어 OFFSET이 다시 실행 됩니다.

Specify offset distance or [Through] <30.0000>: 50
→ 간격 값 50입력 후 ENTER키(마우스 오른쪽 버튼)입력.

Select object to offset or <exit>: → ④번 선 선택.
[O-1-11]

Specify point on side to offset: → ④번 선의 오른쪽 방향의 임의의 곳에 마우스 왼쪽으로 콕! 찍으면 ⑤번 선이 그려집니다. [O-1-12], [O-1-13]

Select object to offset or <exit>: OFFSET명령어를 종료 하기 위해서 마우스 오른쪽 버튼(ENTER키) 클릭.

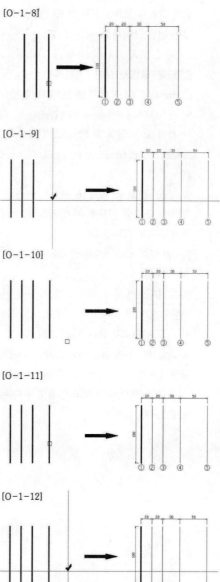

[O-1-8]

[O-1-9]

[O-1-10]

[O-1-11]

[O-1-12]

[O-1-13]

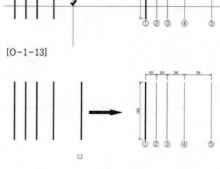

옆의 그림을 그려보도록 합시다. [O-2-1]

①번 선을 그리세요. [O-2-2]

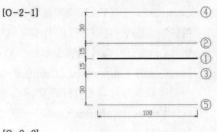

OFFSET명령을 실행 시킵니다.

Command: O → OFFSET명령어 실행

Specify offset distance or [Through] <45.0000>: 15

→ 간격 값 15입력 후 ENTER키(마우스 오른쪽 버튼)입력. [O-2-2]

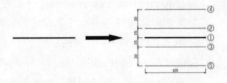

Select object to offset or <exit>: → ①번 선 선택.
[O-2-3]

Specify point on side to offset: → ①번 선의 위쪽 방향

의 임의의 곳에 마우스 왼쪽으로 콕! 찍으면 ②번 선이

그려집니다. [O-2-4]

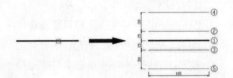

Select object to offset or <exit>: → ①번 선 선택.
[O-2-5]

Specify point on side to offset: → ①번 선의 아래쪽

방향의 임의의 곳에 마우스 왼쪽으로 콕! 찍으면 ③번

선이 그려집니다. [O-2-6], [O-2-7]

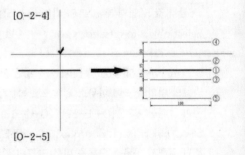

Select object to offset or <exit>: → 간격을 다시 45으로

바꾸어야 하므로 OFFSET명령어를 종료해야 합니다.

OFFSET명령어를 종료하기 위해서 마우스 오른쪽 버튼

(ENTER키) 클릭.

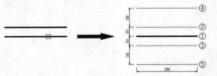

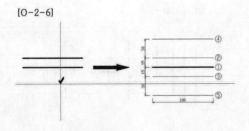

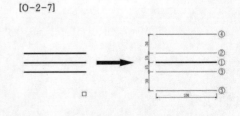

Command: → 아무것도 적지 않습니다.

마우스 오른쪽 버튼(ENTER키) 클릭. 앞서 실행되었던
명령어 OFFSET이 다시 실행이 됩니다.

Specify offset distance or [Through] <15.0000>: 45
→ 간격 값 45입력 후 ENTER키(마우스 오른쪽 버튼) 입력.

Select object to offset or <exit>: → ①번 선 선택.
[O-2-8]

Specify point on side to offset: → ①번 선의 위쪽
방향의 임의의 곳에 마우스 왼쪽으로 콕! 찍으면 ④번
선이 그려집니다. [O-2-9]

Select object to offset or <exit>: → ①번 선 선택.
[O-2-10]

Specify point on side to offset: → ①번 선의 아래쪽 방
향의 임의의 곳에 마우스 왼쪽으로 콕! 찍으면 ⑤번 선이
그려집니다. [O-2-11], [O-2-12]

Select object to offset or <exit>: → OFFSET명령어를
종료하기 위해 마우스 오른쪽 버튼(ENTER키) 클릭.

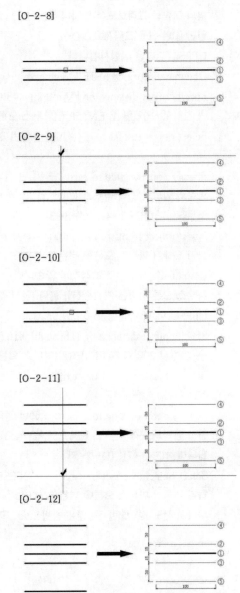

옆의 그림을 그려보도록 합시다. [O-3-1]

일단 ①번 선을 그리세요. [O-3-2]

OFFSET명령을 실행시킵니다.

Command: O → OFFSTE명령어 실행

Specify offset distance or [Through] <45.0000>: 10

→ 간격 값 10입력 후 ENTER키(마우스 오른쪽 버튼) 입력.

Select object to offset or <exit>: → ①번 선 선택.

[O-3-3]

Specify point on side to offset: → ①번 선의 오른쪽 아래

방향의 임의의 곳에 마우스 왼쪽으로 콕! 찍으면 ②번 선이

그려집니다. [O-3-4], [O-3-5]

Select object to offset or <exit>: → OFFSET명령어를 종료

하기 위해서 마우스 오른쪽 버튼(ENTER키) 클릭.

Command: → 아무것도 적지를 않습니다.

마우스 오른쪽 버튼(ENTER키) 클릭. 앞서 실행되었던 명령어

OFFSET이 다시 실행됩니다.

Specify offset distance or [Through] <10.0000>: 20

→ 간격 값 20입력 후 ENTER키(마우스 오른쪽 버튼) 입력.

Select object to offset or <exit>: → ②번 선 선택.

[O-3-6]

Specify point on side to offset: → ②번 선의 오른쪽 아랫방

향의 임의의 곳에 마우스 왼쪽으로 콕! 찍으면 ③번 선이 그려

집니다. [O-3-7], [O-3-8]

Select object to offset or <exit>: → OFFSET명령어를 종료

하기 위해서 마우스 오른쪽 버튼(ENTER키) 클릭.

나머지 선도 (④, ⑤번 선) 같은 방법으로 그려보도록 하세요.

[O-3-1]

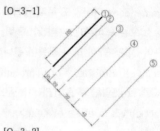

[O-3-2]

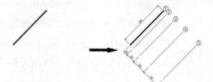

[O-3-3]

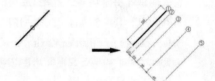

[O-3-4]

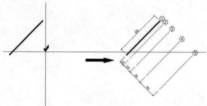

[O-3-5]

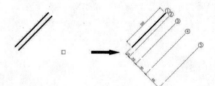

[O-3-6]

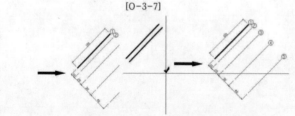

[O-3-7]

[O-3-8]

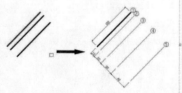

옆의 그림을 그려보도록 합시다. [O-4-1]
일단 반지름 50인 원을 그리세요. [O-4-2]
OFFSET명령을 실행시킵니다.

Command: O → OFFSET명령어 실행
Specify offset distance or [Through] <Through>: 20
→ 간격 값 20입력 후 ENTER키(마우스 오른쪽 버튼)
입력.
Select object to offset or <exit>:
→ 반지름 50인 원을 선택. [O-4-3]
Specify point on side to offset:
→ 원의 바깥 쪽의 임의의 곳에 마우스 왼쪽으로 콕!
찍으면 반지름 70인 원이 그려집니다. [O-4-4]
Select object to offset or <exit>:
→ 반지름 50인 원을 선택. [O-4-5]
Specify point on side to offset:
→ 원의 안쪽의 임의의 곳에 마우스 왼쪽으로 콕! [O-4-6]
찍으면 반지름 30인 원이 그려집니다. [O-4-7]
Select object to offset or <exit>: → OFFSET명령어를
종료하기 위해 마우스 오른쪽 버튼(ENTER키) 클릭.

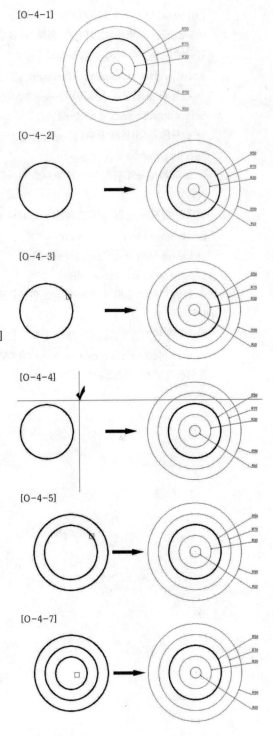

[O-4-1]

[O-4-2]

[O-4-3]

[O-4-4]

[O-4-5]

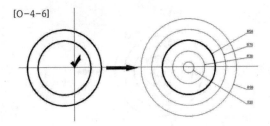

[O-4-6]

[O-4-7]

Command: → 아무것도 적지를 않습니다.

마우스 오른쪽 버튼(ENTER키) 클릭. 앞서 실행되었던 명령어 OFFSET이 다시 실행 됩니다.

Specify offset distance or [Through] <20.0000>: 40
→ 간격 값 40입력 후 ENTER키(마우스 오른쪽 버튼) 입력.

Select object to offset or <exit>:
→ 반지름 50인 원을 선택. [O-4-8]

Specify point on side to offset:
→ 원의 바깥쪽의 임의의 곳에 마우스 왼쪽으로 콕!
[O-4-9]

찍으면 반지름 90인 원이 그려집니다. [O-4-10]

Select object to offset or <exit>:
→ 반지름 50인 원을 선택. [O-4-11]

Specify point on side to offset:
→ 원의 안쪽의 임의의 곳에 마우스 왼쪽으로 콕!
[O-4-12]

찍으시면 반지름 10인 원이 그려집니다. [O-4-13]

Select object to offset or <exit>: → OFFSET명령어를 종료하기 위해 마우스 오른쪽 버튼(ENTER키) 클릭.

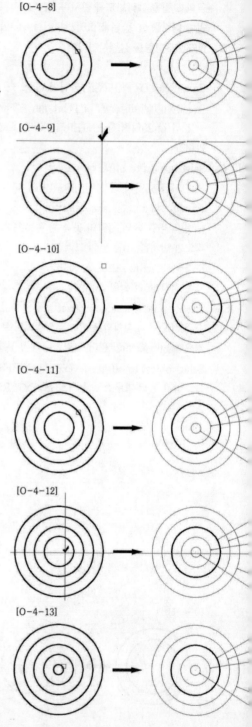

[O-4-8]

[O-4-9]

[O-4-10]

[O-4-11]

[O-4-12]

[O-4-13]

TRIM과 OFFSET 명령어를 이용해서 간단한 그림을 그려 보도록 하겠습니다. [TO-1]
옆의 그림을 그려보도록 하겠습니다.

[TO-1]

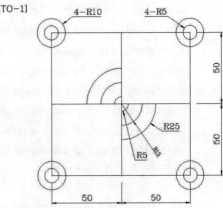

화면을 전체보기로 바꿔봅시다.
Command: Z → ZOOM명령어 실행
Specify corner of window, enter a scale factor (nX or nXP), or[All /Center/Dynamic/Extents/Previous /Scale/Window] <real time>: A → 화면전체보기 ALL실행

LINE명령어로 가로, 세로선을 옆의 그림과 같이 그려보죠. 참고로 가로, 세로선의 길이가 100보다는 길어야 되기 때 문에 되도록이면 길게 그려주세요. [TO-2]

[TO-2]

OFFSET명령을 이용해서 거리값을 50을 주고 가로선을 위로 두 번 OFFSET하세요. [TO-3]

같은 방법으로 OFFSET명령을 이용해서 거리값을 50을 주고 세로선을 오른쪽으로 두 번 OFFSET하고. TRIM명령 어을 이용해서 필요없는 부분을 TRIM하겠습니다.
[TO-4]

[TO-3]

Command: TR → TRIM실행
Current settings: Projection=UCS, Edge=None Select cutting edges ...
Select objects: Specify opposite corner: 2 found
→ TRIM경계선으로 ①, ②번 선을 동시에 선택. [TO-5]

[TO-4]

[TO-5]

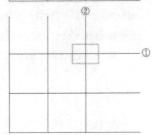

Select objects: → 더 이상 경계선이 없으므로 ENTER키 입력.

Select object to trim or shift-select to extend or [Project/Edge/Undo] : → 잘라낼 부분 선택.

Select object to trim or shift-select to extend or [Project/Edge/Undo] : → 잘라낼 부분 선택.

Select object to trim or shift-select to extend or [Project/Edge/Undo] : → 잘라낼 부분 선택.

Select object to trim or shift-select to extend or [Project/Edge/Undo] : → 잘라낼 부분 선택.

Select object to trim or shift-select to extend or [Project/Edge/Undo] : → 잘라낼 부분 선택.

Select object to trim or shift-select to extend or [Project/Edge/Undo] : → 잘라낼 부분 선택.

Select object to trim or shift-select to extend or [Project/Edge/Undo] : → TRIM을 끝내기 위해 ENTER키 입력. [TO-6], [TO-7]

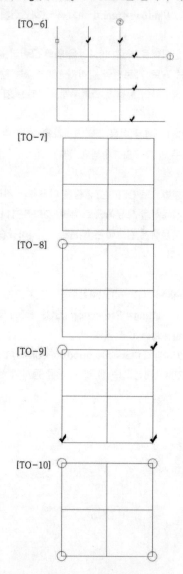

[TO-6]

[TO-7]

[TO-8]

[TO-9]

[TO-10]

원을 그리기 위해서 CIRCLE명령어 실행.

Command: C → CIRCLE명령

Specify center point for circle or [3P/2P/Ttr (tan tan radius)] : → 원의 중심을 사각형 왼쪽 윗점을 지정

Specify radius of circle or [Diameter] : 5
→ 반지름값 5을 입력하고 ENTER키 입력. [TO-8]

Command: → 다시 단축키 "C"를 입력할 필요는 없습니다.
CIRCLE명령어를 반복 실행 하기 위해서 ENTER키 입력.

CIRCLE → 자동으로 CIRCLE명령어가 실행됩니다.

Specify center point for circle or [3P/2P/Ttr (tan tan radius)] : → 원의 중심을 사각형 오른쪽 윗점을 지정

Specify radius of circle or [Diameter] <5.0000> :
→ 다시 반지름 5를 입력할 필요는 없습니다.
CAD가 앞서 그렸던 원의 반지름 값 5를 기억하고 있습니다. ENTER키만 입력해도 반지름 5인 원이 그려집니다.

Command: → ENTER키만 입력.

CIRCLE → 자동을 CIRCLE명령어가 실행됩니다.

Specify center point for circle or [3P/2P/Ttr (tan tan radius)] : → 원의 중심을 사각형 왼쪽 아래점을 지정

Specify radius of circle or [Diameter] <5.0000> :
→ ENTER키만 입력해도 반지름 5인 원이 그려집니다.

Command: → ENTER키만 입력.

CIRCLE → 자동을 CIRCLE명령어가 실행됩니다.

Specify center point for circle or [3P/2P/Ttr (tan tan radius)]: → 원의 중심을 사각형 오른쪽 아래점을 지정

Specify radius of circle or [Diameter] <5.0000>:
→ ENTER키만 입력해도 반지름 5인 원이 그려집니다.

반지름이 5인 원 네 개를 그렸습니다.

[TO-9], [TO-10]

반지름 5인 원과 같은 중심점에 반지름 10인 원을 그려야 되는 데 CIRCLE 명령어를 이용해도 되지만 OFFSET 명령어를 이용해서 그려보도록 하죠.

Command: O → OFFSET명령

Specify offset distance or [Through] <50.0000>: 5
→ 반지름 5와 반지름 10의 간격은 5이므로 간격 값 5를 입력.

Select object to offset or <exit>: → 반지름 5인 원 클릭
[TO-11]

Specify point on side to offset: → 원의 바깥쪽에 클릭
[TO-12], [TO-13]

Select object to offset or <exit>: → 반지름 5인 원 클릭

Specify point on side to offset: → 원의 바깥쪽에 클릭

Select object to offset or <exit>: → 반지름 5인 원 클릭

Specify point on side to offset: → 원의 바깥쪽에 클릭

Select object to offset or <exit>: → 반지름 5인 원 클릭

Specify point on side to offset: → 원의 바깥쪽에 클릭

Select object to offset or <exit>: → OFFSET명령어를 종료하기 위해서 마우스 오른쪽 버튼(ENTER키) 클릭.
[TO-14]

[TO-11]

[TO-12]

[TO-13]

[TO-14]

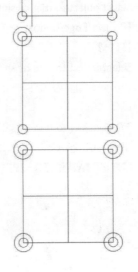

사각형의 중심에 반지름 5인 원을 그리세요. [TO-15]
그려진 반지름 5인 원을 TRIM해 봅시다.

Command: TR → TRIM명령어

Current settings: Projection=UCS, Edge=None Select
cutting edges …

Select objects: 1 found → ①번 선 선택.

Select objects: 1 found, 2 total → ②번 선 선택.
[TO-16]

Select objects: → 더 이상의 경계가 없으므로 ENTER키
입력.

Select object to trim or shift-select to extend or
[Project/Edge/Undo]: → TRIM이 될 원의 영역을 클릭.
[TO-17]

Select object to trim or shift-select to extend or
[Project/Edge/Undo]: → TRIM이 될 원의 영역을 클릭.
[TO-18]

Select object to trim or shift-select to extend or
[Project/Edge/Undo]: → TRIM명령어 종료.
ENTER키 입력. [TO-19]

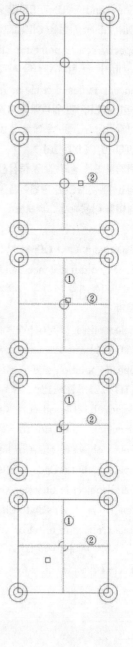

[TO-15]

[TO-16]

[TO-17]

[TO-18]

[TO-19]

TRIM된 반지름 5인 원과 OFFSET명령어를 이용해서
나머지 원들도 그려보세요. 해보면 알겠지만, 완전한 원도
OFFSET이 되지만 TRIM된 원도 OFFSET이 됩니다.

[TO-20]

Command: O → OFFSET명령

Specify offset distance or [Through] <50.0000>: 10
→ 반지름 5와 반지름 15의 간격은 10이므로 간격 값 10을
입력.

[TO-21]

Select object to offset or <exit>: → 반지름 5인 원 클릭.
[TO-20]

Specify point on side to offset: → 원의 바깥쪽에 클릭.
[TO-21]

반지름 15인 원이 그려집니다. [TO-22]

[TO-22]

Select object to offset or <exit>: → 반지름 15인 원 클릭.
[TO-23]

Specify point on side to offset: → 원의 바깥쪽에 클릭.
[TO-24]

반지름 25인 원이 그려집니다. [TO-25]

Select object to offset or <exit>: → OFFSET명령어를
종료하기 위해 마우스 오른쪽 버튼(ENTER키) 클릭.
같은 방법으로 반대쪽 원도 OFFSET하세요. [TO-26]

[TO-23]

[TO-24]

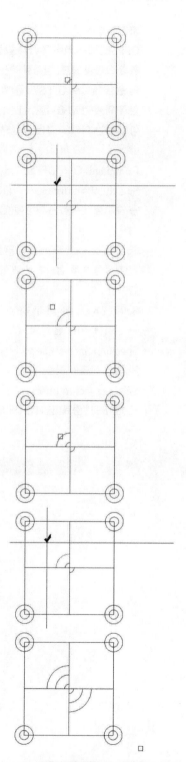

[TO-25]

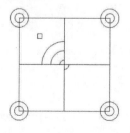

[TO-26]

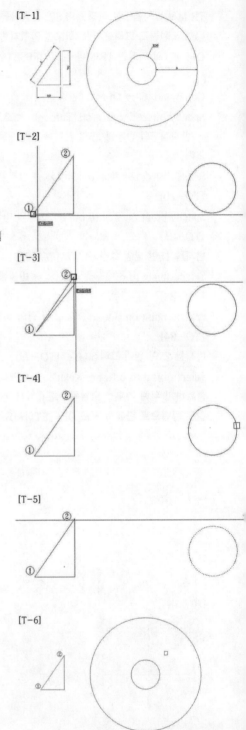

※ *TIP* ※

OFFSET에서 띄우기 간격 값을 정확하게 알 수 없을 때.

옆의 그림을 보면, 삼각형의 빗변의 길이 만큼 반지름 30
인 원을 밖으로 OFFSET을 할 때, 빗변의 길이 A가 얼마
인지 알 수가 없습니다. [T-1]

이럴 때는 아래와 같은 방법으로 해 보시기 바랍니다

Command: O → OFFSET명령어

Specify offset distance or [Through] <10.0000>:
→ 숫자를 입력하는 대신에 ①번 점 클릭. 마우스 왼쪽!
[T-2]

Specify second point: → ②번 점 클릭. 이렇게 두 개의 점
을 지정하면 두 점사이의 거리가 띄우기 간격이 됩니다.
[T-3]

Select object to offset or <exit>:
→ 반지름 30인 원 클릭. [T-4]

Specify point on side to offset:
→ 원의 바깥쪽 클릭. [T-5]

Select object to offset or <exit>:
→ OFFSET종료. ENTER키 입력. [T-6]

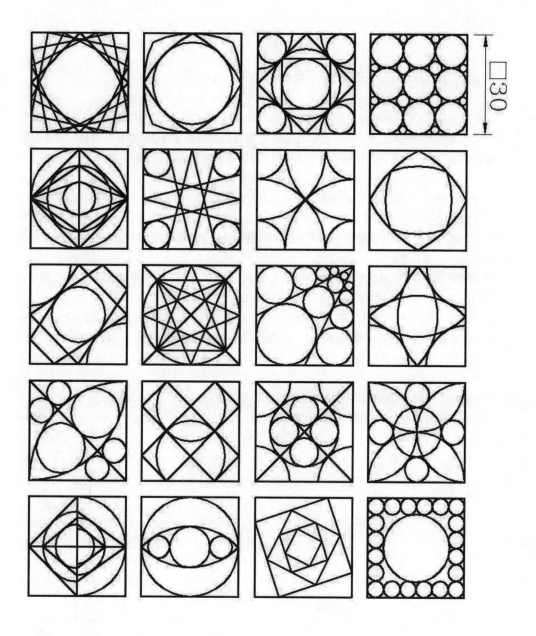

□30

제6강
도면을 작성하는 요령에 대해서

제6강. TRIM과 OFFSET을 이용해서 도면 그리기

이번 강좌에서는 지금까지 배웠던 것을 바탕으로 해서 도면을 그려보겠습니다. 간단한 그림들이니 지금까지 배운 것만으로도 충분히 그릴 수 있습니다. 문제는 도면을 읽어내는 능력과 적절한 명령어 활용입니다. 그럼 도면을 그리는 순서에 대해서 간단하게 설명해 보도록 하겠습니다.

1) 도면의 분석: 눈을 크게 뜨고 도면을 읽어냅니다. 그려진 객체의 종류와 치수를 근거로 해서 어디부터 그릴 것인가, 어떤 명령어를 이용해서 그릴 것인가를 예상을 합니다. 학생들이 도면을 보면 보자마자 그리기를 시작하는 학생들을 보아 왔는데 이는 잘못된 방법입니다. 새로운 도면을 접하면 분석 후 그리기 시작하세요.

2) 기준이 되는 가로. 세로선 그리기: 도면의 전체적인 모양에 따라서 다양하게 그려 질 수가 있습니다. 지금은 기초적인 단계이기 때문에 길게 그려주세요.

3) 그리기 시작: 앞서 그렸던 가로. 세로 선을 적절히 OFFSET을 해서 도면을 그려 나갑니다.
그리는 순서는 OFFSET → 객체그리기(Line, Circle 등) → Erase 또는 Trim → OFFSET → 객체 그리기 → Erase 또는 Trim .. 반복 .. 반복 .. 이러한 순서로 하나하나 그려 나가면 됩니다.

OSNAP SETTING은 맞게 되어 있는지를 확인하고 앞서
설명한 것을 상기 하면서 다음의 그림을 그려봅시다.

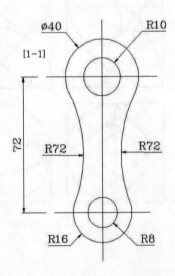

예제1. [1-1]

[1-2]

먼저 가로, 세로선을 그리세요. [1-2]

선이 교차하는 교차점에 반지름 10, 지름 40인 원을 그리겠습니다.
[1-3]

OFFSET명령어를 이용해서 가로선을 72만큼 OFFSET.

선이 교차하는 교차점에 반지름 8, 지름 16인 원을 그리겠습니다. [1-3]

[1-4]

이제는 필요 없는 가로, 세로선은 삭제를 하고. 이 때도 TRIM명령을
사용하는 분들이 있는데 ERASE명령어를 이용하여 삭제를 하세요.

가끔 잘라내기(TRIM)와 삭제하기(ERASE)를 혼동하는 분들이

있는데 두 명령어를 확실히 구분하시기 바랍니다. [1-5]

CIRCLE명령어를 이용해서 양 옆의 반지름 72인 원을 그리세요. [1-4]

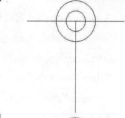

Command: C

Specify center point for circle or [3P/2P/Ttr (tan tan radius)] : T

→ TTR명령어 실행

Specify point on object for first tangent of circle:

→ 첫번째 접하는 객체 선택. [1-6] [1-5]

Specify point on object for second tangent of circle:

→ 두번째 접하는 객체 선택. [1-7]

Specify radius of circle <16.0000>: 72

→ 반지름 값 입력. [1-8]

같은 방법으로 오른쪽 R72 인 원을 그리세요. [1-9]

[1-6]

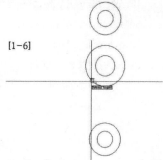

[1-7]

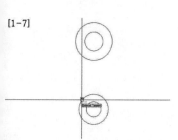

[1-8]

[1-9]

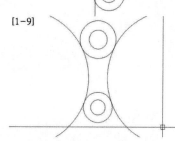

TRIM명령을 실행해서 반지름 72인 원을 잘라내 봅시다. [1-10]

Command: TR

Current settings: Projection=UCS, Edge=None Select cutting
edges ...

Select objects: 1 found → ①번 원을 경계로 선택

Select objects: 1 found, 2 total → ②번 원도 경계로 선택. [1-10] [1-11]

Select objects: → ENTER키 입력

Select object to trim or shift-select to extend or
[Project/Edge/Undo]: → 잘라낼 객체 선택

Select object to trim or shift-select to extend or
[Project/Edge/Undo]: → 잘라낼 객체 선택. [1-11]

Select object to trim or shift-select to extend or [1-12]
[Project/Edge/Undo]: → TRIM종료. ENTER키 입력. [1-12]

다시 한번 더 TRIM명령어 실행해서 나머지 원들을 잘라내 봅시다.

Command: TR

Current settings: Projection=UCS, Edge=NoneSelect cutting
edges ... [1-13]

Select objects: 1 found → ③, ④번 원을 경계로 선택

Select objects: → ENTER키 입력. [1-13]

Select object to trim or shift-select to extend or
[Project/Edge/Undo]: → 잘라낼 객체 선택

Select object to trim or shift-select to extend or
[Project/Edge/Undo]: → 잘라낼 객체 선택. [1-14] [1-14]

Select object to trim or shift-select to extend or
[Project/Edge/Undo]: → TRIM종료. ENTER키 입력. [1-15]

[1-15]

예제2. [2-1]

가로, 세로선을 그리세요.

선이 교차하는 교차점에 반지름 7, 반지름 14인 원을 그리겠습니다. [2-2]

세로선을 55만큼 OFFSET 하겠습니다. [2-3]

가로선을 14만큼 OFFSET 하겠습니다. [2-4]

선이 교차하는 교차점에 반지름 7, 반지름 14인 원을 그리겠습니다. [2-5]

세로선 두 개는 삭제를 하세요. [2-6]

TRIM을 하겠습니다.

Command: TR

Current settings: Projection=UCS, Edge=None Select cutting edges ...

Select objects: 1 found → 가로선 두 개를 모두 경계로 선택. [2-7]

Select objects: → ENTER키 입력

Select object to trim or shift-select to extend or [Project/Edge/Undo]: → 잘라낼 객체 선택

Select object to trim or shift-select to extend or [Project/Edge/Undo]: → 잘라낼 객체 선택. [2-8]

Select object to trim or shift-select to extend or [Project/Edge/Undo]: → TRIM종료. ENTER키 입력. [2-9]

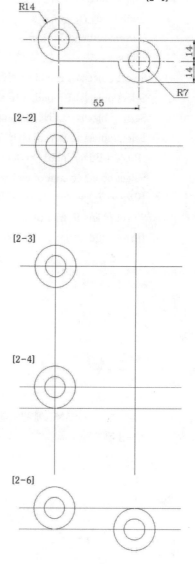

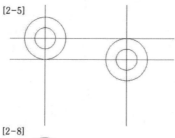

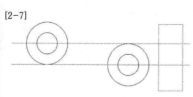

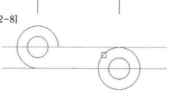

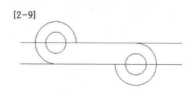

다시 TRIM명령어 실행.

Command: TR

Current settings: Projection=UCS, Edge=None Select cutting edges ...

Select objects: 1 found → 원을 경계로 선택

Select objects: 1 found, 2 total → 원을 경계로 선택. [2-11]

Select objects: → ENTER키 입력

Select object to trim or shift-select to extend or [Project/Edge/Undo] : → 잘라낼 객체 선택

Select object to trim or shift-select to extend or [Project/Edge/Undo] : → 잘라낼 객체 선택. [2-12]

Select object to trim or shift-select to extend or [Project/Edge/Undo] : → TRIM종료. ENTER키 입력. [2-13]

[2-11]

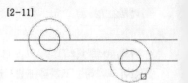

[2-12]

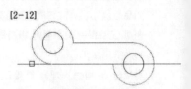

[2-13]

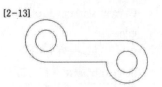

예제3. [3-1]

가로, 세로선을 그리세요. [3-2]

선이 교차하는 교차점에 반지름 10, 반지름 15인 원을 그리겠습니다. [3-3]

[3-1]

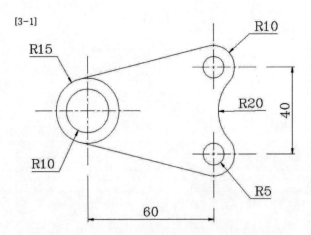

[3-2]

[3-3]

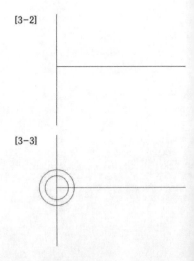

세로선을 60만큼 OFFSET 하겠습니다. [3-4]

가로선을 20만큼 위, 아래 방향으로 OFFSET 하겠습니다. [3-5]

선이 교차하는 교차점에 반지름 5, 반지름 10인 원을 그리겠습니다. [3-6]

더 이상 필요가 없는 가로, 세로 선들을 모두 삭제하겠습니다. [3-7]

CIRCLE명령어 실행.

Command: C

Specify center point for circle or [3P/2P/Ttr (tan tan radius)] : T

→ TTR명령어 실행

Specify point on object for first tangent of circle:

→ 첫번째 접하는 객체 선택

Specify point on object for second tangent of circle:

→ 두번째 접하는 객체 선택

Specify radius of circle <16.0000>: 20

→ 반지름 값 입력. [3-8]

위, 아래에 있는 두원의 공통 접선을 그리겠습니다.

Command: L

Specify first point: _tan to → Shife+마우스 오른쪽 버튼을 동시에 눌러 OSNAP BOX에서 Tangent점을 선택해서, 원의 대략적인 위치에 클릭. [3-9]

Specify next point or [Undo] : _tan to

→ 같은 방법으로 반대쪽 원에 클릭. [3-10]

Specify next point or [Undo] : → 마무리. ENTER키 입력. [3-11]

같은 방법으로 아래쪽 공통접선도 그리겠습니다. [3-12]

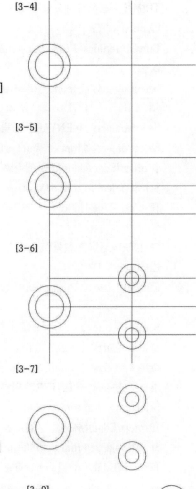

[3-4]

[3-5]

[3-6]

[3-7]

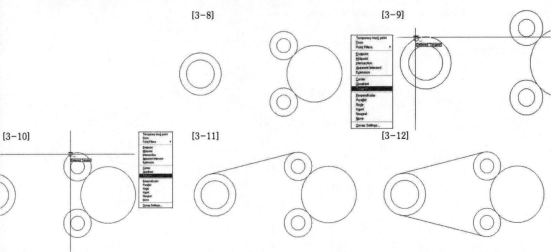

[3-8]

[3-9]

[3-10]

[3-11]

[3-12]

TRIM을 이용해서 필요없는 부분을 잘라 보겠습니다.

Command: TR

Current settings: Projection=UCS, Edge=None Select cutting
edges ...

Select objects: 1 found → 반지름 10인 원 두 개를 모두 선택하세요.
[3-13]

Select objects: → ENTER키 입력

Select object to trim or shift-select to extend or
[Project/Edge/Undo]: → 잘라낼 객체 선택. [3-14]

Select object to trim or shift-select to extend or
[Project/Edge/Undo]: → TRIM종료. ENTER키 입력. [3-15]

다시 TRIM명령어 실행.

Command: TR

Current settings: Projection=UCS, Edge=None Select cutting
edges ...

Select objects: 1 found → ①번 선 선택.

Select objects: 1 found, 2 total → ②번 선 선택.

Select objects: 1 found, 3 total → ③번 선 선택. [3-16]

Select objects: → ENTER키 입력

Select object to trim or shift-select to extend or
[Project/Edge/Undo]: → 잘라낼 객체 선택.

Select object to trim or shift-select to extend or
[Project/Edge/Undo]: → 잘라낼 객체 선택. [3-17]

Select object to trim or shift-select to extend or
[Project/Edge/Undo]: → 마무리.

ENTER키 입력. [3-18]

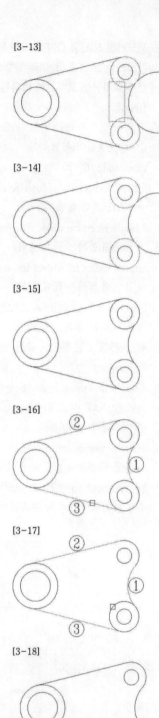

[3-13]

[3-14]

[3-15]

[3-16]

[3-17]

[3-18]

예제4. [4-1]

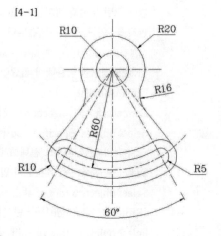

[4-1]

R10   R20

R16

R60

R10   R5

60°

반지름 10인 원을 그리겠습니다. [4-2]

반지름 10인 원과 같은 중심점에 반지름 20,60인 원을 그리세요. [4-3]

두선 사이의 각이 60°인 두 개의 선을 그리겠습니다. 아래쪽 방향이 270° 이므로 각각 240°, 300°인 두 개의 선을 그리세요.

Command: L

Specify first point: → R60인 원의 중심점 지정

Specify next point or [Undo]: <240 →"@100<240" 이렇게 입력해도 되고, 60보다는 길게만 그리면 됩니다, "<240" 이렇게만 쓰고 ENTER키 입력.

Angle Override: 240 → 마우스를 움직이면 선은 무조건 240° 방향으로만 그려지게 됩니다.

Specify next point or [Undo]: → 반지름 60인 원을 충분히 지나쳐서 임의의 점에 클릭.

Specify next point or [Undo]: → 마무리 ENTER키. [4-4]

[4-2]

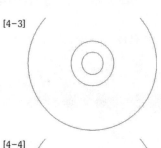

Command: L

Specify first point: → R60인 원의 중심점 지정

Specify next point or [Undo]: <300

→"<300" 입력하고 ENTER키.

Angle Override: 300 → 선은 무조건 300° 방향으로만 그려집니다.

Specify next point or [Undo]: → 반지름 60인 원을 충분히 지나쳐서 임의의 점에 클릭.

Specify next point or [Undo]: → ENTER키. [4-5]

[4-3]

[4-4]

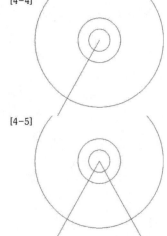

[4-5]

방금 그린 두선과 반지름 60인 원이 교차하는 점에서
반지름 5인 원을 그리겠습니다. [4-6]

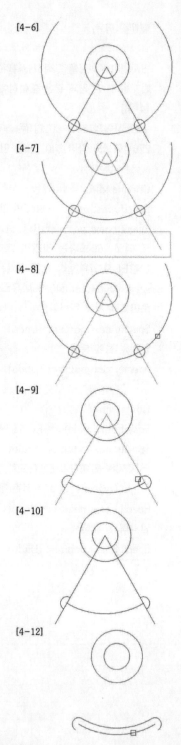

TRIM명령어를 이용해서 필요없는 객체 잘라내세요.

Command: TR

Current settings: Projection=UCS, Edge=None Select cutting edges ...

Select objects: Specify opposite corner: 2 found

→ 두개의 선을 경계로 선택하세요. [4-7]

Select objects: → ENTER키 입력.

Select object to trim or shift-select to extend or

[Project/Edge/Undo]: → 반지름 60인 원의 바깥부분 선택. [4-8]

Select object to trim or shift-select to extend or

[Project/Edge/Undo]: → 반지름 5인 원의 안쪽부분 선택.

Select object to trim or shift-select to extend or

[Project/Edge/Undo]: → 반지름 5인 원의 안쪽부분 선택. [4-9]

Select object to trim or shift-select to extend or

[Project/Edge/Undo]: → 마무리 ENTER키. [4-10]

양쪽의 두 개의 선을 삭제하세요. [4-11]

[4-11]

[4-12]

TRIM된 반지름 60인 원을 OFFSET 하겠습니다.

Command: O

Specify offset distance or [Through] <Through>: 5

→ 간격을 5로 주세요.

Select object to offset or <exit>: → 반지름 60인 원을 선택.

Specify point on side to offset: → 원의 안쪽을 클릭. [4-12]

Select object to offset or <exit>: → 다시 반지름 60인 원을 선택.

Specify point on side to offset: → 원의 바깥쪽 클릭. [4-13]

Select object to offset or <exit>: → OFFSET 종료. ENTER키 입력.

[4-14]

OFFSET 명령어를 실행시켜 아래쪽의 입모양 부분을 완성해 보세요.

Command: O

Specify offset distance or [Through] <5.0000>: 5

→ 간격을 5로 주세요.

Select object to offset or <exit>: → 객체선택

Specify point on side to offset: → 방향점 지정

Select object to offset or <exit>: → 객체선택

Specify point on side to offset: → 방향점 지정

Select object to offset or <exit>: → 객체선택

Specify point on side to offset: → 방향점 지정

Select object to offset or <exit>: → 객체선택

Specify point on side to offset: → 방향점 지정

Select object to offset or <exit>: → OFFSET 종료. ENTER키 입력.

[4-15], [4-16], [4-17], [4-18], [4-19], [4-20]

[4-13]

[4-14]

[4-15]

[4-16]

[4-17]

[4-18]

[4-19]

[4-20]

위쪽의 반지름 10인 원의 중심에서 아래쪽의 반지름 10인 원의 접점 [4-21]
으로 선을 그리겠습니다. [4-21]

CIRCLE의 TTR명령으로 양쪽에 반지름 16인 원을 두 개를 그리세요.
[4-22]

TRIM으로 필요없는 부분을 잘라내 보겠습니다.

Command: TR

Current settings: Projection=UCS, Edge=None Select cutting [4-22]
edges ...

Select objects: 1 found → ①번 원 선택.

Select objects: 1 found, 2 total → ②번 원 선택. [4-23]

Select objects: → ENTER키 입력.

Select object to trim or shift-select to extend or
[Project/Edge/Undo]: → 잘라낼 객체선택. [4-23]

Select object to trim or shift-select to extend or
[Project/Edge/Undo]: → 잘라낼 객체선택.

Select object to trim or shift-select to extend or
[Project/Edge/Undo]: → 잘라낼 객체선택.

Select object to trim or shift-select to extend or
[Project/Edge/Undo]: → TRIM명령어 종료. ENTER키 입력. [4-24] [4-24]

한번 더 TRIM을 실행시켜 마무리 해보세요.

Command: TR

Current settings: Projection=UCS, Edge=None Select cutting
edges ...

Select objects: 1 found → ③번 원 선택.

Select objects: 1 found, 2 total → ④번 선 선택.

Select objects: 1 found, 3 total → ⑤번 선 선택. [4-25] [4-25]

Select objects: → ENTER키 입력.

Select object to trim or shift-select to extend or
[Project/Edge/Undo]: → 잘라낼 객체선택.

Select object to trim or shift-select to extend or
[Project/Edge/Undo]: → 잘라낼 객체선택.

Select object to trim or shift-select to extend or
[Project/Edge/Undo]: → 잘라낼 객체선택. [4-26]

Select object to trim or shift-select to extend or
[Project/Edge/Undo]: → TRIM명령어 종료. ENTER키 입력. [4-26]

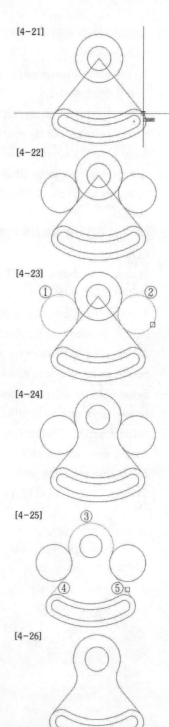

배운 것을 상기 하면서 아래의 그림들도 그려보도록 하세요.

[연습문제-1]

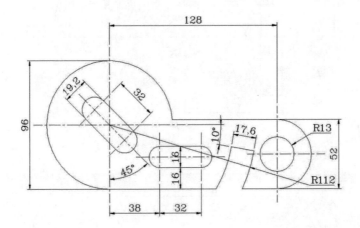

[연습문제-2]

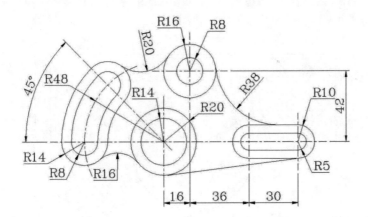

[연습문제-3]

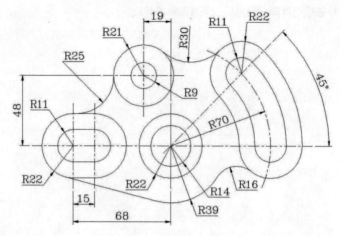

[연습문제-4]

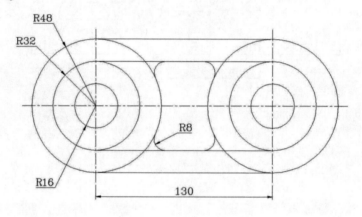

[연습문제-5]

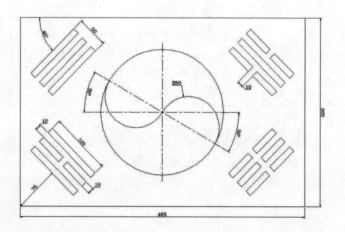

[연습문제-6]

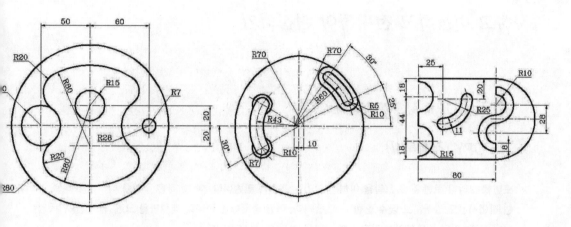

[연습문제-7]

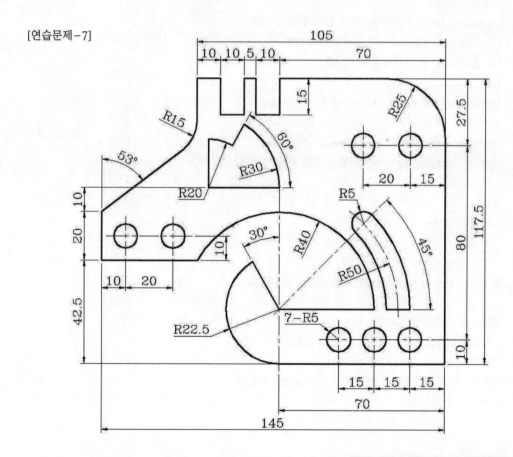

제7강
복사하고 이동하고 선택하여 편집하기

제7강. COPY, MOVE, SELECT

1. COPY (객체복사)

도면을 그리다 보면 같은 그림을 여러번 그리는 경우가 있습니다. 이 때 같은 작업을 여러번 하다 보면 작업시간도 길어지고 실수를 할 수 있습니다. 이런 경우에는 하나의 객체만을 그린 후 COPY(복사)를 하는 것이 능률적이며 간단하게 작업을 처리 할 수 있습니다.

명령어 진행순서.
Command: CO → COPY명령어의 **단축키 "CO"**입력.
Select objects: 1 found → COPY할 객체선택.
Select objects: → 객체를 모두 선택했으면 ENTER키
입력
Specify base point or displacement, or [Multiple] :
→ 복사할 기준점 지정
Specify second point of displacement or <use first
point as displacement>: → 복사할 이동점 지정

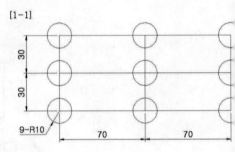

[1-1]

명령: CO
객체 선택: 1개를 찾음
객체 선택:
기준점 또는 변위 지정, 또는 [다중]:
변 위의 두번째 점 지정 또는 <변 위로 첫번째 점 사용>:

[1-2]

다음 그림을 그려봅시다. [1-1]
사각형을 그리고 각 변의 중심점을 잇는 가로, 세로선을
그리세요. [1-2]
왼쪽 위 꼭지점에 R10원을(반지름:R 지름:D)그리세요.
[1-3]

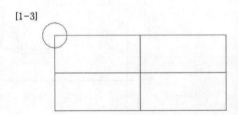

[1-3]

나머지 원들은 COPY명령어를 이용해서 완성시켜 봅시다.

[1-4]

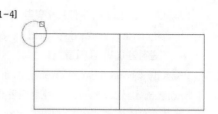

Command: CO

Select objects: 1 found → R10원을 선택 [1-4]

Select objects: → ENTER키 입력

Specify base point or displacement, or [Multiple] :
→ 기준점인 ①번 점 지정. [1-5]

Specify second point of displacement or <use first
point as displacement>: → 이동점인 ②번 점 지정.

복사가 되면서 COPY명령어가 종료됩니다. COPY명령을
종료하기 위해서 ENTER키를 입력할 필요는 없습니다.

[1-6], [1-7]

같은 방법으로 오른쪽 위 꼭지점에도 원을 복사해 봅시다.

[1-8]

이번에는 세 개의 원을 동시에 복사해 보세요.

Command: CO

Select objects: 3 found → R10 원 세 개를 동시에 선택.
점선 사각형의 오른쪽 밑 부분을 먼저 클릭하세요.

[1-9]

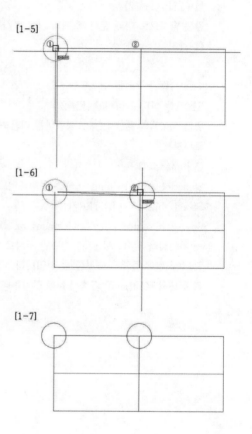

[1-5]

[1-6]

[1-7]

[1-8]

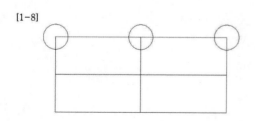

[1-9]

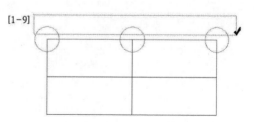

Select objects: → ENTER키 입력

Specify base point or displacement, or [Multiple]:
→ 기준점인 ①번 점 지정. [1-10]

Specify second point of displacement or <use first
point as displacement>: → 이동점인 ②번 점 지정.
복사가 되면서 COPY명령어가 종료됩니다.

[1-11], [1-12]
같은 방법으로 아래 변의 세 개의 원도 복사해 보죠.
[1-13]

다음 그림을 그려봅시다. [2-1]
R10원을 하나 그리세요. [2-2]
윗줄 총 6개의 원을 COPY 명령어를 이용해서 한번에
그려보세요.

Command: CO

Select objects: 1 found → 원을 선택하세요.

Select objects: → ENTER키 입력

Specify base point or displacement, or [Multiple] : M
→ 기준점을 지정하지 말고. 한번만 복사를 하는 것이 아니
라. 여러번에 걸쳐서 복사를 할 것입니다. **다중으로 복사하
기 위해서 Multiple의 단축키 M을 입력합니다.**

[1-10]

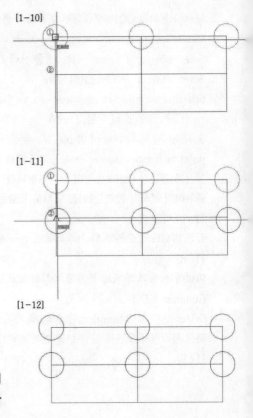

[1-11]

[1-12]

[1-13]

[2-1]

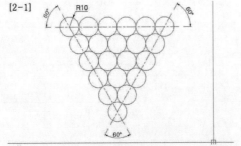

[2-2]

Specify base point: → 기준점인 ①번 점 지정. [2-3]

Specify second point of displacement or <use first point as displacement>: → 이동점인 ②번 점 지정. [2-4]

Specify second point of displacement or <use first point as displacement>: → 다중복사를 선택했으므로 COPY가 종료되지 않고 다음 이동점을 계속해서 물어봅니다. 그림과 같이 다음점 지정. [2-5]

Specify second point of displacement or <use first point as displacement>: → 다음 이동점 지정. [2-6]

Specify second point of displacement or <use first point as displacement>: → 다음 이동점 지정.

Specify second point of displacement or <use first point as displacement>: → 다음 이동점 지정.

Specify second point of displacement or <use first point as displacement>: → 원하는 만큼 복사가 되었습니다. 다중으로 복사를 할 때는 마지막에 종료의 의미로 ENTER키를 입력하셔야 합니다. [2-7]

두번째 줄의 5개의 원을 복사해 봅시다.
Command: CO
Select objects: 5 found → 그림과 같이 5개의 원을 동시에 선택하세요. [2-8]

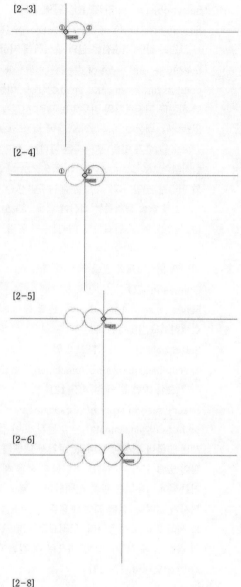

[2-3]

[2-4]

[2-5]

[2-6]

[2-7]

[2-8]

Select objects: → ENTER키 입력

Specify base point or displacement, or [Multiple]:
→ 그림과 같이 기준점을 원의 중심점에 지정하고. [2-9]

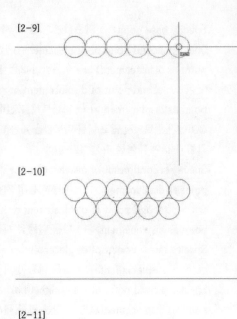

[2-9]

Specify second point of displacement or <use first
point as displacement>: @20<240 → 이동점을 지정 해
야 하는데 지금까지의 경우와는 달리 지정할 OSNAP점이
없습니다. 대신에 이동점이 어디에 지정되어야 하는지는 계
산으로 알 수가 있습니다. 다음 점까지 거리는 20이고(원의
반지름이 10이고 두 원이 접해 있으므로 원 중심과 중심간
의 거리는 20입니다), 각도를 계산하면 240°입니다.

[2-10]

그러므로 점을 클릭하는 대신에 점을 좌표로 적어주면 됩니
다. "@20<240" 입력하고 ENTER키 입력. [2-10]

세번째 줄의 4개의 원을 복사해 봅시다.

Command: CO

Select objects: 4 found → 두 번째 줄 4개의 원을
선택하세요. [2-11]

[2-11]

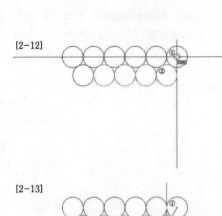

Select objects: → ENTER키 입력.

Specify base point or displacement, or [Multiple]:
→ 기준점 ①번 점 지정. [2-12]

Specify second point of displacement or <use first
point as displacement>: → 이동점 ②번 점을 지정하면
세번째 줄이 완성이 됩니다. 여기서 이해를 못하는 분들이
많이 있습니다. 기준점은 어디를 지정을 해도 됩니다.
기준점이 이동하는 만큼 선택되어진 원도 이동이 되면서
복사가 됩니다. 선택 되어진 원들은 20만큼 240° 방향으
로 복사 되어지면 됩니다. 그러므로 이미 ①점에서 ②번점
이 거리 20에 각도가 240°이므로 이 점을 이용해서 복사
를 한 것입니다. [2-13]

[2-12]

[2-13]

네번째 줄의 3개의 원을 복사해 봅시다.

Command: CO

Select objects: 3 found

→ 세번째 줄 3개의 원을 선택합니다.

Select objects: → ENTER키 입력. [2-14]

Specify base point or displacement, or [Multiple]:

→ 기준점 ③번 점 지정. [2-15]

Specify second point of displacement or <use first point as displacement>: → 이동점 ④번 점을 지정하면 네번째 줄이 복사가 됩니다. [2-16]

같은 방법으로 나머지 원들도 복사를 해서 그림을 완성시켜 보도록 하세요.

[2-14]

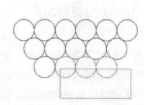

[2-15]

[2-16]

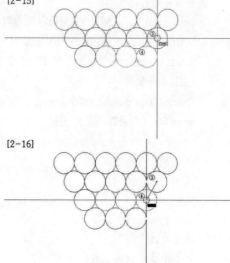

2. MOVE (객체이동)

말 뜻 그대로 객체이동입니다.
객체가 하나 더 생성되는 COPY에 비해서 선택한 객체가
그대로 이동을 하는 것입니다. 실행하는 방법은 COPY와
동일합니다.

명령어 진행순서.
Command: M → **MOVE명령어의 단축키 M** 입력
Select objects: 1 found → MOVE할 객체선택
Select objects: → 객체를 모두 선택했으면
ENTER키 입력
Specify base point or displacement: Specify second
point of → 이동할 기준점 지정
displacement or <use first point as displacement>:
→ 이동할 이동점 지정

명령: M
객체 선택: 1개를 찾음
객체 선택:
기준점 또는 변위 지정:
변위의 두번째 점 지정 또는 <변위로 첫번째 점 사용>:
COPY명령어를 하면 MOVE명령어는 이해하기 편합니다.

다음 그림을 그려보세요. [M-1]
Command: M
Select objects: 1 found → 원 선택. [M-2]
Select objects: → ENTER키 입력.
Specify base point or displacement: → 그림과 같이 기준
점 지정. [M-3]
Specify second point of displacement or <use first
point as displacement>: → 그림과 같이 이동점 지정.
[M-4], [M-5]

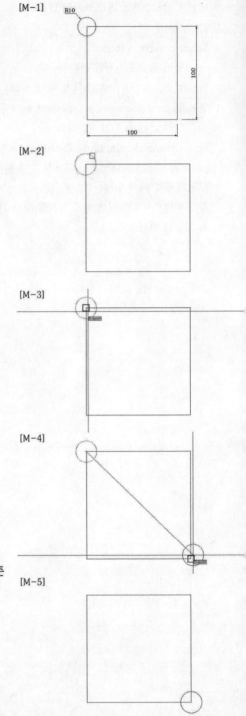

3. SELECT (객체선택)

[SELECT-예제]

[SELECT-예제]

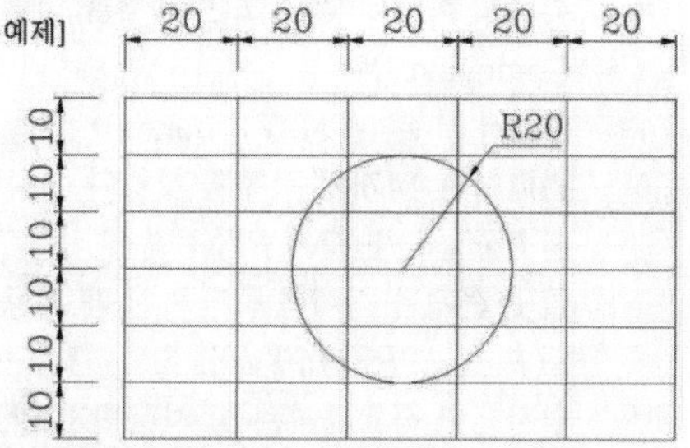

지금까지 우리가 배운 명령어는 크게 두 가지로 나누어 볼 수 있습니다

객체를 생성하는 그리기 명령어, 객체가 생성되고 난 후 수정하는 편집 명령어입니다.

여기서 배우게 될 내용은 편집명령어, 즉 ERASE, TRIM, EXTEND, COPY, MOVE 등의 명령어를 사용할 경우 객체의 선택 요령입니다.

편집명령어를 실행하면 CAD가 첫 번째로 우리에게 하는 질문은 "Select objects (객체를 선택하세요)"이고 CAD 마우스의 모양은 사각형의 형태를 하고 있습니다.

[WINDOW-1]

이와 같은 경우 객체를 선택할 때 상황에 따라서 손쉽게 선택하는 방법에 대해서 배워 보겠습니다. 선택할 때는 마우스 왼쪽 버튼을 사용한다는 것을 다시 한 번 더 강조하면서 설명을 추가 합니다.

설명에 도움을 주기 위해서 옆의 그림을 그려봅시다.

[SELECT-예제]

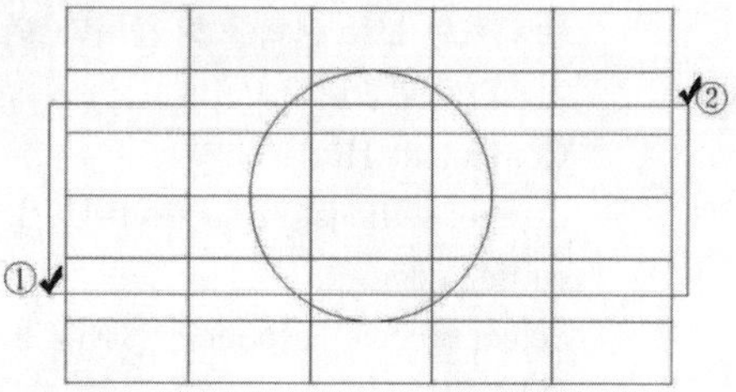

[WINDOW-2]

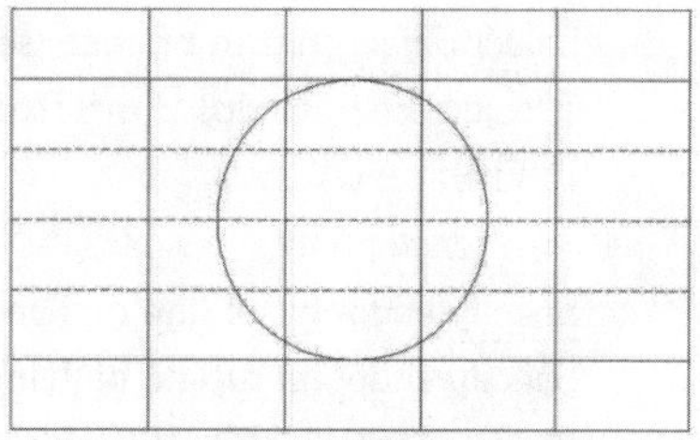

1) 하나씩 선택하기:
마우스로 선택하고 싶은 객체를 그냥 하나 하나 찍어서 선택하는 방식입니다.

2) Window:
마우스를 화면의 대략적인 위치에 클릭을 하고 오른쪽 방향으로 움직이면 선모양의 사각형이 나타납니다. 다시 대략적인 위치에서 마우스를 한 번 더 클릭을 하면 사각형 안에 완전하게 포함되는 객체만 선택이 됩니다.

Command: E → 어떤 명령어를 실행시켜도 됩니다. COPY, MOVE, TRIM 등등

Select objects: Specify opposite corner: 3 found → 그림과 같이 선택을 하면 가운데 가로선 3개만 선택이 됩니다. [WINDOW-1], [WINDOW-2]

3) Cross:
마우스를 화면의 대략적인 위치에 클릭을 하고 왼쪽 방향으로 움직이면 점선 모양의 사각형이 나타납니다. 다시 대략적인 위치에서 마우스를 한 번 더 클릭을 하면 사각형 안에 완전하게 포함이 되거나 사각형에 걸쳐지는 객체는 모두 선택이 됩니다.

Command: CO

Select objects: Specify opposite corner: 10 found → 그림과 같이 선택을 하면 선과 원 10개의 객체가 선택이 됩니다. [CROSS-1], [CROSS-2]

4) All: 화면에 있는 모든 객체를 선택 합니다.

Command: M

Select objects: all 14 found → all을 입력하고 ENTER키를 입력하면 14개의 객체를 찾았다고 나타납니다. [ALL]

5) Remove(단축키:R) :

잘못 선택된 객체를 해제시킬 때 사용합니다.

6) Fence(단축키:F) :

일반적인 상황에서는 잘 사용되지 않고 TRIM명령에서 자주 사용이 됩니다. Fence는 점선을 그리게 되는데 이 점선에 걸리는 객체는 모두 선택을 해 줍니다. 여기서 설명하는 내용은 꼭 기억하기 바랍니다

Command: TR

Current settings: Projection=UCS, Edge=None Select cutting edges ...

Select objects: 1 found → TRIM할 경계선 객체 선택. [FENCE-1]

Select objects: → ENTER키 입력

Select object to trim or shift-select to extend or [Project/Edge/Undo]: F → TRIM할 객체를 선택할 때 Fence의 단축키 F입력.

First fence point:

Specify endpoint of line or [Undo]: → ①번 점 지정

Specify endpoint of line or [Undo]: → ②번 점 지정 한 후 ENTER키 입력. [FENCE-2]

Select object to trim or shift-select to extend or [Project/Edge/Undo]: → Fence선에 걸쳐진 모든 선들이 한 번에 TRIM 되었습니다. [FENCE-3]

7) Previous(단축키:P) :

이전에 선택되었던 객체를 한 번 더 선택을 해줍니다. 예를 들어 COPY명령어로 20개의 객체를 복사한 후, ERASE명령을 실행시켜 객체를 선택할 때 P를 입력하면 앞서 COPY할 때 선택되었던 20개의 객체가 다시 선택이 됩니다.

[CROSS-1]
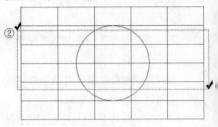

[CROSS-1]
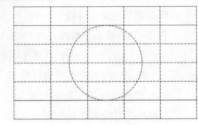

[ALL]
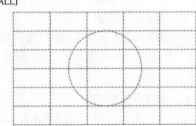

[FENCE-1]
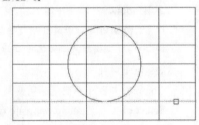

[FENCE-3]
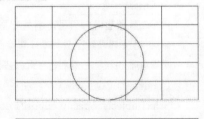

[FENCE-2]
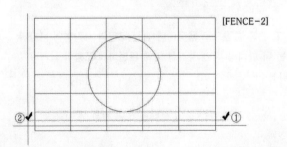

예를 들어 10개의 객체를 선택할 때 10개의 객체를 한 번에 선택을 해도 되고, 5개씩 두 번에 걸쳐서 선택해도 되고, 1개씩 열 번에 걸쳐서 선택을 해도 됩니다. 1개씩 10번에 걸쳐서 10개의 객체를 선택할 때는 아래와 같은 내용을 볼 수 있습니다.

Select objects: 1 found → 1개의 객체를 선택.

Select objects: 1 found, 2 total → 1개의 객체를 선택. 총 2개의 객체선택.

Select objects: 1 found, 3 total → 1개의 객체를 선택. 총 3개의 객체선택.

Select objects: 1 found, 4 total → 1개의 객체를 선택. 총 4개의 객체선택.

Select objects: 1 found, 5 total → 1개의 객체를 선택. 총 5개의 객체선택.

Select objects: 1 found, 6 total → 1개의 객체를 선택. 총 6개의 객체선택.

Select objects: 1 found, 7 total → 1개의 객체를 선택. 총 7개의 객체선택.

Select objects: 1 found, 8 total → 1개의 객체를 선택. 총 8개의 객체선택.

Select objects: 1 found, 9 total → 1개의 객체를 선택. 총 9개의 객체선택.

Select objects: 1 found, 10 total → 1개의 객체를 선택. 총 10개의 객체선택.

다시 말해서 여러 번에 걸쳐서 선택을 할 때는 앞서 선택된 객체에서 하나씩 하나씩 더해져서 전체가 몇 개로 선택이 되어졌는지 보여 줍니다. 그런데 앞의 객체에서 더해지지 않고 앞서 선택한 객체는 해제가 되고 현재의 객체만 선택이 될 때가 있습니다. 이런 경우에는 CAD시스템상의 오류이므로 다음과 같이 실행하면 원래 상태로 돌아 갑니다.

Command: PICKADD → 단축키가 없습니다. PICKADD라고 입력하고.

Enter new value for PICKADD <0>: 1 → 괄호 안의 값이 0으로 되어 있으면 더해지지 않고 현재의 객체만 선택이 되어집니다. 1을 입력하고 ENTER키 입력.

배운 COPY와 객체선택방법(SELECT)를 이용해서 다음의 그림을 그려보세요.

[연습문제-1]

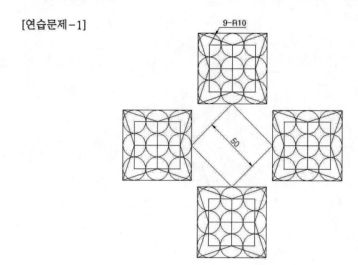

[연습문제-2]

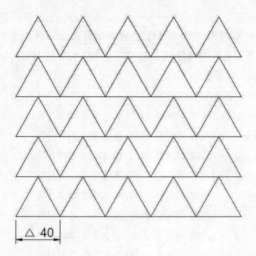

△ 40

[연습문제-3]

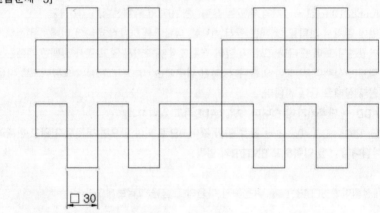

□ 30

[연습문제-4]

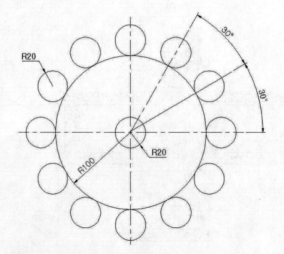

[연습문제-5]

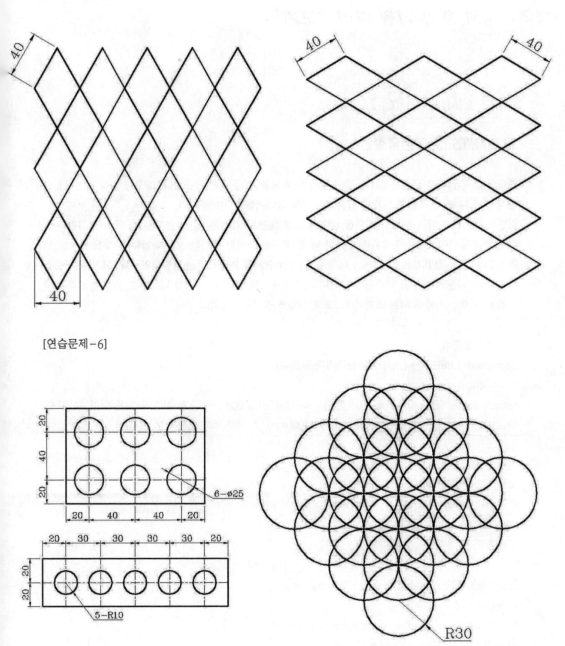

[연습문제-6]

6-ø25

5-R10

R30

제8강
영역설정과 호와 타원 따라해보기

제8강. LIMITS, ARC, ELLIPSE

1. LIMITS (화면영역설정)

캐드의 화면 영역은 무한대입니다. 얼마든지 큰 객체를 그릴 수가 있습니다. 하지만 처음부터 무한대인 영역을 다 볼 수는 없기 때문에 일정한 크기의 영역만큼만 보여줍니다.

일반적으로 CAD에서 새로운 도면을 OPEN 하면 화면의 영역은 420×297인 A3 용지 크기입니다. 물론 화면 영역이 A3 용지 크기라고 해서 더 큰 객체를 그리지 못하는 것은 아닙니다. 처음 보이는 영역만 그렇다는 것입니다. LIMITS는 이 화면 영역의 크기를 변경해주는 명령어입니다. 이 명령어 몰라도 CAD를 사용하는데 별 어려움은 없습니다. 기본적으로 알아 두어야 할 내용이고, ATC협회 자격증 시험을 볼 때는 사용이 되는 명령어이므로 간단하게 설명하겠습니다.

명령어 진행순서.
Command: LIMITS → LIMITS는 단축키가 없습니다.
Reset Model space limits:
Specify lower left corner or [ON/OFF] <0.0000,0.0000>: → 도면 한계의 왼쪽 아래 점 지정.
Specify upper right corner <420.0000,297.0000>: → 도면 한계의 오른쪽 위 점 지정.

명령: LIMITS.
모형 공간 한계 재설정:
왼쪽 아래 구석 지정 또는 [켜기(ON)/끄기(OFF)] <0.0000,0.0000>:
오른쪽 위 구석 지정 <420.0000,297.0000>:

일단 ZOOM명령에서 ALL을 실행시켜보세요.
Command: Z
Specify corner of window, enter a scale factor (nX or nXP), or [All/Center/Dynamic/Extents /Previous/Scale/Window] <real time>: A

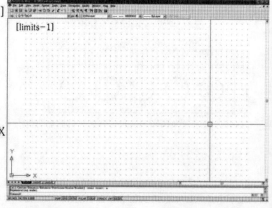

키보드의 F7키를 입력하면 앞의 그림과 같이 화면에 점이
나타날 것입니다
(F7키를 다시 입력하면 점이 사라집니다).
이것은 절대 좌표를 배울 때 한번 했습니다. 이 점들은 화
면의 좌표를 나타 내는 것이라는 것을 이미 배웠습니다.
그리고 이 점들은 LIMITS영역 크기만큼 나타납니다.
[limits-1]
수평으로 길이가 400인 선을 그려보세요. [limits-2]
기본적인 화면 크기의 가로 길이가 420이므로 길이가 400
인 선이 보입니다.
이번에는 길이가 1000인 선을 그려보세요. [limits-3]
화면 크기의 가로 길이가 420이기 때문에 1000인 선은 보
이지 않습니다.

다시 ZOOM명령에서 ALL을 실행시켜봅시다.
Command: Z
Specify corner of window, enter a scale factor (nX or
nXP), or [All/Center/Dynamic/Extents/Previous
/Scale/Window] <real time>: A
길이가 1000인 선이 화면 가득 차게 보입니다. [limits-4]
기본적인 화면크기 보다 선의 길이가 길기 때문에 그렇습
니다.
그러면 LIMITS명령을 이용해서 기본적인 화면 크기의 길
이가 1000인 선을 포함하도록 크게 설정해 보겠습니다.

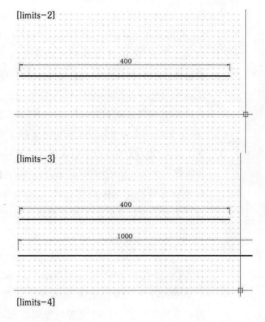

[limits-2]

[limits-3]

[limits-4]

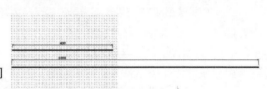

[limits-5]

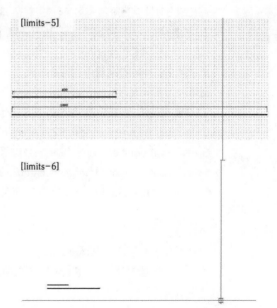

[limits-6]

Command: LIMITS

Reset Model space limits: Specify lower left corner or [ON/OFF] <0.0000,0.0000>:
→ 괄호안에 "0, 0"이 적혀 있기 때문에 여기서는 그냥 ENTER키를 입력하면 됩니다.

화면의 크기가 좌표 상으로 0, 0에서부터 시작한다는 뜻입니다.

Specify upper right corner <420.0000,297.0000>: 4000,3000 → X좌표로 420까지, Y좌표로 297
까지 화면 영역이 설정되어 있다는 뜻입니다. 이 X값과 Y값을 다른 좌표 값으로 바꿔 적어주면 됩니
다. 한 가지 유의사항은 되도록이면 X값과 Y값의 비율이 4:3의 비율로 적어주면 됩니다.

여기서는 "4000, 3000"을 입력하고 ENTER키 입력.

화면의 크기가 420×297에서 4000×3000으로 변경 되었으므로 그림과 같이 화면에 찍혀 있던 점들
의 영역이 확장된 것을 확인 할 수 있습니다. [limits-5]

다시 ZOOM명령에서 ALL을 실행시켜봅시다.

Command: Z

Specify corner of window, enter a scale factor (nX or nXP), or
[All/Center/Dynamic/Extents/Previous/Scale/Window] <real time>: A

이제는 길이가 1000인 선이 작아 보이는 것을 확인 할 수 있습니다. [limits-6]

화면에 보이던 점은 너무 조밀하게 찍혀 있기 때문에 화면에 표현이 안되는 것입니다.

이처럼 LIMITS 명령을 실행하면 반드시 ZOOM명령의 ALL을 실행시켜 주어야 됩니다.

2. ARC (호 그리기)

반 원을 그릴려면 원을 그리고 원의 중심을 지나치는 선을 그린 다음 TRIM을 하면 됩니다. 하지만
ARC명령어를 이용하면 처음부터 반 원을 그릴 수가 있습니다. ARC는 잘려진 원, 즉 호를 그리는 명
령어입니다. 원과 마찬가지로 반지름을 가지고 있고, OSNAP점인 중심점(Center), 사분점
(Quadrant), 끝점(Endpoint), 중간점(Midpoint)을 가지고 있습니다. ARC를 그리는 방법은 10가지가
있는데 여기서는 가장 많이 사용되는 두 가지의 방법만을 설명하도록 하겠습니다.

명령어 진행 순서

1) 호의 시작점, 두 번째 점, 끝점을 지정해서 호 그리기

Command: A → ARC의 단축키는 "A"입니다.

Specify start point of arc or [Center]: → 호의 시작점 지정

Specify second point of arc or [Center/End]: → 호의 두 번째 점 지정

Specify end point of arc: → 호의 끝점 지정

명령: A

호의 시작점 지정 또는 [중심(CE)]:

호의 두번째 점 지정 또는 [중심(CE)/끝(EN)]:

호의 끝점 지정:

2) 호의 시작점, 끝점, 반지름 지정해서 호 그리기.

Command: A

Specify start point of arc or [Center]:
→ 호의 시작점 지정

Specify second point of arc or [Center/End]: E
→ 호의 끝점을 지정하기 위해서 End의 단축키 E입력

Specify end point of arc: → 호의 끝점 지정.

Specify center point of arc or[Angle/Direction/Radius]:
R → 반지름을 지정하기 위해서 Radious의 단축키 R입력.

Specify radius of arc: → 호의 반지름 값 입력.

명령: A

호의 시작점 지정 또는 [중심(CE)]:

호의 두번째 점 지정 또는 [중심(CE)/끝(EN)]: E

호의 끝점 지정:

호의 중심점 지정 또는 [각도(A)/방향(D)/반지름(R)]: R

호의 반지름 지정: 100

다음의 그림을 그려보세요. [arc-1]

가로, 세로 선을 그리고. 특히 세로선은 위쪽을 길게
그려주세요. [arc-2]

선이 교차하는 점에서 R100인 원을 그리세요. [arc-3]

가로선의 위쪽을 140만큼 OFFSET 하겠습니다. [arc-4]

[arc-1]

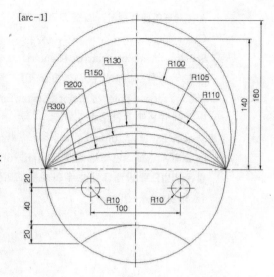

[arc-2]

[arc-3]

[arc-4]

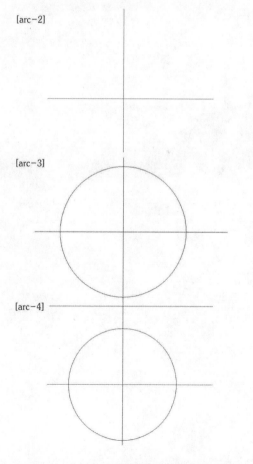

ARC명령어를 실행시켜 호를 그려봅시다.

Command: A

Specify start point of arc or [Center]:
→ 호의 시작점인 ①번 점 지정 [arc-5]

Specify second point of arc or [Center/End]:
→ 호의 두번째 점인 ②번 점 지정

Specify end point of arc:
→ 호의 세번째 점인 ③번 점 지정 [arc-6], [arc-7]
같은 방법으로 방금 그린 호 위의 호를 그려보십시오.

[arc-8], [arc-9]

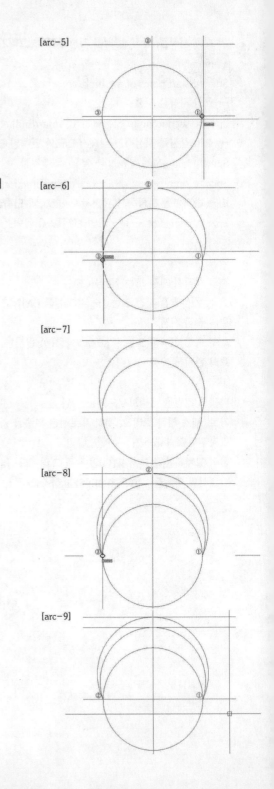

[arc-5]

[arc-6]

[arc-7]

[arc-8]

[arc-9]

이번에는 ①, ②번 점을 시작과 끝으로 하는 R105인 호를 그려보겠습니다.

Command: A

Specify start point of arc or [Center]:
→ 시작점인 ①번 점 지정 [arc-10]

Specify second point of arc or [Center/End]: E
→ 호의 끝점을 지정하기 위해서 End의 단축키 E입력

Specify end point of arc: → 호의 끝점인 ②번 점 지정
[arc-11]

Specify center point of arc or [Angle/Direction/Radius]:
R → 반지름을 지정하기 위해서 Radious의 단축키 R입력

Specify radius of arc: 105 → 반지름 값 105입력
[arc-12]

같은 방법으로 ①, ②번 점을 시작과 끝으로 하는 R110인 호를 그려보겠습니다.

Command: A

Specify start point of arc or [Center]:
→ 시작점인 ①번 점 지정 [arc-13]

Specify second point of arc or [Center/End]: E
→ 호의 끝점을 지정하기 위해서 End의 단축키 E입력

Specify end point of arc → 호의 끝점인 ②번 점 지정.
[arc-14]

Specify center point of arc or [Angle/Direction/Radius]:
R → 반지름을 지정하기 위해서 Radious의 단축키 R입력

Specify radius of arc: 110 → 반지름 값 110입력
[arc-15]

나머지 호들도 같은 방법으로 그려보세요.

[arc-14]

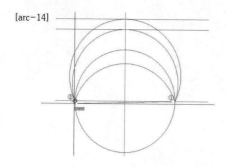

[arc-10]

[arc-11]

[arc-12]

[arc-13]

[arc-15]

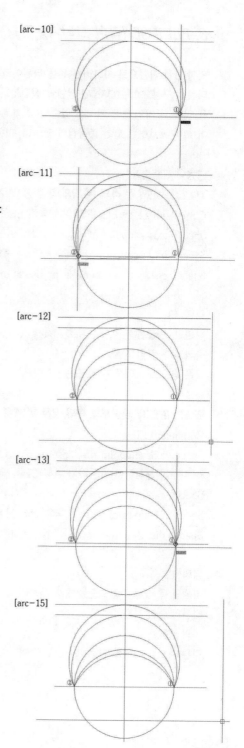

3. ELLIPSE (타원 그리기)

원이 한쪽 방향으로 찌그러진 원을 타원이라고 합니다. 쉽게 계란 모양을 생각하면 되겠습니다.
타원의 구성요소는 OSNAP점인 중심점(Center), 사분점(Quadrant)을 가지고 있고, 마주보는 사분점을 잇는 두 개의 축을 가지고 있습니다. 이 두 개의 축을 각각 장축(긴축), 단축(짧은축) 이라고 하며 이 축이 교차하는 점이 중심점이 됩니다. 타원을 그릴 때는 항상 이 축을 먼저 그려주어야 합니다.

명령어 진행순서.

1) ELLIPSE의 두 축의 네 개의 끝점 중 세 개를 지정해서 그리기

Command: EL → ELLIPSE의 단축키 EL입력

Specify axis endpoint of ellipse or [Arc/Center] : → 한쪽 축의 끝점 지정

Specify other endpoint of axis : → 한쪽 축의 다른 끝점 지정

Specify distance to other axis or [Rotation] : → 다른 축의 두 개의 끝점 중 한쪽 끝점 지정

명령: EL

타원의 축 끝점 지정 또는 [호(A)/중심(C)]:

축의 다른 끝점 지정:

다른 축으로 거리를 지정 또는 [회전(R)]:

2) ELLIPSE의 중심점과 축의 끝점 두 개를 지정해서 그리기

Command: EL

Specify axis endpoint of ellipse or [Arc/Center] : C

→ 타원의 중심점을 지정하기 위해 **Center의 단축키 "C"입력**

Specify center of ellipse: → 타원의 중심점 지정

Specify endpoint of axis: → 축의 끝점 지정

Specify distance to other axis or [Rotation] : → 다른 축의 끝점 지정

명령: EL

타원의 축 끝점 지정 또는 [호(A)/중심(C)]: C

타원의 중심 지정:

축의 끝점 지정:

다른 축으로 거리를 지정 또는 [회전(R)]:

다음의 그림을 그려봅시다. [ellipse-1]

①번과 ②번을 잇는 선이 단축이고, ③번과 ④번을 잇는 선
이 장축입니다. ⑤번은 타원의 중심점(Center)이 되고, ①,
②, ③, ④번 점이 타원의 사분점(Quadrant)이 됩니다.

장축선과 단축선을 그리고 이 선을 두 개를 더 복사를 하고
하나는 그림과 같이 TRIM을 하십시오.

[ellipse-2]

ELLIPSE명령어를 이용해서 그려봅시다.

명령: EL

타원의 축 끝점 지정 또는 [호(A)/중심(C)]:

→ ①번 점 지정. [ellipse-3]

축의 다른 끝점 지정:

→ ②번 점 지정. [ellipse-4]

다른 축으로 거리를 지정 또는 [회전(R)]:

→ ③번 또는 ④번 점 지정. [ellipse-5]

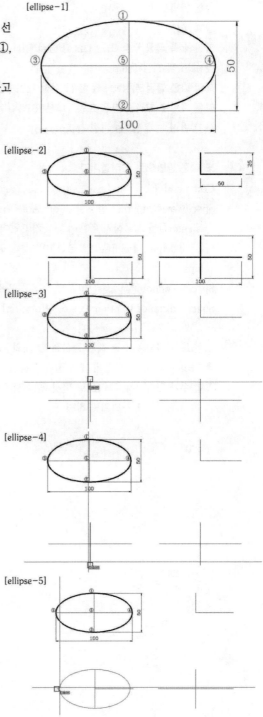

다른 방법으로 그려봅시다.

명령: EL

타원의 축 끝점 지정 또는 [호(A)/중심(C)]:
→ ③번 점 지정 [ellipse-6]

축의 다른 끝점 지정: → ④번 점 지정 [ellipse-7]

다른 축으로 거리를 지정 또는 [회전(R)]:
→ ①번 또는 ②번 점 지정 [ellipse-8]

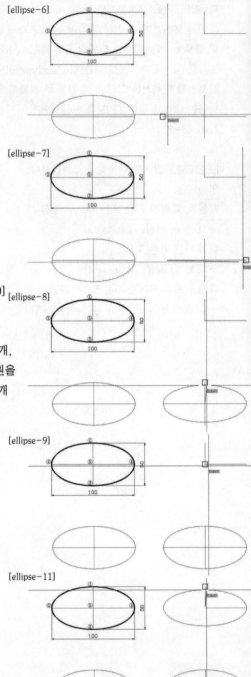

또 다른 방법으로 그려봅시다.

Command: EL

Specify axis endpoint of ellipse or [Arc/Center]: C
→ Center점을 지정하기 위해서 단축키 C입력

Specify center of ellipse: → 중심점인 ⑤번 점 지정
[ellipse-9]

Specify endpoint of axis: → ④번 점 지정 [ellipse-10]

Specify distance to other axis or [Rotation]:
→ ①번 점 지정 [ellipse-11]

그려 보면 타원을 그릴 때는 중심점 한 개와 사분점 네 개,
총 다섯 개의 점 중에서 세 개의 점을 지정함으로서 타원을
그릴 수가 있습니다. 그러므로 다섯 개의 점 중에서 세 개
의 점의 위치를 표시하기만 하면 됩니다.

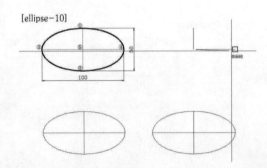

다른 방법으로 앞서 그렸던 타원을 그려봅시다.
길이가 50인 수평선을 그리고, 25만큼 위로 OFFSET
하겠습니다. [ellipse-12]

Command: EL

Specify axis endpoint of ellipse or [Arc/Center]: C
→ Center점을 지정하기 위해서 단축키 C입력

Specify center of ellipse: → 그림과 같이 중심점 지정.
[ellipse-13]

Specify endpoint of axis: → 그림과 같이 축의 끝점 지정.
[ellipse-14]

Specify distance to other axis or [Rotation]:
→ 그림과 같이 다른 축의 끝점 지정.

[ellipse-15], [ellipse-16]

이 처럼 도면에서 타원을 그려야할 경우가 있으면 타원의
중심점과 네 개의 사분점이 어디에 위치해 있는지 치수를
보고 파악한 후 다섯 점 중에서 세개의 점을 CAD화면에
표기 한 후 타원을 그리면 됩니다.

[ellipse-12]

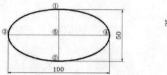

[ellipse-13]

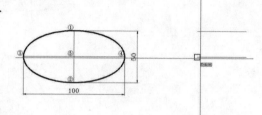

[ellipse-14]

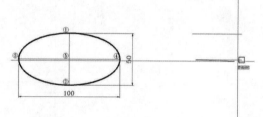

[ellipse-15]

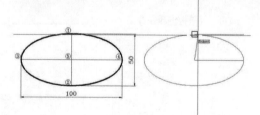

[ellipse-16]

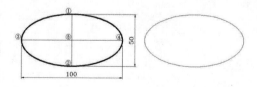

[연습문제-1]

[연습문제-2]

[연습문제-3]

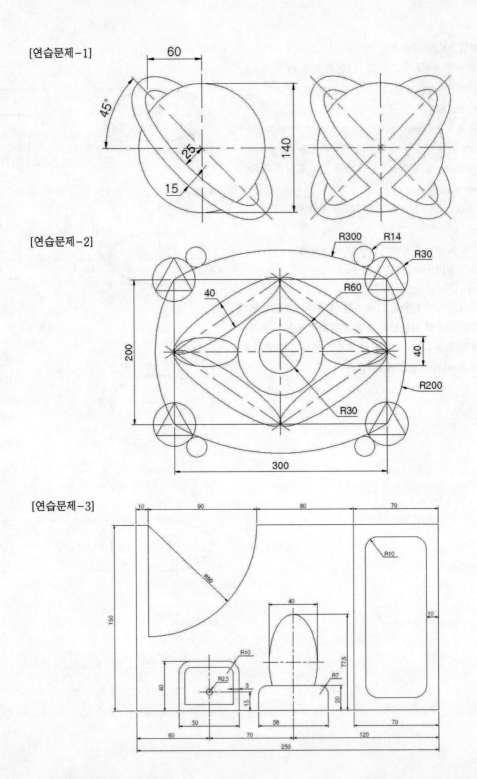

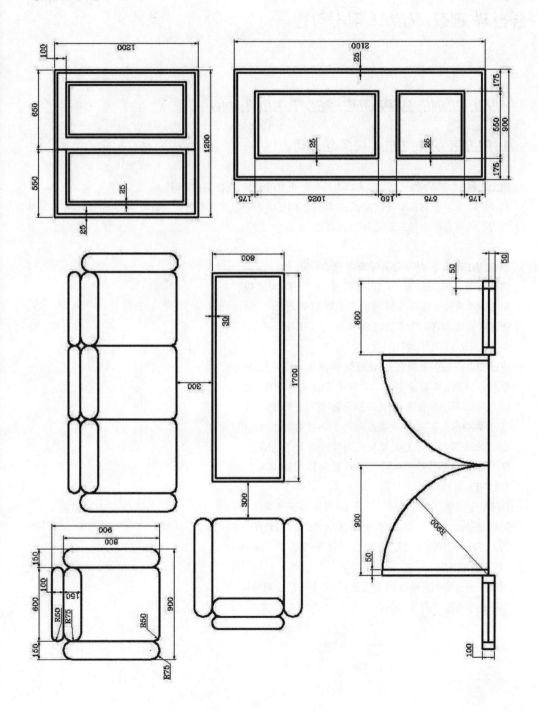

제9강
다중선과 편집 그리고 직사각형

제9강. PLINE, EXPLODE, PEDIT, RECTANG

1. PLINE (Poly Line: 다중선 그리기)

PLINE은 LINE과 같은 방법으로 그려지지만 속성이 LINE과는 다릅니다.
PLINE의 특성을 이용해서 LINE으로 작업할 때보다 시간을 단축하면서 작업을 할 수 있습니다.
PLINE의 특성을 알아보도록 하겠습니다.

1) PLINE은 모든 선이 연결이 되어 있습니다.
예를 들어 LINE으로 별을 그리면 다섯 개의 선이 따로 따로 존재하지만, PLINE으로 별을 그리면 다섯 개의 선이 연결이 되어 있습니다. PLINE의 속성 중에서 가장 중요한 속성이므로 꼭 기억 하기 바랍니다.
일단 그림과 같이 왼쪽은 LINE으로 별을 하나 그리고, 오른쪽은 PLINE로 별을 하나 그리세요. PLINE의 단축키는 PL이며 그리는 방법은 LINE와 동일합니다. [PLINE-1]
그린 후 마우스로 두 개의 별을 콕콕 찍어서 클릭을 해보면 LINE으로 그린 별은 선이 하나만 선택이 되고, PLINE으로 그린 별은 전체가 선택이 되는 것을 아실 것입니다.
[PLINE-2]
OFFSET 명령을 실행해서 간격을 10 정도 지정한 다음 그려진 별들을 밖으로 OFFSET을 하면 LINE과는 다르게 PLINE은 한번에 OFFSET이 되는 것을 확인 할 수 있습니다. [PLINE-3]
이러한 속성을 이용해서 PLINE은 LINE으로 그릴 때보다 시간을 단축할 수가 있습니다.

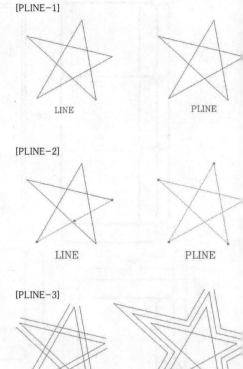

[PLINE-1]

LINE　　　　PLINE

[PLINE-2]

LINE　　　　PLINE

[PLINE-3]

LINE　　　　PLINE

2) PLINE은 두께를 가질 수 있습니다.

나중에 배우겠지만 LINE도 두께를 줄 수가 있습니다. 하지만 PLINE은 시작점 두께와 끝나는 점 두께를 다르게 설정 할 수 있습니다.

PLINE를 이용해 다음의 화살표를 그려봅시다. [PLINE-4]

Command: **PL → PLINE의 단축키 입력**

Specify start point: → 선이 시작하는 점을 지정. 화면상의 임의의 점을 지정해 보세요

Current line-width is 0.0000

Specify next point or [Arc/Halfwidth/Length/Undo/Width] : W

→ 선의 두께를 먼저 지정하고 선을 그립니다.

선의 두께를 지정하기 위해서 WIDTH의 단축키 "W"를 입력합니다.

Specify starting width <0.0000>: 10 → 선이 시작하는 두께 10을 입력

Specify ending width <10.0000>: 10 → 선이 끝날 때 두께 10을 입력

Specify next point or [Arc/Halfwidth/Length/Undo/Width] : 50 → 직교가 켜져 있어야 합니다

(화면 아래 ORTHO 버튼이 눌러져 있는 상태). 마우스를 오른쪽으로 하고 50입력.

오른쪽으로 50만큼 그리겠다는 뜻이죠.

LINE 그리기와 동일합니다. [PLINE-5]

[PLINE-4]

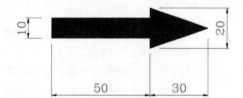

Specify next point or[Arc/Close/Halfwidth/Length /Undo/Width] : W → 다시 선의 두께를 변경하기 위해서 WIDTH의 단축키 "W" 입력.

Specify starting width <10.0000>: 20

→ 선이 시작하는 두께 20을 입력

Specify ending width <20.0000>: 0

→ 선이 끝날 때 두께 0을 입력

Specify next point or [Arc/Close/Halfwidth/Length /Undo/Width] : 30 → 역시 마우스를 오른쪽 방향으로 하고 선의 길이 30을 입력 [PLINE-6]

Specify next point or [Arc/Close/Halfwidth/Length /Undo/Width] : → PLINE명령을 끝내기 위해서 ENTER 키 입력

[PLINE-5]

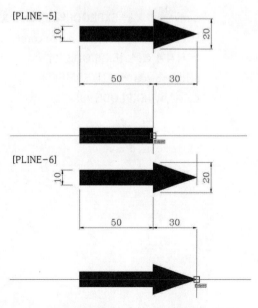

[PLINE-6]

3) PLINE은 선과 호를 동시에 그릴 수가 있습니다.

LINE(선)과 ARC(호)를 연결해서 그려야 할 경우 LINE과
ARC를 따로 따로 그리지 않고 PLINE으로 한번에 그릴 수
있습니다. 이 기능은 저자도 잘 사용하지 않은 기능입니다.
[PLINE-7]

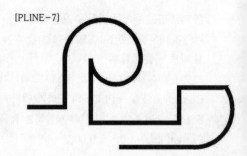

[PLINE-7]

2. EXPLODE (객체분해)

EXPLODE는 PLINE처럼 하나로 연결되어 있는 객체들을
따로 따로 분리 시켜주는 명령어 입니다. 물론 PLINE이외
에도 CAD상의 객체들 중에서 치수, POLYGON,
HATCH, BLOCK 등의 객체들 처럼 하나로 연결되어 있
는 객체들이 존재합니다.(대부분 배우지 않은 객체입니다)
EXPLODE를 PLINE에 적용하면 LINE이 됩니다. 두께를
가지고 있던 PLINE이라면 두께가 사라지고 묶여있던 선
들은 하나하나 분리가 됩니다.

PLINE의 시작두께와 끝날때 두께를 10으로 주고
100×100인 사각형을 그려보세요. [EXPLODE-1]
PLINE으로 그려진 사각형을 두께도 없고 전체가 연결되
어 있지 않은 LINE으로 바꿔보겠습니다.

Command: X → **EXPLODE의 단축키 " X"** 입력
Select objects: Specify opposite corner: 1 found
→ 사각형 선택. [EXPLODE-2]
Select objects: → ENTER키 입력.
간단하죠. [EXPLODE-3]

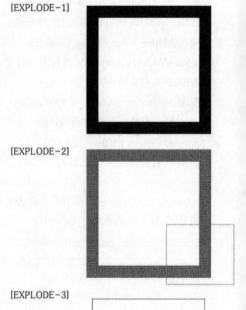

[EXPLODE-1]

[EXPLODE-2]

[EXPLODE-3]

3. PEDIT (PLINE EDIT. 다중선 편집)

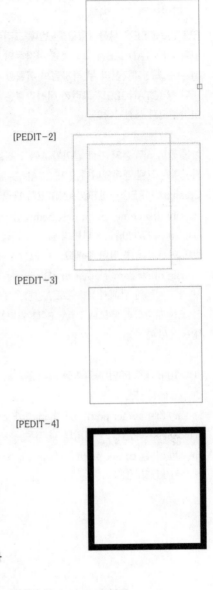

[PEDIT-1]

[PEDIT-2]

[PEDIT-3]

[PEDIT-4]

PEDIT는 이미 그려진 PLINE의 속성을 바꾸거나 LINE으로 되어 있는 객체를 PLINE으로 묶어주는 명령어 입니다. PEDIT는 여러 가지 기능이 있는데 여기서는 EXPLODE 명령어의 반대기능인 LINE을 PLINE으로 바꿔주는 방법에 대해서 배워보겠습니다.

앞서 그렸던 100×100 사각형을 다시 PLINE으로 바꿔 보겠습니다.

Command: PE → **PEDIT의 단축키 " PE" 입력**

Select polyline or [Multiple]: → 사각형의 네 개의 선 중에서 하나의 선을 콕 찍어서 선택 [PEDIT-1]

Object selected is not a polyline. Do you want to turn it into one? ⟨Y⟩ → 선택한 선은 폴리선이 아니므로 폴리선을 바꾸겠냐는 질문이 나타납니다.

그냥 ENTER키 입력.

Enter an option[Close/Join/Width/Editvertex/Fit /Spline/Decurve/Ltype gen/Undo]: J

→ **다른선과 연결하기 위해서 JOIN의 단축키 "J"입력**

Select objects: Specify opposite corner: 3 found

→ 나머지 세 개의 선을 선택합니다. [PEDIT-2]

Select objects: → 선을 다 선택하면 ENTER키 입력.

[PEDIT-3]

3 segments added to polyline → 뒤에 선택한 세 개의 선이 처음에 선택한 선에 더해졌다는 메시지가 나타납니다.

Enter an option[Close/Join/Width/Editvertex/Fit /Spline/Decurve/Ltype gen/Undo]: W

→ 두께를 주지 않고 끝내겠다면 여기서 ENTER키를 입력하면 되고 두께를 주겠다면 WIDTH의 단축키 "W"입력.

Specify new width for all segments: 10 → 선의 두께값 10입력한 후 ENTER키 입력.

여기서는 시작과 끝나는 두께를 따로 따로 줄 수 없습니다. [PEDIT-4]

Enter an option [Close/Join/Width/Edit vertex/Fit/Spline/Decurve/Ltype gen/Undo]:

→ PEDIT를 종료하기 위해서 ENTER키 입력.

LINE을 JOIN하는 방법은 실무에서도 종종 사용이 되기 때문에 꼭 숙지하시기 바랍니다.

4. RECTANGLE (직사각형 그리기)

RECTANGLE은 직사각형을 한 번에 그려주는 명령어 입니다. RECTANGLE을 그릴려면 사각형의 네 꼭지점 중에서 마주보는 대각선의 두 꼭지점의 위치를 지정해 주면 됩니다. RECTANGLE로 그려진 직사각형은 LINE이 아니라 PLINE으로 생성됩니다.

예를 들어 사각형의 가로 길이가 A이고 세로 길이가 B인 사각형을 그릴 경우입니다. [RECTANG-1]

Command: **REC → RECTANGLE의 단축키**

Specify first corner point or [Chamfer/Elevation/Fillet/Thickness/Width] : → 화면의 임의의 점을 지정.

화면 아무데나 콕 찍어 주세요. [RECTANG-2]

Specify other corner point or [Dimensions] : @A,B
→ 방금 지정한 점에서 X축으로 A만큼, Y축을 B만큼 떨어진 곳을 지정하면 되므로 "@A, B"를 입력하면 됩니다. [RECTANG-3]

가로 100, 세로 50인 사각형을 그려 봅시다.

Command: REC

Specify first corner point or [Chamfer/Elevation/Fillet/Thickness/Width] : → 임의의 점 지정

Specify other corner point or [Dimensions] :@100, 50
→ "@100, 50"입력

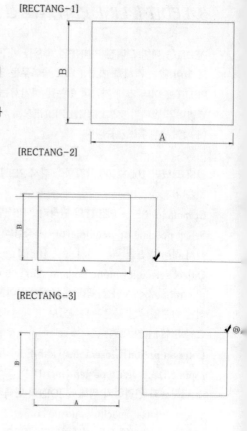

[RECTANG-1]

[RECTANG-2]

[RECTANG-3]

[연습문제-1]

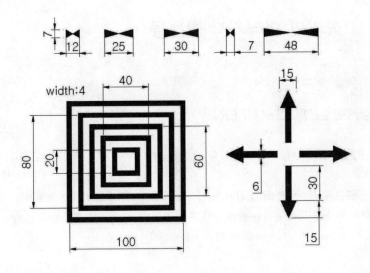

[연습문제-2]

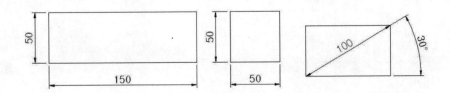

제10강
모따기와 모깎기의 여러가지 방법들

제10강. FILLET, CHAMFER

1. FILLET (모깎기)

FILLET명령은 두 선, 두 원, 또는 선과 원 사이를 둥글게 모깎기를 해주는 명령어입니다.
다시 말해서 두 선 사이에 접하는 원을 그린 후 TRIM을 시킨 결과를 보여줍니다. [fillet정의]

[fillet정의]

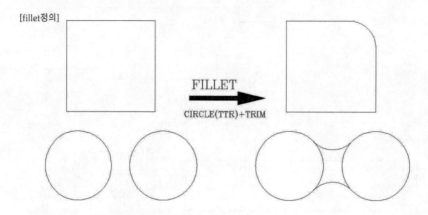

명령어 진행순서.

Command: F → **FILLET의 단축키는 "F"입니다.**

Current settings: Mode = TRIM, Radius = 10.0000 → FILLET설정 값을 보여줍니다.

Select first object or [Polyline/Radius/Trim/mUltiple] : R
→ 반지름 값을 변경하기 위해 **Radius의 단축키 R입력.**

Specify fillet radius <10.0000>: 20 → 반지름 값 입력.

Select first object or [Polyline/Radius/Trim/mUltiple] : → FILLET할 첫 번째 객체 선택.

Select second object: → FILLET할 두 번째 객체 선택.

명령: F

현재 설정값: 모드 = TRIM, 반지름 = 10.0000

첫번째 객체 선택 또는 [폴리선(P)/반지름(R)/자르기(T)/다

중(U)]: R

모깎기 반지름 지정 <10.0000>: 20

첫번째 객체 선택 또는 [폴리선(P)/반지름(R)/자르기(T)/다

중(U)]:

두번째 객체 선택:

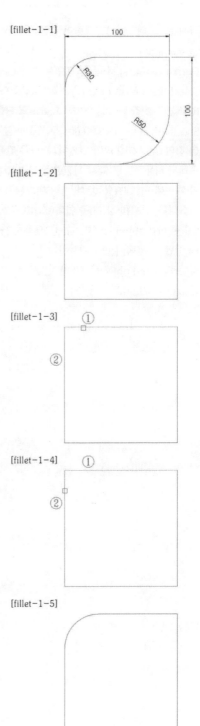

[fillet-1-1]

[fillet-1-2]

[fillet-1-3]

[fillet-1-4]

[fillet-1-5]

다음 그림을 그려봅시다. [fillet-1-1]

100×100 사각형을 그려보세요. [fillet-1-2]

FILLET명령어 실행.

Command: F

Current settings: Mode =TRIM, Radius =10.0000

Select first object or [Polyline/Radius/Trim/mUltiple]:

R → 반지름 값 변경을 위해서 Radius의 단축키 "R"입력.

Specify fillet radius <10.0000>: 30

→ 반지름 값 30을 입력합니다.

Select first object or [Polyline/Radius/Trim/mUltiple]:

→ ①번 선 선택. [fillet-1-3]

Select second object: → ②번 선 선택.

[filet-1-4], [fillet-1-5]

다시 한 번 더 FILLET명령어 실행.

Command: F

Current settings: Mode = TRIM, Radius = 30.0000

Select first object or [Polyline/Radius/Trim/mUltiple] :
R → 반지름 값 변경을 위해서 **Radius의 단축키 " R"입력.**

Specify fillet radius <30.0000>: 50 → 앞서 지정한 반지
름 값인 30이 저장되어 있습니다. 만약 같은 반지름을 계
속해서 사용한다면 앞서 지정한 반지름 값을 저장하고 있
기 때문에 FILLET을 할 때 마다 반지름을 지정할 필요는
없습니다. 반지름 값 50을 입력합니다.

Select first object or [Polyline/Radius/Trim/mUltiple] :
→ ①번 선 선택. [fillet-1-6]

Select second object: → ②번 선 선택.

[fillet-1-7], [fillet-1-8]

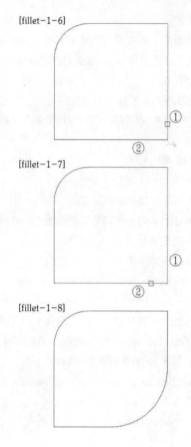

[fillet-1-6]

[fillet-1-7]

[fillet-1-8]

이번에는 두 원 사이에서 FILLET을 해봅시다.

[fillet-2-1]

수직과 수평선을 그려주고. 길게 그려주세요.

[fillet-2-2]

수평선을 아래쪽으로 150만큼 OFFSET 시킵니다.

[fillet-2-3]

세 선이 교차하는 곳에서 R50인 원을 두 개 그리세요.

[fillet-2-4]

이제부터 FILLET을 해보죠.

Command: F

Current settings: Mode = TRIM, Radius = 50.0000

Select first object or [Polyline/Radius/Trim/mUltiple]:

R → 반지름 값 변경을 위해서 Radius의 단축키 "R"입력.

Specify fillet radius <50.0000>: 40

→ 반지름 값 40을 입력.

Select first object or [Polyline/Radius/Trim/mUltiple]:

→ ①번 선 선택. [fillet-2-5]

Select second object: → ②번 선 선택.

[fillet-2-6], [fillet-2-7]

[fillet-2-1]

[fillet-2-2]

[fillet-2-3]

[fillet-2-4]

[fillet-2-5]

[fillet-2-6]

[fillet-2-7]

다시 한 번 더 FILLET명령어 실행.

Command: F

Current settings: Mode = TRIM, Radius = 40.0000

Select first object or [Polyline/Radius/Trim/mUltiple]:
→ ①번 선 선택. [fillet-2-8]

Select second object: → ②번 선 선택.

[fillet-2-9], [fillet-2-10]

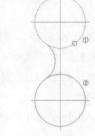

[fillet-2-8]

FILLET은 TRIM이 되면서 원이 생성 됩니다.

이 때 TRIM을 할 수도 있고 하지 않을 수도 있습니다.

원은 생성이 되면서 TRIM은 안 되도록 해 보겠습니다.

Command: F

Current settings: Mode = TRIM, Radius = 20.0000

→ Mode가 Trim으로 설정이 되어 있습니다.

Select first object or [Polyline/Radius/Trim/mUltiple]:
T → **Trim모드의 단축키 "T"입력.**

Enter Trim mode option [Trim/No trim] <Trim>:
N → Trim을 할려면 T 를 입력. Trim을 안 할려면 N을 입력. 여기서는 Trim을 안 할것이므로 N을 입력.

Select first object or [Polyline/Radius/Trim/mUltiple]:
R → 반지름 값 변경을 위해서 Radius의 단축키 R입력.

Specify fillet radius <20.0000>: 50 → 반지름 값 50입력.

Select first object or [Polyline/Radius/Trim/mUltiple]:
→ FILLET할 첫번째 객체 선택.

Select second object: → FILLET할 두 번째 객체 선택.

[fillet-trim-notrim]

[fillet-2-9]

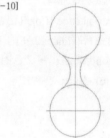

[fillet-2-10]

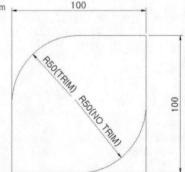

[fillet-trim
-notrim]

※ *TIP* ※

교차되어 있는 선을 Trim 할 때나, 교차 시킬려고 하는 두
선을 Extend를 할 때는, Fillet을 실행시켜 Mode는 Trim
으로 설정하고 반지름은 0으로 설정하여 Fillet를 해 보세
요. 간단하게 Trim과 Extend를 할 수가 있습니다. 같은 방
법으로 평행한 두 선을 Fillet하면 두 선을 이어주는 원이
생성됩니다. 저자는 객체를 자를 때는 Trim보다는 이 방법
을 더 많이 사용합니다. [fillet-tip]

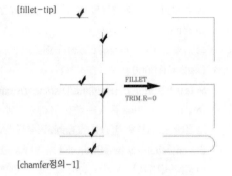

FILLET
TRIM.R=0

2. CHAMFER (모따기)

CHAMFER

[chamfer정의-1]

Chamfer은 Fillet와는 달리 교차하는 두 선을 지정한 거리
와 각도로 모따기를 해 주면서 Trim을 해 줍니다. Trim 실
행 여부는 Fillet과 마찬가지로 설정하면 됩니다. Fillet에
서는 반지름을 지정하지만 Chamfer는 두 개의 거리와 또
는 하나의 거리, 하나의 각도로서 모따기를 해 줍니다.
[chamfer정의-1], [chamfer정의-2]

[chamfer정의-2]

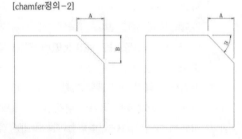

명령어 진행순서.

1) 두개의 거리로 Chamfer할 경우.

Command: CHA → **CHAMFER의 단축키는 "CHA"**

(TRIM mode) Current chamfer Dist1 = 10.0000, Dist2
= 10.0000 → 설정 값 표시.

Select first line or [Polyline/Distance/Angle/Trim/Method/mUltiple] : D
→ 거리를 지정하기 위해서 **Distance의 단축키 "D"**입력.

Specify first chamfer distance <10.0000>: → 첫번째 거리 값 입력.

Specify second chamfer distance <10.0000>: → 두번째 거리 값 입력.

Select first line or [Polyline/Distance/Angle/Trim/Method/mUltiple] :
→ Chamfer할 첫번째 객체 선택.

Select second line: → Chamfer할 두번째 객체 선택.

명령: CHA

(TRIM 모드) 현재 모따기 거리1 = 0.0000, 거리2 = 0.0000

첫번째 선 선택 또는 [폴리선(P)/거리(D)/각도(A)/자르기(T)/방법(M)/다중(U)] : D

첫번째 모따기 거리 지정 <10.0000>:

두번째 모따기 거리 지정 <10.0000>:

첫번째 선 선택 또는 [폴리선(P)/거리(D)/각도(A)/자르기(T)/방법(M)/다중(U)] :

두번째 선 선택:

2) 하나의 거리와 하나의 각으로 Chamfer할 경우.

Command: CHA

(TRIM mode) Current chamfer Dist1=10.0000,

Dist2=10.0000

Select first line or [Polyline/Distance/Angle/Trim

/Method/mUltiple] : A

→ 각도를 입력하기 위해서 **Angle단축키 "A"입력.**

Specify chamfer length on the first line <10.0000>:

→ 거리 값 입력.

Specify chamfer angle from the first line <10>:

→ 각도 값 입력.

Select first line or [Polyline/Distance/Angle/Trim

/Method/mUltiple] : → Chamfer할 첫번째 객체 선택.

Select second line: → Chamfer할 두번째 객체 선택.

명령: CHA

(TRIM 모드) 현재 모따기 거리1=10.0000, 거리2=10.0000

첫 번째 선 선택 또는 [폴리선(P)/거리(D)/각도(A)/자르기

(T)/방법(M)/다중(U)] : A

첫번째 선의 모따기 길이 지정 <10.0000>:

첫번째 선으로부터 모따기 각도 지정 <10>:

첫번째 선 선택 또는 [폴리선(P)/거리(D)/각도(A)/자르기

(T)/방법(M)/다중(U)] :

두번째 선 선택:

100×100인 사각형을 그리겠습니다. [chamfer-예제]

오른쪽 Chamfer부터 해 보겠습니다.

Command: CHA

(TRIM mode) Current chamfer Length=10.0000, Angle=10

Select first line or [Polyline/Distance/Angle

/Trim/Method/mUltiple] : D → 거리를 지정하기 위해서 Distance의 단축키 "D"입력.

Specify first chamfer distance <10.0000>: 20 → 첫번째 Chamfer할 거리 값 20입력.

Specify first chamfer distance <20.0000>: 40 → 두번째 Chamfer할 거리 값 40입력.

Select first line or [Polyline/Distance/Angle/Trim/Method/mUltiple] :

→ ①번 선 선택. 첫번째 거리 값 20이 반영됩니다. [chamfer-1-1]

Select second line: → ②번 선 선택. 두번째 거리 값 40이 반영됩니다. [chamfer-1-2, 3]

왼쪽의 Chamfer를 해 보겠습니다, 치수가 다르게 표현되어 있습니다. C10이라는 말은 두 개의 거리값이 모두 10 이라는 뜻입니다.

Command: CHA

(TRIM mode) Current chamfer Dist1=20.0000,

Dist2= 40.0000

Select first line or[Polyline/Distance/Angle/Trim

/Method/mUltiple]: D → 거리를 지정하기 위해서

Distance의 단축키 "D"입력.

Specify first chamfer distance <20.0000>: 10

→ 첫번째 Chamfer할 거리 값 10입력.

Specify second chamfer distance <10.0000>: 10

→ 두번째 Chamfer할 거리 값 10입력.

Select first line or[Polyline/Distance/Angle/Trim

/Method/mUltiple]: → ①번 선 선택. [chamfer-1-4]

Select second line: → ②번 선 선택.

[chamfer-1-5], [chamfer-1-6]

100×100인 사각형을 그리겠습니다. [chamfer-2-1]

왼쪽 Chamfer부터 해 보겠습니다.

Command: CHA

(TRIM mode) Current chamfer Dist1=10.0000,

Dist2=10.0000

Select first line or [Polyline/Distance/Angle/Trim

/Method/mUltiple]: A → 각도를 입력하기 위해서

Angle단축키 "A"입력.

Specify chamfer length on the first line <10.0000>: 30

→ 거리 값 30입력.

Specify chamfer angle from the first line <10>: 45

→ 각도 값 45입력. 가끔 "<45"이렇게 입력하는 분들이 있습니다. 그냥 숫자로만 입력하면 됩니다.

Select first line or[Polyline/Distance/Angle/Trim

/Method/mUltiple]: → ①번 선 선택. 첫번째 거리 값 30

이 반영됩니다. [chamfer-2-2]

[chamfer-1-4]

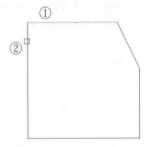

[chamfer-1-5]

[chamfer-1-6]

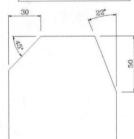

[chamfer-2-1]

[chamfer-2-2]

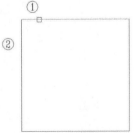

Select second line: → ②번 선 선택.

첫 번째 선으로부터 45도 각도로 지정.

[chamfer-2-3], [chamfer-2-4]

오른쪽을 Chamfer해 보겠습니다.

Command: CHA

(TRIM mode) Current chamfer Length =30.0000, Angle=45

Select first line or [Polyline/Distance/Angle/Trim /Method/mUltiple]: A → 각도를 입력하기 위해서 **Angle단축키 "A"입력.**

Specify chamfer length on the first line <30.0000>: 50 → 거리 값 50입력.

Specify chamfer angle from the first line <45>: 22 → 각도 값 22입력.

Select first line or [Polyline/Distance/Angle/Trim /Method/mUltiple]: → ①번 선 선택.

[chamfer-2-5]

Select second line: → ②번 선 선택.

[chamfer-2-6], [chamfer-2-7]

[chamfer-2-3]

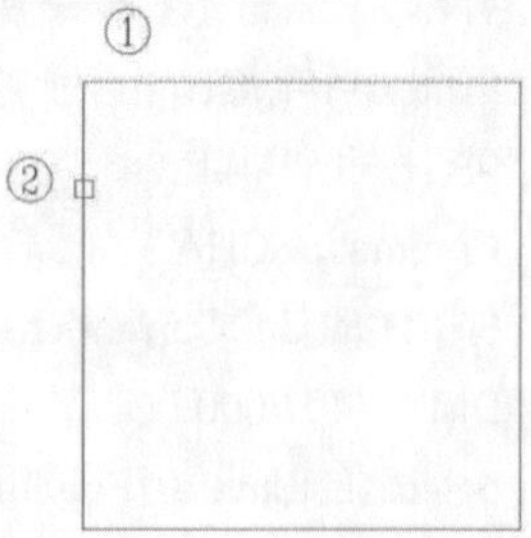

[chamfer-2-4]

[chamfer-2-5]

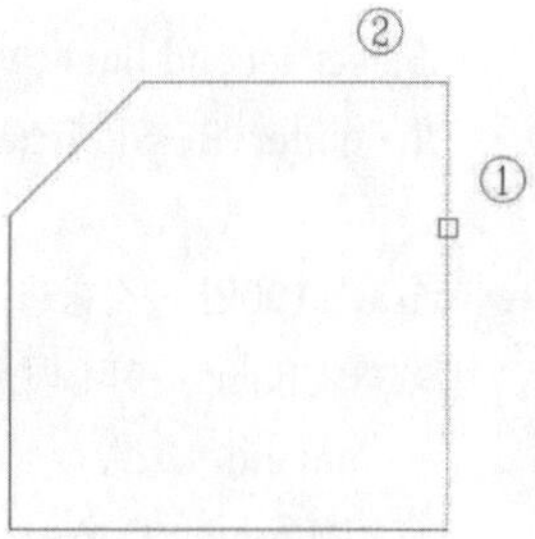

[chamfer-2-6]

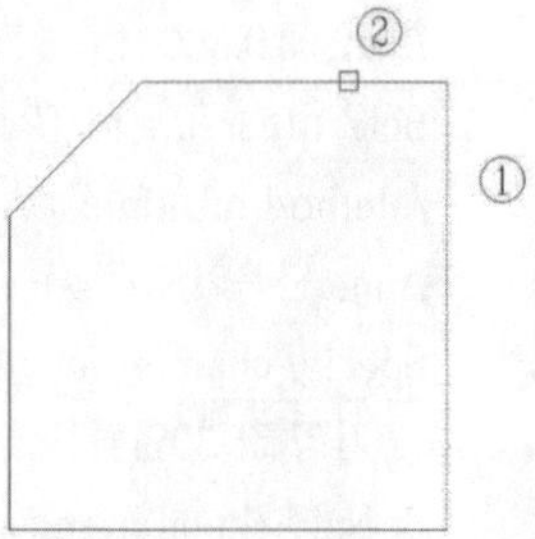

[chamfer-2-7]

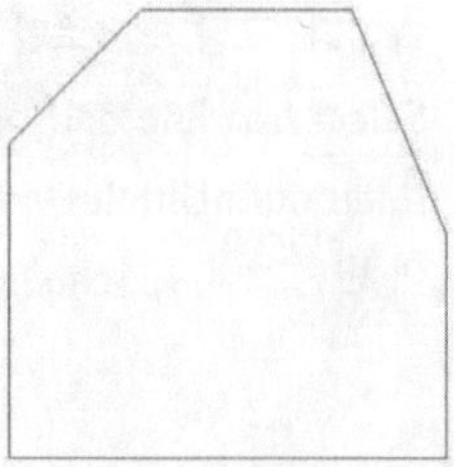

CAD 명령어로는 그리기 힘든 예제입니다.

기초적인 제도법을 응용하여 도면을 실습해 보겠습니다.

[chamfer-tip-1]

옆의 그림들은 모양이 Chamfer명령어를 사용하면 될 것
같아 보이지만. Chamfer명령어를 사용하여 그릴 수가 없
습니다. 두 그림 모두 대각선의 길이가 치수로 표기 되어
있습니다. Chamfer할 때는 대각선의 거리 값은 지정할 수
가 없기 때문이죠.

100×100인 사각형을 그리겠습니다. [chamfer-tip-2]
왼쪽 선을 60만큼 오른쪽으로 Offset 하겠습니다.

[chamfer-tip-3]

그림과 같이 체크한 곳을 중심으로 R90인 원을 그리겠습
니다. [chamfer-tip-4]

체크한 두 선을 연결하면 됩니다.

[chamfer-tip-5]

[chamfer-tip-1]

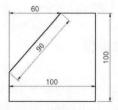 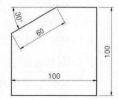

[chamfer-tip-2]

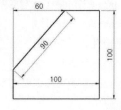 

[chamfer-tip-3]

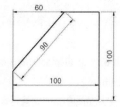 

[chamfer-tip-4]

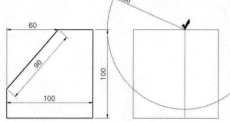

[chamfer-tip-5]

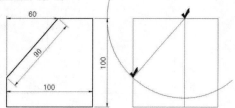

오른쪽 그림을 그려봅시다.

100×100인 사각형을 그리겠습니다.

[chamfer-tip-6]

선을 하나 그리겠습니다.

Command: L

Specify first point: → 시작점을 사각형 왼쪽 밑에 지정.

Specify next point or [Undo]: @60<30

→ 거리 60만큼 30도 방향으로 선을 그리겠습니다.

Specify next point or [Undo]: → 명령어 종료.

Enter키 입력. [chamfer-tip-7]

그려진 선을 이동시켜 보겠습니다.

Command: M

Select objects:1 found → 방금 그린 선을 선택하겠습니다. [chamfer-tip-8]

Select objects: → ENTER키 입력

Specify base point ordisplacement:

→ 그림과 같이 [Endpoint] 기준점을 지정하세요.

[chamfer-tip-9]

Specify second point of displacement or <use first point as displacement>:

→ 그림과 같이 [Perpendicular] 이동점을 지정해 주세요.

[chamfer-tip-10], [chamfer-tip-11]

[chamfer-tip-6]

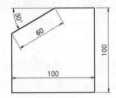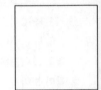

[chamfer-tip-7]

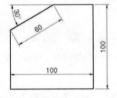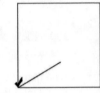

[chamfer-tip-8]

[chamfer-tip-9]

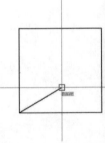

[chamfer-tip-10]

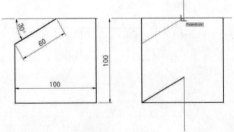

[chamfer-tip-11]

[연습문제-1]

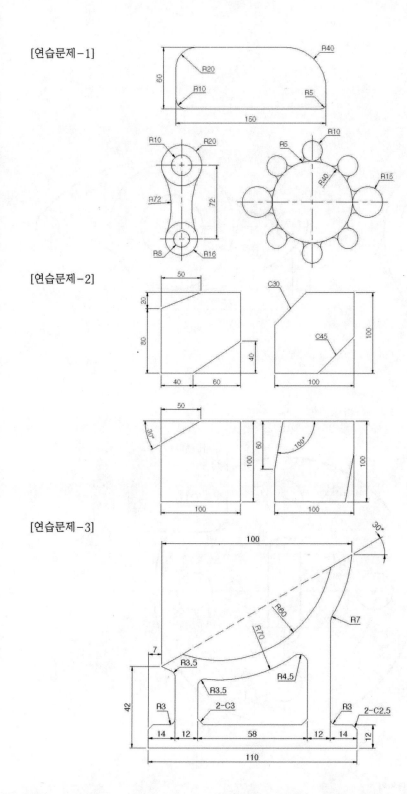

[연습문제-2]

[연습문제-3]

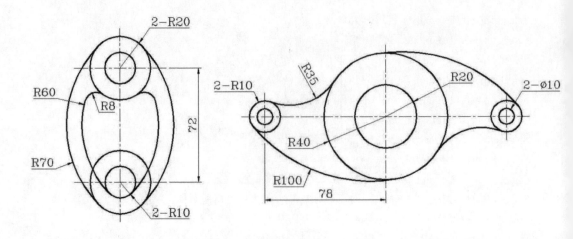

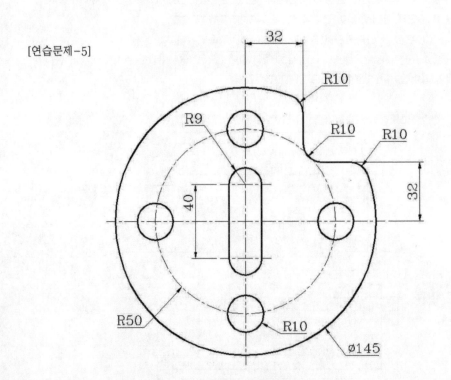

[연습문제-6]

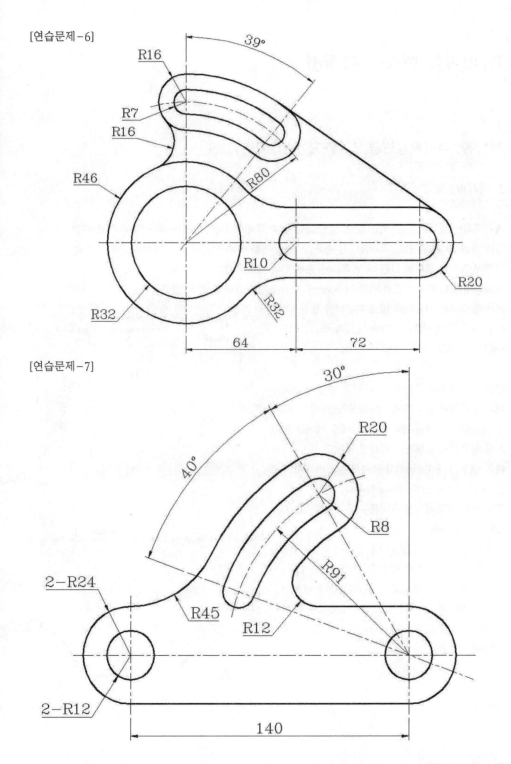

R16
R7
R16
R46
R80
R10
R32
R32
R20
39°
64
72

[연습문제-7]

30°
40°
R20
R8
R91
2-R24
R45
R12
2-R12
140

제11강
속성과 레이어 변경에 대해서

제11강. 객체속성변경, LAYER, PROPERTIES

1. 객체속성변경

여기에서는 그려진 Line, Circle, Arc, Ellipse 등의 객체에서 색상, 선 종류, 선의 두께를 변경하는 것을 배워보겠습니다. 색상, 선 종류, 선의 두께를 미리 지정해 놓고 객체를 그려도 되지만 일반적으로 객체를 그린 후 변경하는 경우가 더 많습니다.

객체속성을 변경하는 명령어에는 Change, Chprop, Properties 등의 명령어가 있지만 여기에서는 명령어를 사용하지 않고 화면위에 있는 객체 속성 상자를 이용해서 변경해 보도록 하겠습니다.
[객체속성상자]

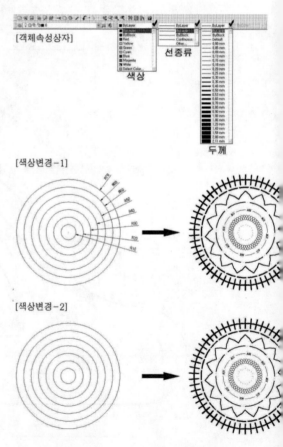

[객체속성상자]
선종류
색상
두께

변경하는 방식은 간단 합니다. 먼저 명령어 없이 변경할 객체를 선택하고, 객체속성 상자에서 변경할 항목을 선택해서 변경한 후 선택된 객체를 ESC 키를 입력해서 선택을 해제하면 됩니다.
흔히 변경한 후 Enter키를 입력하는데 반드시 변경한 후 ESC키를 입력하여야 합니다.
객체선택 → 객체속성 상자를 이용해서 변경 → ESC키를 이용해서 선택해제

[색상변경-1]

다음의 원들을 변경해 봅시다. [색상변경-1]
R10인 원을 하나 그리고 Offset명령을 이용해서 간격을 10으로 준 다음 원 밖으로 Offset을 해서 R70까지 원을 그리겠습니다.
[색상변경-2]

[색상변경-2]

색상부터 변경을 해 보겠습니다.

명령어 없이 R70인 원을 선택합니다.

[색상변경-3]

객체속성 상자의 색상 부분을 클릭하여 빨간색을
지정합니다.

[색상변경-4]

선택한 선이 빨간색으로 변경되었습니다.

ESC키를 입력해서 선택한 선을 해제합니다.

같은 방법으로 다른 원도 색상을 변경해 봅시다.

참고로 캐드에서 색상은 번호를 가지고 있습니다.

1번색상-빨간색(Red)

2번색상-노란색(Yellow)

3번색상-초록색(Green)

4번색상-하늘색(Cyan)

5번색상-파란색(Blue)

6번색상-선홍색(Magenta)

7번색상-흰색(White)

시험을 볼 때는 문제의 요구사항에서 "중심선은 초
록색으로 그리시오" 라고는 하지 않습니다.

"중심선은 3번 색상으로 그리시오"라고 하기 때문
에 이 점을 참고하기 바랍니다.

선의 두께를 변경해 보세요.

방법은 같습니다.

변경할 객체를 선택하고, 객체속성 상자의 선 두께
부분을 클릭한 후 0.5mm 선두께를 지정 하겠습니
다. [색상변경-5], [색상변경-6]

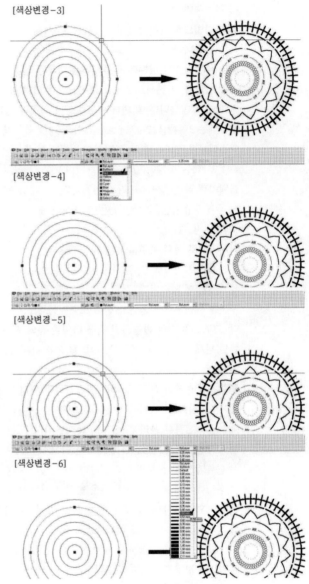

[색상변경-3]

[색상변경-4]

[색상변경-5]

[색상변경-6]

역시 변경한 후 ESC키 입력.

같은 방법으로 다른 선들도 다양한 선두께를 지정해 보겠습니다.

선의 두께를 변경했는데도 화면에는 아무런 변화가 없습니다. 기본적으로는 화면에서는 두께가 표현이 되지 않습니다. 화면에는 표현되지 않지만 출력시에는 표현됩니다. "난 화면에서 두께를 확인해야겠다!"라고 하는 분은 화면아래 상태버튼 중에서 LWT라는 버튼이 있을 것입니다. LWT버튼을 클릭하면 화면에서 두께가 표현됩니다. 이 때도 선의 두께가 0.3mm 이상인 선들만 표현이 됩니다.
[색상변경-7]

마지막으로 선의 종류를 변경해 보겠습니다.

기본적으로 파일을 Open하면 사용할 수 있는 선은 실선밖에 없습니다. 객체속성 상자의 선 종류 부분을 클릭하면 다양한 선들이 보이지를 않습니다. 그러므로 선을 변경하기 전에 다양한 선의 종류를 현재 파일로 불러들이는 작업을 먼저 해야 됩니다.

객체속성 상자의 선 종류 부분을 클릭하면 제일 아래에 Other(기타)라는 항목을 클릭하면 Linetype Manager(선종류 관리자) 상자가 나타납니다. 오른쪽 윗부분에 있는 Load를 클릭하면 다시 다양한 선 종류가 있는 상자가 나타납니다. [색상변경-8] 이 상자에서 사용할 선 종류들을 클릭하고(한 번에 여러 개의 선 종류를 선택할 때는 Ctrl키를 누른 채로 클릭하면 됩니다) OK버튼을 클릭하면 Linetype Manager 상자에 방금 선택한 선 종류들이 들어온 것을 확인 할 수 있습니다.
[색상변경-9], [색상변경-10]

[색상변경-7]

[색상변경-8]

[색상변경-9]

[색상변경-10]

Linetype Manager 상자에서도 OK버튼을 클릭하면 캐드화면으로 돌아옵니다.

이제 변경할 선을 선택을 하고, 객체속성 상자의 선 종류 부분을 클릭해서 원하는 선 종류를 지정하면 선택한 선이 변경됩니다. 역시 변경 후에는 ESC키를 입력해서 선택을 해제하세요.

[색상변경-11], [색상변경-12]

선의 조밀도는 LTS(Line Type Scale)명령어로 조절을 할 수 있습니다. LTS는 선을 지정해서 조밀도를 변경할 수는 없습니다. 화면 전체의 모든 선의 조밀도를 변경합니다.

그려진 그림에서 LTS명령어를 적용시켜 보죠.

Command: LTS → LTS명령어 입력.

Enter new linetype scale factor <1.0000>: 0.5 → 기본 값은 1입니다. 1이하의 값을 입력하면 선의 조밀도가 작아지고, 1이상의 값을 주면 조밀도가 커집니다.

Regenerating model.

명령: LTS

새로운 선 종류 축척 비율 입력 <1.0000>:0.5

모형 재생성 중.

[lts-1], [lts-2], [lts-3]

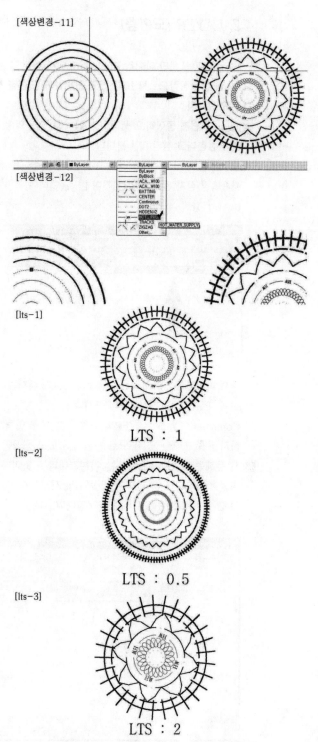

[색상변경-11]

[색상변경-12]

[lts-1]

[lts-2]

LTS : 1

[lts-3]

LTS : 0.5

LTS : 2

2. LAYER (도면층)

Layer는 캐드뿐만 아니라 Photoshop이나 기타 다른 프로그램에도 사용이 되는 개념입니다.
Layer를 생성함으로써 보다 쉽고 간편하게 도면을 관리할 수 있고, 객체의 속성을 편리하게 변경할
수 있습니다.
Layer는 쉽게 종이라고 생각하면 됩니다. 캐드의 화면은 하나지만 캐드 상에 여러 개의 투명한 종이
를 생성한다고 생각하면 됩니다.
생성한 종이마다 이름을 붙이고 색상, 선 종류, 선 두께를 지정하는 것입니다.
객체속성 상자 왼쪽에 있는 것이 Layer입니다.

[layer-1-1]

현재 파일에는 "0" 이라는 이름의 Layer가 존재합니다.
이제 새로운 Layer을 만들어 봅시다.
Command: LA → **LAYER의 단축키 "LA"를 입력하면 Layer 상자가 나타납니다.**
상자를 보면 이름이 "0"으로 지정되어 있고 색상은 White(흰색)로, 선 종류는 Continuous(실선)으로,
선 두께는 Default(Default는 기본값이라는 뜻인데 두께를 지정하지 않는 이상 기본값인 0.25mm로
지정이 됩니다)로 지정되어 있습니다. 지금까지 우리는 이 "0"이라는 종이 위에서 흰색, 실선0.25mm
인 선 두께로 그림을 그려왔던 것입니다.

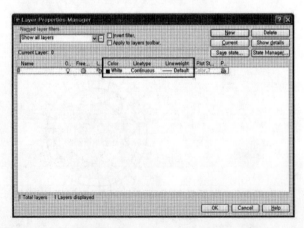

상자의 오른쪽 윗 부분에 NEW버튼을 클릭하면
새로운 Layer가 생성됩니다. [layer-1-3]
이름을 "Model" 으로 입력하겠습니다.
[layer-1-4]
다시 NEW버튼을 클릭하면 새로운 Layer가
생성됩니다. 이름은 "Center"로 입력하겠습니다.
[layer-1-5]
다시 NEW버튼을 클릭하면 새로운 Layer가
생성됩니다. 이름은 "Hidden"로 입력하겠습니다.
[layer-1-6]
이제 생성된 각 Layer에 색상을 지정해 보겠습니
다.
Model Layer의 색상부분 White(흰색)를 클릭하겠
습니다. [layer-1-7]
색상 상자가 나타납니다. 색상에서 노란색을 클릭
해도 되고, Color에서 숫자2를 입력해도 됩니다.
[layer-1-8]

[layer-1-3]

[layer-1-4]

[layer-1-5]

[layer-1-6]

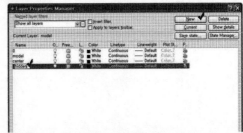

[layer-1-7]

[layer-1-8]

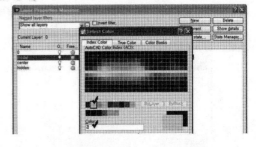

Model Layer의 색상이 노란색으로 변경되는 것을
확인할 수 있습니다. [layer-1-9]
Center Layer의 색상부분 White(흰색)를 클릭하겠
습니다. [layer-1-10]
색상 상자가 나타납니다. 색상에서 초록색을 클릭
해도 되고, Color에서 숫자3를 입력해도 됩니다.
[layer-1-11]
Center Layer의 색상이 초록색으로 변경되는 것을
확인할 수 있습니다. [layer-1-12]
Hidden Layer의 색상부분 White(흰색)를 클릭하
겠습니다. [layer-1-13]
색상 상자가 나타납니다. 색상에서 하늘색을 클릭
해도 되고, Color에서 숫자 4를 입력해도 됩니다.
[layer-1-14]

[layer-1-9]

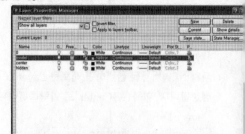

[layer-1-10]

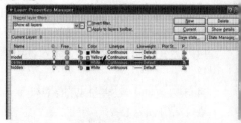

[layer-1-11]

[layer-1-12]

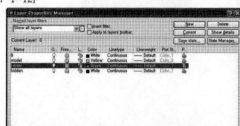

[layer-1-13]

[layer-1-14]

Hidden Layer의 색상이 하늘색으로 변경되는 것을 확인할 수 있습니다. [layer-1-15]

이제 각 Layer마다 선의 종류를 지정해야 되는데, Model Layer는 우리가 지금까지 그려왔던 일반적이 선이므로 선 종류를 변경할 필요는 없습니다. Center, Hidden Layer만 선의 종류를 변경해 보겠습니다.

Center Layer의 Continuous(실선)를 클릭하겠습니다. [layer-1-16]

선 종류 제어 상자가 나타납니다. 여기서도 역시 이 파일에서 사용할 선을 불러와야 됩니다. Load 버튼을 클릭하겠습니다. [layer-1-17]

선 종류 상자가 나타납니다.

이 상자에서 "Center"라는 이름의 선을 선택합니다. 선택하고 OK버튼! [layer-1-18]

필요한 선을 불러 왔습니다. 여기에서 다시 불러온 "Center"선을 클릭하고 OK버튼을 클릭해야 Center Layer에 "Center"선이 지정이 됩니다. [layer-1-19], [layer-1-20]

[layer-1-15]

[layer-1-16]

[layer-1-17]

[layer-1-18]
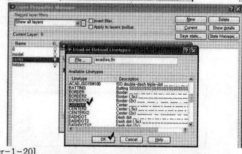

[layer-1-19]
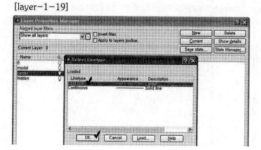

[layer-1-20]

같은 방법으로 Hidden Layer에도 선의 종류를
지정해 봅시다.

Hidden Layer의 Continuous(실선)를 클릭.

[layer-1-21]

선 종류 제어 상자가 나타납니다.

Load버튼을 클릭. [layer-1-22]

선 종류 상자가 나타납니다. 이 상자에서
"HiddenX2"라는 이름의 선을 선택합니다.

선택하고 OK버튼! [layer-1-23]

여기에서 다시 불러온 "HiddenX2"선을 클릭하고
OK버튼을 클릭해야 Hidden Layer에 "HiddenX2"
선이 지정이 됩니다.

[layer-1-24]

이제 선의 두께만 지정을 하면 됩니다.

Model Layer의 선두께에 해당하는 Default를 클
릭하고 0.5mm를 지정합니다.

[layer-1-25], [layer-1-26]

선두께가 변경되었습니다.

[layer-1-27]

[layer-1-21]

[layer-1-22]

[layer-1-23]

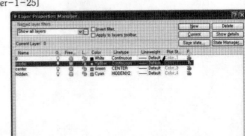

[layer-1-24]

[layer-1-26]

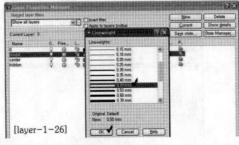

[layer-1-25]

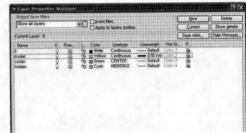

[layer-1-27]

같은 방식으로 Center Layer에는 0.05mm를 지정하고, Hidden Layer에는 0.2mm를 지정합니다.
[layer-1-28]
마지막으로 OK버튼을 클릭하면 됩니다.
참고로 Model Layer는 지금까지 우리가 그려온 선들을 그릴 Layer이고, Center Layer는 지금까지는 그리지 않았지만 도면에 그려진 중심선을 그릴 Layer입니다. Hidden Layer는 가상선 또는 숨은 선을 그릴 Layer입니다. 앞으로 도면을 그릴 때는 무조건 이 Layer들을 생성한 후 치수를 뺀 나머지 선들을 모두 그려주기 바랍니다.
이제 생성한 Layer을 이용해서 그림을 그려보죠.
먼저 0 Layer에서는 그림을 그리지 않습니다.
Layer 제어창을 클릭하여 Model Layer를 클릭합니다. 그러면 지금부터 Model Layer에서 그림을 그린다는 뜻입니다.
[layer-1-29]
모든 선은 Model Layer에서 생성합니다.
Model Layer로 그린 후 그때 마다 선택을 해서 다른 Layer로 변경하면 됩니다.

[layer-1-28]

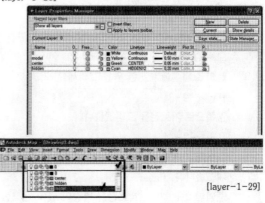

[layer-1-29]

다음의 그림을 그려봅시다.

[layer-2-1]

일단 가로, 세로선을 그리고. 세로선을 81만큼 옆으로 Offset하겠습니다. [layer-2-2]

선의 교차점에 R25인 원을 그리세요.

[layer-2-3]

양쪽으로 가로선을 그리겠습니다.

[layer-2-4]

Trim을 이용해서 그림과 같이 불필요한 선을 잘라내겠습니다. [layer-2-5]

중앙에 있는 가로, 세로선을 명령어 없이 선택합니다. [layer-2-6]

Layer 제어 창에서 Center Layer를 클릭하면 선택된 선들이 Center Layer로 변경됩니다.

[layer-2-7], [layer-2-8]

[layer-2-1]

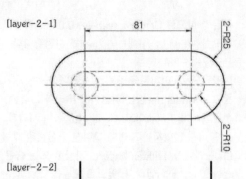

[layer-2-2]

[layer-2-3]

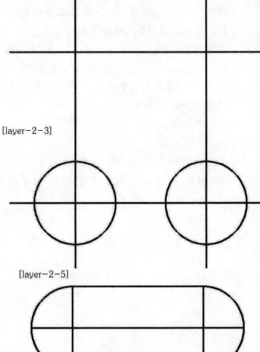

[layer-2-4]

[layer-2-5]

[layer-2-6]

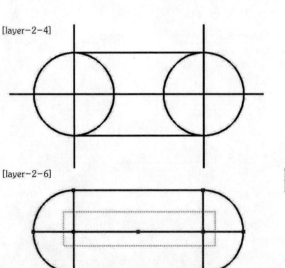

[layer-2-7]

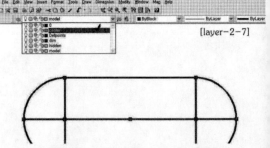

다시 선의 교차점에서 R10인 원을 그리겠습니다.
[layer-2-9]
양쪽으로 가로선을 그리겠습니다.
[layer-2-10]
중앙에 그려진 원과 선을 명령어 없이 선택하겠습니다. [layer-2-11]
Layer 제어 창에서 Hidden Layer를 클릭하면 선택된 선들이 Hidden Layer로 변경됩니다.
[layer-2-12], [layer-2-13]
선이 짧은 관계로 Center와 Hidden Layer가 잘 표현이 안됩니다.
LTS 명령어를 이용해서 선의 조밀도를 조절해 봅시다.

Command: LTS → LTS실행

Enter new linetype scale factor <1.0000>:
0.3 → Scale값 0.3입력
[layer-2-14]

[layer-2-8]

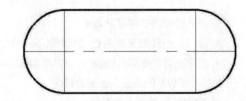

[layer-2-9]

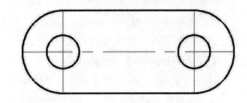

[layer-2-10]

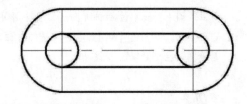

[layer-2-11]

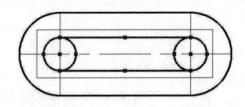

[layer-2-12]

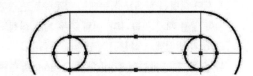

[layer-2-13]

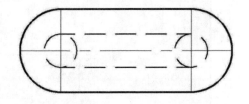

[layer-2-14]

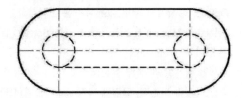

각각의 Layer에 보면 전구, 태양, 자물쇠 모양의 그림들이 있습니다.

이 아이콘들은 각각의 Layer들을 제어하는 아이콘입니다.

1) 전구(ON/OFF 기본값:ON) :

A라는 Layer의 전구를 한번 클릭하면 전구가 OFF됩니다.

이 상태는 화면에서 A Layer는 보이지 않습니다. 단 보이지만 않는 것이지 생성은 됩니다.

보이지는 않지만 그릴수는 있습니다.

2) 태양(동결/해동 기본값:해동) :

A라는 Layer의 태양을 한번 클릭하면 태양이 눈결정 모양으로 됩니다.

동결이 된 상태입니다. 동결이 되면 A Layer는 현재 파일에서 잠시 빼두는 것입니다.

용량을 잠시나마 줄이는 것이죠. 그러므로 화면에서 보이지 않을 뿐만 아니라 생성도 편집도 되지

않습니다. 그리고 현재 기본이 되는 Layer는 동결이 되지 않습니다.

3) 자물쇠(잠금/해제 기본값:해제):

A라는 Layer의 자물쇠를 클릭하면 자물쇠가 잠깁니다.

잠금 상태가 되면 A Layer는 화면에는 보이고 생성도 됩니다. 단 편집이 되지 않습니다.

예를 들어 화면의 A Layer만 남기고 모두 삭제를 할 것입니다. 그러면 A Layer를 잠그고 화면의 모든

객체를 선택해서 삭제를 하면 A Layer의 객체는 삭제가 되지 않습니다.

참고로 각 Layer의 끝 부분에 Print모양의 아이콘이 있습니다. 이 아이콘을 클릭하면 Print 모양에 빨

간 빗금이 그려지면서 이 Layer은 화면에는 보이
지만 출력은 안된다는 것입니다.

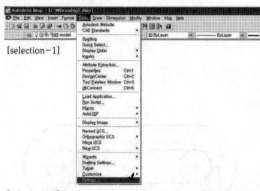

[selection-1]

※TIP※

객체 선택 후 선의 속성이라든지 Layer가 변경되지
않을 경우가 있습니다.

객체의 속성을 변경하기 위해서 우린 명령어 입력 없
이 객체를 선택 후 변경할 속성을 지정합니다.

하지만 이렇게 실행을 했는데도 불구하고 변경이 되
지를 않을 때가 있습니다. 이런 경우 캐드 실행도중
Error가 발생해서 설정값이 변경이 되어서 그렇습니
다. 이럴 때는 메뉴의 **Tools**에서 **Options**를 **선택합니**
다. [selection-1]

Options 상자에서 Selection 메뉴를 선택하고,
Selection Mode에서 Noun/verb selection을 체크하
면 됩니다. [selection-2]

객체를 삭제할 때 객체를 선택하고 Delete키를 입력
해도 삭제가 되는데, 그렇게 되지 않을 때 위의 방법
으로 수정하면 됩니다.

[selection-2]

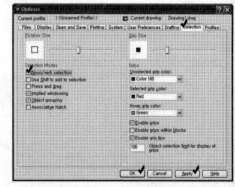

3. PROPERTIES (객체속성 대화상자)

앞서 Circle명령어를 배울 때 언급을 한 적이 있습니다. Properties는 캐드에서 생성되는 모든 객체의 속성을 조회 할 수도 있지만 변경도 할 수 있습니다. 앞서 배운 색상, 선 종류, 선 두께, Layer와 LTS는 화면의 모든 선의 조밀도를 변경 할 수 있지만 Properties를 이용하면 선택한 객체만 LTS를 변경 할 수 있습니다.

Properties의 단축키는 "CH", "MO", "Ctrl+1" 이 있습니다.

여기서는 간단하게 설명해 보겠습니다.

여러 종류의 반지름으로 원을 여러 개 대충 그려보세요. 선도 대충 여러 개 그려 보겠습니다.

[properties-1]

그려진 모든 원의 반지름을 Properties를 이용해서 R100으로 변경해 보겠습니다.

원만 선택하기가 어려우니 모든 선과 원을 명령어 없이 선택하겠습니다. [properties-2]

선택한 후 명령어 행에 CH, MO, Ctrl+1 중 아무거나 하나를 입력하면 Properties 상자가 나타납니다. [properties-3]

Properties 상자에는 Line과 Circle의 특성이 같은 부분만 나타납니다. Circle의 특성만 나타나게 하기 위해서 상자 윗부분의 객체 선택에서 Circle을 클릭합니다. [properties-4]

[properties-1]

[properties-2]

[properties-3]

[properties-4]

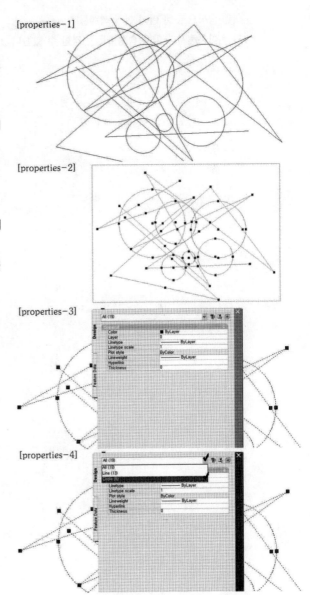

이제 Properties 상자에는 원의 특성만이 나타납니다. 원의 특성 중에서 Radius(반지름)부분을 클릭하셔서 100을 입력합니다. 입력 후 Enter키 입력. Properties 상자를 OFF 하겠습니다.

[properties-5]

[properties-5]

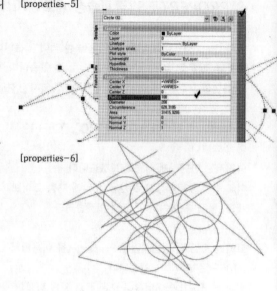

화면의 모든 Circle이 R100으로 변경되었습니다.

[properties-6]

이런 방식으로 한 번에 여러 객체를 Properties 상자를 이용해서 다양한 속성들을 변경할 수 있습니다.

[properties-6]

[연습문제-1]

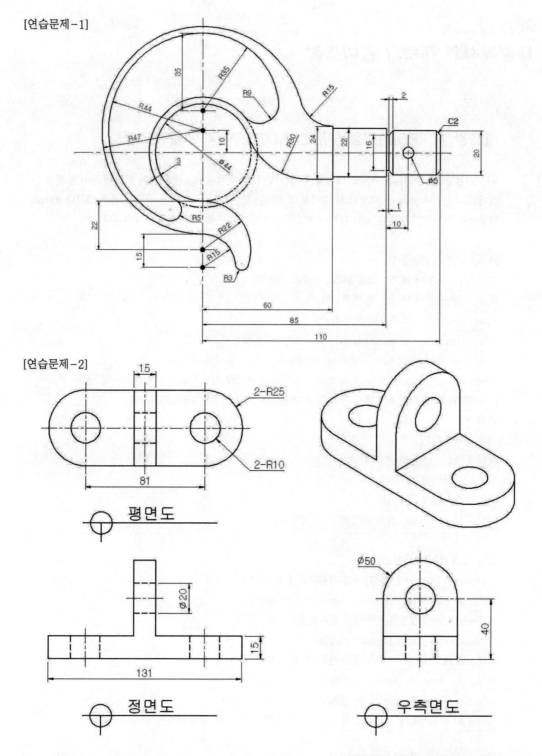

[연습문제-2]

평면도

정면도

우측면도

제12강
대칭복사와 객체의 길이조절

제12강. MIRROR (대칭복사), LENGTHEN (객체 길이 조정)

Mirror 명령어는 복사 할 객체와 대칭축이 되는 두 점을 지정함으로서 대칭이 되도록 복사를 하는 명령어입니다. Lengthen은 객체의 선 길이를 조절하는 명령어입니다. 여러 가지 옵션이 있지만 Extend 명령어를 이용해서 해결이 되는 명령어이므로 여기서는 간단하게 설명을 하겠습니다.

Mirror 명령어 진행순서.
Command: MI → **MIRROR명령어의 단축키 "MI"입력.**
Select objects: → Mirror 할 객체선택.
Select objects: → 객체선택 후 Enter키 입력.
Specify first point of mirror line: → 대칭선이 되는 첫번째 점 지정.
Specify second point of mirror line: → 대칭선이 되는 두번째 점 지정.
Delete source objects? [Yes/No] <N>: → 선택한 객체를 삭제하고 Mirror를 할려면 "Y"입력 후 Enter키 입력. 선택한 객체를 그대로 두고 Mirror를 하려면 그냥 Enter키 입력.
명령: MI
객체 선택:
객체 선택:
대칭선의 첫번째 점 지정:
대칭선의 두번째 점 지정:
원시 객체를 삭제합니까? [예(Y)/아니오(N)] <N>

Lengthen 명령어 진행순서.
Command: LEN → **LENGTHEN명령어의 단축키 "LEN"입력.**
Select an object or [DElta/Percent/Total/DYnamic]: DE
→ Delta 옵션을 실행하기 위해서 단축키 DE입력.
Enter delta length or [Angle] <0.0000>:
→연장할 길이 값 입력. 양의 값은 늘리기, 음의 값은 줄이기.
Select an object to change or [Undo]: → 연장할 객체선택.
Select an object to change or [Undo]: → 연장할 객체선택.
Select an object to change or [Undo]: → 연장할 객체선택. 종료할려면 Enter키 입력.

명령: LEN

객체 선택 또는 [증분(DE)/퍼센트(P)/합계(T)/동적 (DY)] : DE

증분 길이 입력 또는 [각도(A)] <0.0000>:

변경할 객체 선택 또는 [명령 취소(U)] :

변경할 객체 선택 또는 [명령 취소(U)] :

변경할 객체 선택 또는 [명령 취소(U)] :

다음의 그림을 그려봅시다. [mirror-1-1]

사각형을 그리고 네 등분 한 다음, 왼쪽 위에 별을 그리겠습니다. [mirror-1-2]

Mirror 명령어 실행.

Command: MI

Select objects: → 별만 선택하겠습니다.

[mirror-1-3]

Select objects: → 객체선택 후 Enter키 입력.

Specify first point of mirror line:

→ 대칭선이 되는 첫번째 점 지정.

[mirror-1-4]

Specify second point of mirror line:

→ 대칭선이 되는 두번째 점 지정.

[mirror-1-5]

Delete source objects? [Yes/No] <N>:

→ Enter키 입력. [mirror-1-6]

[mirror-1-1]

[mirror-1-2]

[mirror-1-3]

[mirror-1-4]

[mirror-1-5]

[mirror-1-6]

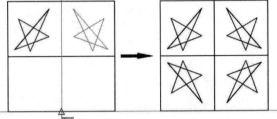

다시 Mirror 명령어를 실행해서 아래로
대칭 복사를 해봅시다.

Command: MI

Select objects: → 별 두개를 선택하겠습니다.

[mirror-1-7]

Select objects: → 객체선택 후 Enter키 입력.

Specify first point of mirror line:
→ 대칭선이 되는 첫번째 점 지정.

[mirror-1-8]

Specify second point of mirror line:
→ 대칭선이 되는 두번째 점 지정.

[mirror-1-9]

Delete source objects? [Yes/No] <N>:
→ Enter키 입력. [mirror-1-10]

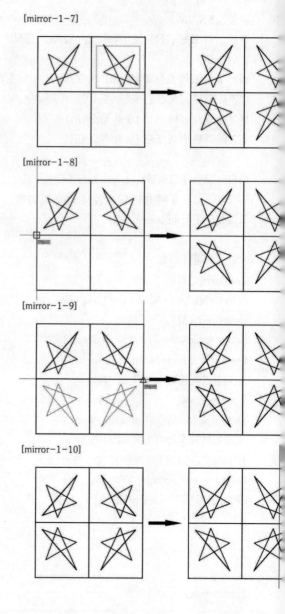

[mirror-1-7]

[mirror-1-8]

[mirror-1-9]

[mirror-1-10]

다음의 그림을 그려봅시다. [mirror-2-1]
그림과 같이 전체 그림의 1/4인 왼쪽 윗부분을 그
리겠습니다. Layer에 맞추어서 중심선도 그리겠습
니다. [mirror-2-2]

Mirror 명령어 실행

Command: MI

Select objects: → 제일 오른쪽의 수직 중심선을
빼 나머지 객체들만 선택하겠습니다.

수직 중심선도 선택을 하면 Mirror를 한 후 선이
두 개가 겹쳐지게 됩니다. [mirror-2-3]

Select objects: → 객체선택 후 Enter키 입력.

Specify first point of mirror line:
→ 대칭선이 되는 첫번째 점 지정.

[mirror-2-4]

Specify second point of mirror line:
→ 대칭선이 되는 두번째 점 지정.

[mirror-2-5]

Delete source objects? [Yes/No] <N>:
→ Enter키 입력. [mirror-2-6]

[mirror-2-1]

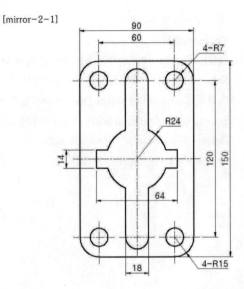

[mirror-2-2]

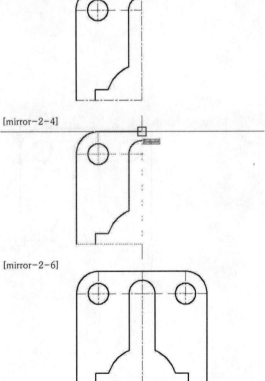

[mirror-2-3]

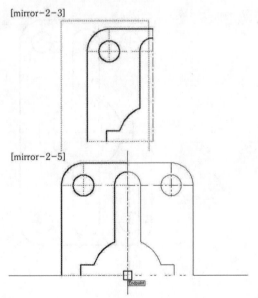

[mirror-2-4]

[mirror-2-5]

[mirror-2-6]

다시 Mirror 명령어 실행.

Command: MI

Select objects: → 아래쪽의 수평 중심선을 뺀 나머지 객체들만 선택합니다. [mirror-2-7]

Select objects: → 객체선택 후 Enter키 입력.

Specify first point of mirror line: → 대칭선이 되는 첫번째 점 지정. [mirror-2-8]

Specify second point of mirror line: → 대칭선이 되는 두번째 점 지정. [mirror-2-9]

Delete source objects? [Yes/No] <N>:

→ Enter키 입력. [mirror-2-10]

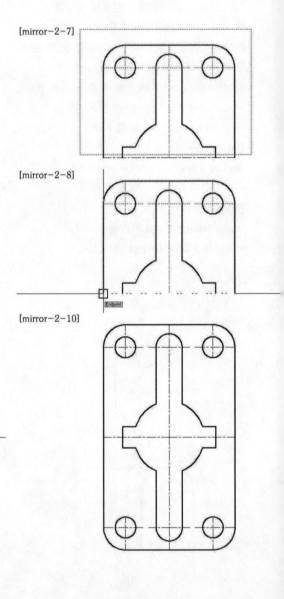

[mirror-2-7]

[mirror-2-8]

[mirror-2-9]

[mirror-2-10]

이제 Lengthen 명령어를 이용해서 중심선을 조금 씩 연장시켜 보겠습니다. 시험을 볼 때와 실무에서 의 대부분의 도면에서는 중심선을 약간씩 돌출시 킵니다.

[mirror-2-11]

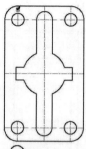

Lengthen 명령어실행.

Command: LEN

Select an object or [DElta/Percent/Total /DYnamic]: DE → **Delta 옵션을 실행하기 위해서 단축키 "DE"입력.**

[mirror-2-12]

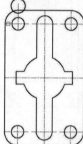

Enter delta length or [Angle] <0.0000>: 7 → 7만큼 돌출시키기 위해서 돌출길이 값 7입력.

Select an object to change or [Undo]: → 중심선의 정확하게 끝부분을 선택하지 않아도 됩니다. 각 각의 선의 중간부분에서 오른쪽 부분을 클릭하면 오른쪽으로 7만큼 늘어나고, 왼쪽 부분을 클릭하면 왼쪽으로 늘어납니다.

[mirror-2-11], [mirror-2-12]

Select an object to change or [Undo]: → 체크한 부분을 모두 클릭하겠습니다.

[mirror-2-13]

Select an object to change or [Undo]: → 연장할 객체선택. 종료할려면 Enter키 입력.

[mirror-2-14]

[mirror-2-13]

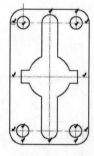

이제부터 도면을 그릴 때는 각 각의 Layer에 맞추 어 그리는 것은 기본입니다. 중심선도 약간씩 돌출 을 하기 바랍니다.

[mirror-2-14]

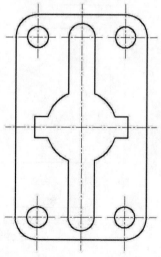

[연습문제-1]

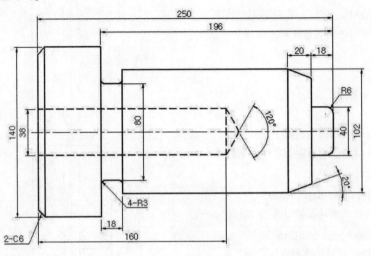

[연습문제-2]

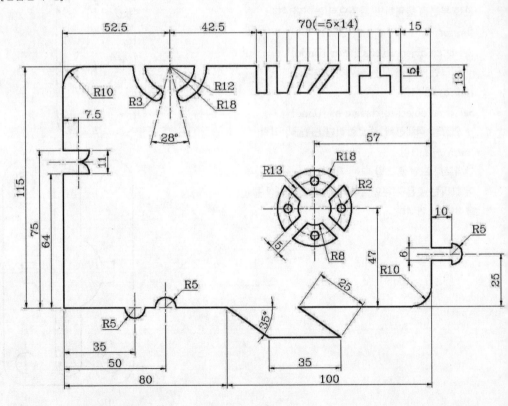

[연습문제-3]

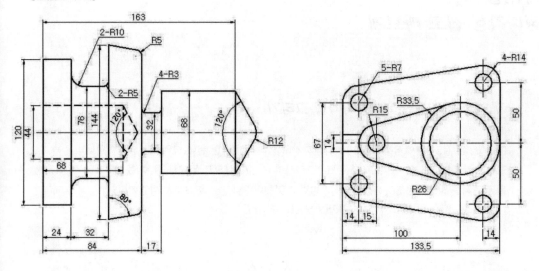

[연습문제-4]

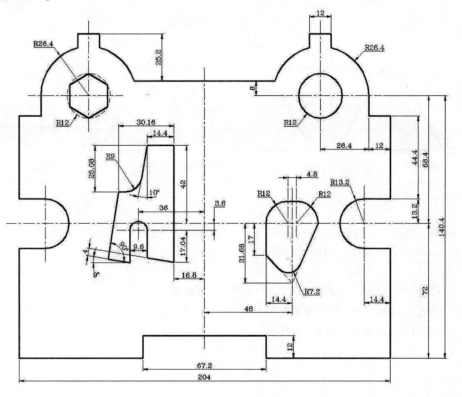

제13강
정다각형 쉽고 빠르게

제13강. POLYGON (정다각형 그리기)

Polygon은 정3각형에서부터 정1024각형까지의 정다각형을 한 번에 그려주는 명령어입니다.
그려진 객체는 Line이 아니고 Pline으로 그려지며 Pedit명령으로 두께도 줄 수 있습니다.
원을 그리는 방법에는 3P, 2P, Ttr 등의 방법이 있듯이 Polygon을 그리는 방법에도
내접(I), 외접(C), 변(E) 의 세 가지 방법으로 그려집니다.

[polygon의 정의]

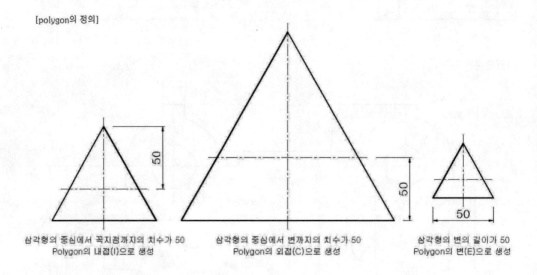

삼각형의 중심에서 꼭지점까지의 치수가 50
Polygon의 내접(I)으로 생성

삼각형의 중심에서 변까지의 치수가 50
Polygon의 외접(C)으로 생성

삼각형의 변의 길이가 50
Polygon의 변(E)으로 생성

도면을 그리는 중에 Polygon이 나왔다면 일단은 Polygon의 치수가 어디부터 어디까지 치수가 있는
지를 보고 세 방법 중에서 하나를 선택하면 됩니다.

1) 내접(I): Polygon의 중심에서 꼭지점까지의 치수가 있을 때
2) 외접(C)): Polygon의 중심에서 변까지의 치수가 있을 때
3) 변(E): Polygon의 변의 치수가 있을 때

1) 내접(I)으로 그리기

명령어 진행순서

Command: POL → **Polygon의 단축키 "POL"** 입력.

Enter number of sides <3>: → 몇 각형을 그릴지 입력.

Specify center of polygon or [Edge]: → Polygon의
중심점 지정.

Enter an option [Inscribed in circle/Circumscribed
about circle] <I>: I → 내접으로 그리기 위해서
Inscribed in circle의 단축키 "I" 입력.

Specify radius of circle: → Polygon의 꼭지점이 되는 점
지정.

명령: POL

변의 수 입력 <3>:

다각형의 중심을 지정 또는 [모서리(E)]:

옵션을 입력 [원에 내접(I)/원에 외접(C)] <I>: I

원의 반지름 지정:

다음의 그림을 그려봅시다. [내접-1]

항상 Polygon을 그릴 때는 중심선을 먼저 그리고 난 후,
Polygon을 그리는 연습을 하십시오. [내접-2]

앞서 그린 중심선이 교차하는 점에서 치수만큼 반지름으로
원을 하나 그리고. 꼭 원을 그리세요.

여기서는 R50인 원을 그리세요. [내접-3]

Polygon명령어 실행.

Command: POL

Enter number of sides <6>: 3 → 3각형을 그리므로 3입력.

Specify center of polygon or [Edge]:
→ 앞서 그리신 중심선의 교차점을 지정. [내접-4]

Enter an option [Inscribed in circle/Circumscribed
about circle] <I>: I → Inscribed in circle의 단축키 입력.

Specify radius of circle: → 마우스가 삼각형의 꼭지점에
붙어 있는 것을 확인 할수 있을 것입니다. 이 때는 주어진
Polygon에 맞게 원의 사분점 중에 하나를 지정하면 됩니
다. 여기서는 위쪽 사분점을 지정하면 됩니다.

[내접-5], [내접-6]

[내접-1]

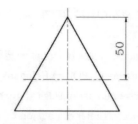

삼각형의 중심에서 꼭지점까지의 치수가 50
Polygon의 내접(I)으로 생성

[내접-2]

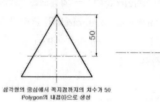

삼각형의 중심에서 꼭지점까지의 치수가 50
Polygon의 내접(I)으로 생성

[내접-3]

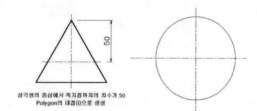

삼각형의 중심에서 꼭지점까지의 치수가 50
Polygon의 내접(I)으로 생성

[내접-4]

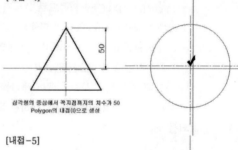

삼각형의 중심에서 꼭지점까지의 치수가 50
Polygon의 내접(I)으로 생성

[내접-5]

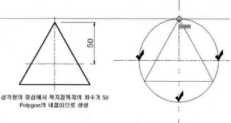

삼각형의 중심에서 꼭지점까지의 치수가 50
Polygon의 내접(I)으로 생성

2) 외접(C)으로 그리기

Specify radius of circle: → 명령어 진행순서
Command: POL → Polygon의 단축키 "POL"입력.
Enter number of sides <3>: → 몇 각형을 그릴지 입력.
Specify center of polygon or [Edge]:
→ Polygon의 중심점 지정.
Enter an option [Inscribed in circle/Circumscribed about circle] <I>: C → 외접으로 그리기 위해서
Circumscribed about circle의 단축키 "C"입력.
Specify radius of circle: → Polygon의 변의 중간점이 되는 점 지정.

다음 그림을 그려봅시다. [외접-1]
역시 중심선을 먼저 그리세요. [외접-2]
중심선의 교차점에 R50인 원을 그리세요. [외접-3]
Polygon명령어 실행.
Command: POL
Enter number of sides <3>: 3 → 3각형을 그리므로 3입력.
Specify center of polygon or [Edge]:
→ 앞서 그린 중심선의 교차점을 지정. [외접-4]
Enter an option [Inscribed in circle/Circumscribed about circle] <I>: C → 외접으로 그리기 위해서
Circumscribed about circle의 단축키 "C"입력.
Specify radius of circle: → 마우스가 변의 중간점에 붙어 있는 것을 확인 할 수 있을 것입니다. 이 때는 주어진 Polygon에 맞게 원의 사분점 중에 하나를 지정하면 됩니다. 여기서는 아래쪽 사분점을 지정하면 됩니다.
[외접-5], [외접-6]

[내접-6]

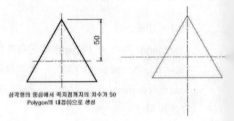

삼각형의 중심에서 꼭지점까지의 치수가 50
Polygon의 내접(I)으로 생성

[외접-1]

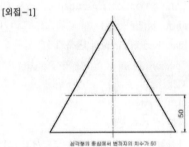

삼각형의 중심에서 변까지의 치수가 50

[외접-2]

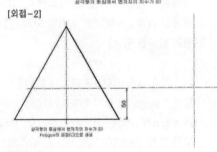

삼각형의 중심에서 변까지의 치수가 50
Polygon의 외접(C)으로 생성

[외접-3]

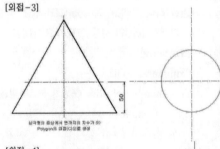

삼각형의 중심에서 변까지의 치수가 50
Polygon의 외접(C)으로 생성

[외접-4]

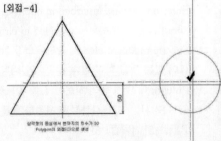

삼각형의 중심에서 변까지의 치수가 50
Polygon의 외접(C)으로 생성

3) 변(E)으로 그리기.

명령어 진행순서.

Command: POL → **Polygon의 단축키 "POL"입력.**

Enter number of sides <3>: 3 → 몇 각형을 그릴지 입력.

Specify center of polygon or [Edge] : E

→ **변으로 그리기 위해 Edge의 단축키 "E"입력.**

Specify first endpoint of edge:

→ 변의 첫번째 점 지정.

Specify second endpoint of edge:

→ 변의 두번째 점을 지정하면 됩니다.

이 때 그려지는 방향 쪽으로 마우스의 방향을 지정하고 변의 치수만큼 숫자를 입력하면 됩니다.

명령: POL

변의 수 입력 <3>: 3

다각형의 중심을 지정 또는 [모서리(E)] : E

모서리의 첫번째 끝점 지정:

모서리의 두번째 끝점 지정:

다음의 그림을 그려봅시다. [변-1]

중심선을 그리세요. [변-2]

변으로 그릴 때는 처음부터 중심점에 맞추어서 그릴 수가 없습니다. 다른 곳에 그리고 난 후에 중심점에 맞추어 이동해서 완성을 하겠습니다.

Polygon명령어 실행.

Command: POL

Enter number of sides <3>: 3 → 3각형을 그리므로 3입력.

Specify center of polygon or [Edge] : E

→ 변으로 그리기 위해서 Edge의 단축키 "E"입력.

Specify first endpoint of edge:

→ 화면의 임의의 점을 지정합니다. [변-3]

[외접-5]

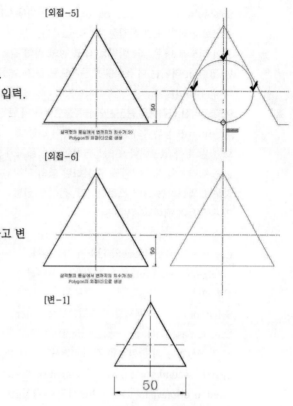

삼각형의 몸실에서 변까지의 치수가 50
Polygon의 외접(I)으로 생성

[외접-6]

삼각형의 몸실에서 변까지의 치수가 50
Polygon의 외접(I)으로 생성

[변-1]

삼각형의 변의 길이가 50
Polygon의 변(E)으로 생성

[변-2]

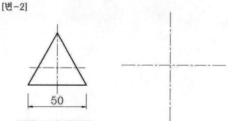

삼각형의 변의 길이가 50
Polygon의 변(E)으로 생성

[변-3]

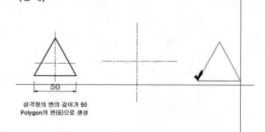

삼각형의 변의 길이가 50
Polygon의 변(E)으로 생성

Specify second endpoint of edge: 50 → 마우스를 네 방향으로 움직여 보면 삼각형이 나타납니다. 그림과 같은 모양이 되도록 마우스의 방향을 잡고 변의 길이 값을 입력하면 됩니다. 이때는 마우스를 오른쪽으로 하고 50을 입력합니다. [변-4]

이제 그려진 삼각형을 중심선의 교차점으로 옮겨 보겠습니다. 이동을 하면 삼각형의 중심점을 알아야 하는데 지금 상태로는 알 수가 없습니다. Circle명령어를 실행시켜 3P방법으로 삼각형의 세 꼭지점을 지정하면 옆의 그림과 같이 삼각형에 외접하는 원이 그려집니다. 원의 중심점이 삼각형의 중심점이 됩니다. [변-5]

Command: M → **Move의 단축키 "M"입력.**
Select objects: 1 found → 삼각형만 선택을 합니다.
[변-6]
Select objects: → 객체를 선택했으므로 Enter키 입력.
Specify base point or displacement:
→ 기준점을 원의 중심점을 지정. [변-7]
Specify second point of displacement or <use first point as displacement>: → 이동점으로 중심선의 교차점을 지정. [변-8], [변-9]

[변-4]

삼각형의 변의 길이가 50
Polygon의 변(E)으로 생성

[변-5]

삼각형의 변의 길이가 50
Polygon의 변(E)으로 생성

[변-6]

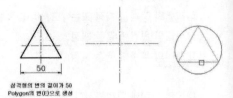

삼각형의 변의 길이가 50
Polygon의 변(E)으로 생성

[변-7]

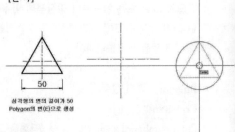

삼각형의 변의 길이가 50
Polygon의 변(E)으로 생성

[변-8]

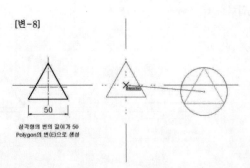

삼각형의 변의 길이가 50
Polygon의 변(E)으로 생성

[변-9]

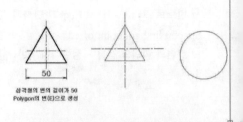

삼각형의 변의 길이가 50
Polygon의 변(E)으로 생성

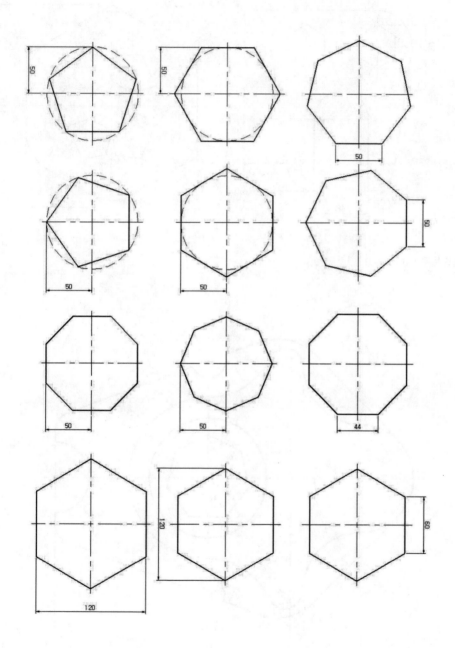

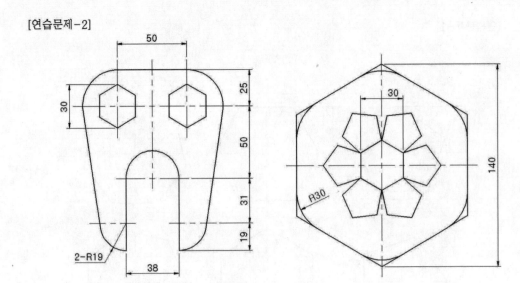

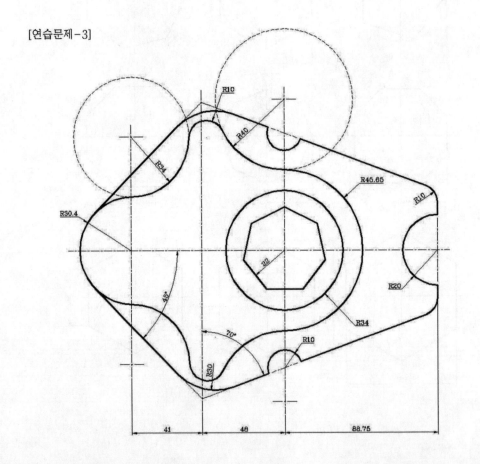

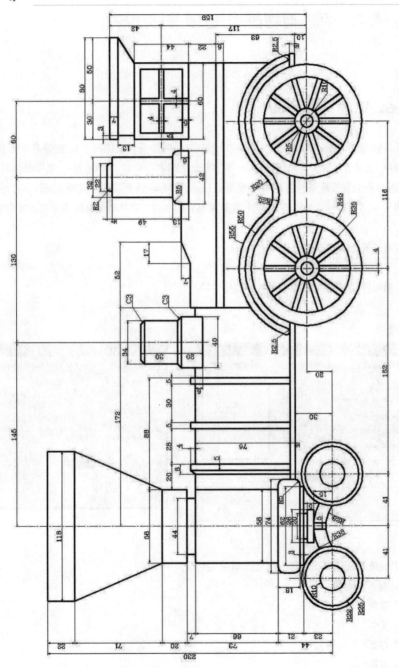

제14강
일정한 규칙에 의해 객체를 한번에 복사하기

제14강. Array (객체배열)

도면을 그릴 때 복사를 여러 번 하는 경우가 있습니다. 예를 들어 R10인 원을 20간격으로 100개를 복사할 경우 Copy명령으로 하기에는 많은 시간이 소요됩니다. 이런 경우에 Array명령어를 사용합니다. Array는 지정한 객체를 특정한 법칙에 의해서 Copy를 여러 번 한 결과를 만들어 줍니다. Array에는 행과 열로 배열하는 사각배열과 지정한 점을 중심으로 회전하면서 배열되는 원형배열이 있습니다.

1) 사각배열(Rectangular Array)

지정한 객체를 행과 열로써 복사하는 방식입니다.

[사각배열-1]

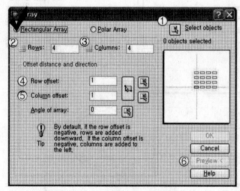

[사각배열-2]

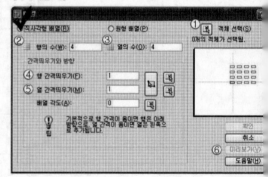

Array Box에서 Rectangular Array체크 해야 합니다.
① Array할 객체선택
② 행의 갯수
③ 열의 갯수
④ 행의 간격
⑤ 열의 간격
⑥ 미리보기

다음의 그림을 그려봅시다. [AR-1-1]
옆의 그림에는 참고를 하기 위해서 중심선을 그려놓았지만
여러분들은 원만 그리면 됩니다. R10인 원만 화면의 임의
의 위치에 그려보세요. [AR-1-2]

Array 명령어를 실행합니다.
Command: AR → **Array명령어의 단축키 "AR"입력.**
Array명령어는 다른 명령어와는 달리 Array Box가 나타
납니다.
그림과 같이 일단 기본적으로 화면 상단에 Rectangular
Array가 체크가 되어 있지만 확인합니다. 행의 개수 3, 열
의 개수 4, 행의 간격 25, 열의 간격 50 을 입력합니다.
화면상단의 오른쪽 상단의 Select object(객체선택)버튼을
클릭하면 그림으로 돌아갑니다. [AR-1-3]
그림에서 원을 선택하고 Enter키를 입력하면 다시 Array
Box로 돌아옵니다. [AR-1-4]
이제 객체를 지정하고 Array할 설정 값을 모두 지정했습니
다. 여기에서 OK 버튼을 클릭하지 말고 반드시 미리보기
(Preview) 버튼을 클릭합니다. [AR-1-5]
미리보기 버튼을 클릭하면 옆의 그림과 같이 나타납니다.
우리의 계산이 틀려서 설정 값이 잘못 지정되면 그림이 생
각과 다르게 나타날 수 있습니다. 그러므로 생각한대로
Array되면 Accept(승인)을 클릭하고 설정 값이 잘못 지정
되어서 예상과 다르게 Array 되었다면 Modify(수정)을 클
릭하여 다시 설정 값을 지정하면 됩니다.
[AR-1-6]

[AR-1-1]
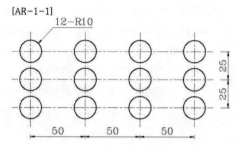

[AR-1-2]
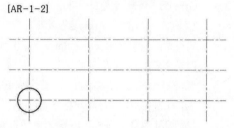

[AR-1-3]
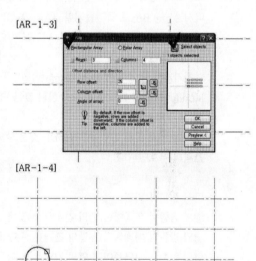

[AR-1-4]

[AR-1-5]
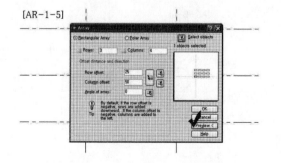

[AR-1-6]
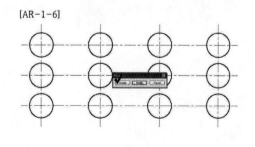

앞서 그린 그림은 기본이 되는 객체에서 행은 위로,
열은 오른쪽 방향으로 배열이 되었습니다.
이번에는 기본이 되는 객체로 부터 행은 아래 방향으로,
열은 왼쪽으로 배열을 해 보겠습니다.
역시 중심선은 이해를 돕시 위해서 그려놓은 것입니다.
여러분은 R10인 원만 그리면 됩니다. [AR-2-1]

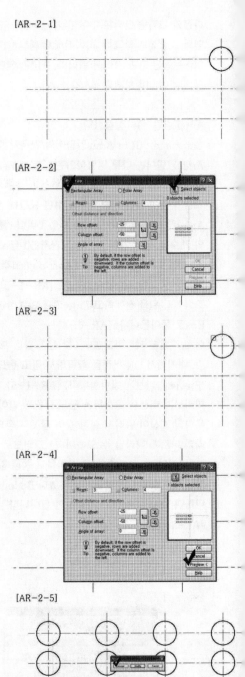

[AR-2-1]

[AR-2-2]

[AR-2-3]

[AR-2-4]

[AR-2-5]

Array명령어를 실행합니다.
Command: AR → **Array명령어의 단축키 "AR"입력.**
역시 화면 상단에 Rectangular Array가 체크가 되어 있는
지를 확인하고. 행의 개수 3, 열의 개수 4,
행의 간격 -25, 열의 간격 -50을 입력합니다.
Select object(객체선택)버튼을 클릭. [AR-2-2]
그림에서 원을 선택하고 Enter키를 입력하면
다시 Array Box로 돌아옵니다. [AR-2-3]
역시 OK 버튼을 클릭하지 말고, 미리보기(Preview) 버튼
을 클릭합니다. [AR-2-4]
마찬가지로 맞게 되었으면 Accept(승인), 틀리게 되었으면
Modify(수정)을 클릭하여 다시 설정 값을 변경하면
됩니다. [AR-2-5]
이처럼 행과 열의 방향을 지정하는 것은 행의 간격과 열의
간격의 부호입니다.

다시 정리를 하면.
행의 방향이 위쪽이면 행의 간격은 + 값을 입력.
행의 방향이 아래쪽이면 행의 간격은 - 값을 입력.
열의 방향이 오른쪽이면 열의 간격은 + 값을 입력.
열의 방향이 왼쪽이면 열의 간경은 - 값을 입력.

2) 원형배열(Polar Array)

지정한 객체를 지정한 점을 중심으로 회전하면서 복사하는 방식입니다.

[원형배열정의-1]

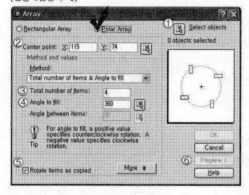

[원형배열정의-2]

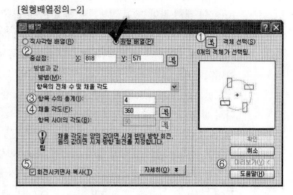

① Array할 객체선택
② Array할 중심점 지정
③ Array할 개수 지정
④ Array할 각도 지정
⑤ 객체 회전 여부 지정
⑥ 미리보기

[AR-3-1]

다음 그림을 그려보겠습니다. [AR-3-1]
R100인 원을 그리고. 90도 방향 사분점에 길이 20인 선을
그리고 원과 선을 옆으로 복사를 하겠습니다.

[AR-3-2]
왼쪽 그림부터 그려보겠습니다. 시계의 눈금 60개를 그린
다고 생각하면 됩니다.

Array명령어를 실행합니다.

이번에는 Rectangular Array가 아니므로 Polar Array를
체크하고. Array할 중심점을 지정하면 되는데, 중심점의
좌표를 직접 입력해도 되고, 중심점을 마우스로 지정해도
됩니다. 그림과 같이 중심점 지정 아이콘을 클릭하면 됩니
다. [AR-3-3]

[AR-3-3]

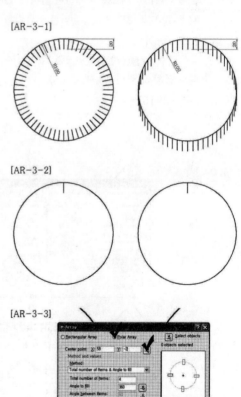

원의 중심을 클릭. [AR-3-4]

Array할 전체 객체를 개수를 60을 입력. Array 할 각도 360도 지정하고, Select object(객체선택)버튼을 클릭. [AR-3-5]

Array할 객체 길이 20인 객체선택 하고 Enter입력. [AR-3-6]

OK버튼을 클릭하지 말고, 미리보기(Preview)버튼을 클릭 합니다. [AR-3-7]

맞으면 Accept(승인), 틀렸으면 Modify(수정)을 클릭하여 다시 설정 값을 변경하면 됩니다.

[AR-3-8]

오른쪽 그림은 앞의 그림과 같이 중심점, 개수, 각도를 지 정하고 왼쪽아래의 "Rotate items as copied(회전하면서 객체 복사)"의 체크를 해제하면 됩니다. OK버튼을 클릭하 지 말고, 미리보기(Preview)버튼을 클릭합니다.

[AR-3-9]

맞으면 Accept(승인), 틀렸으면 Modify(수정)을 클릭하여 다시 설정 값을 변경하면 됩니다.

[AR-3-10]

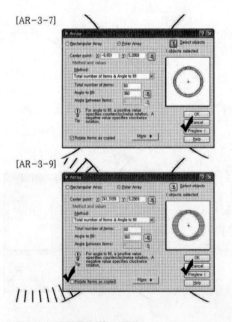

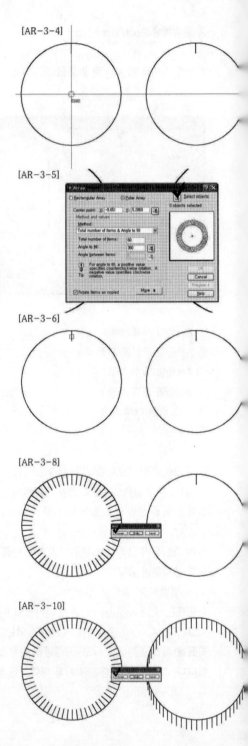

[연습문제-1]

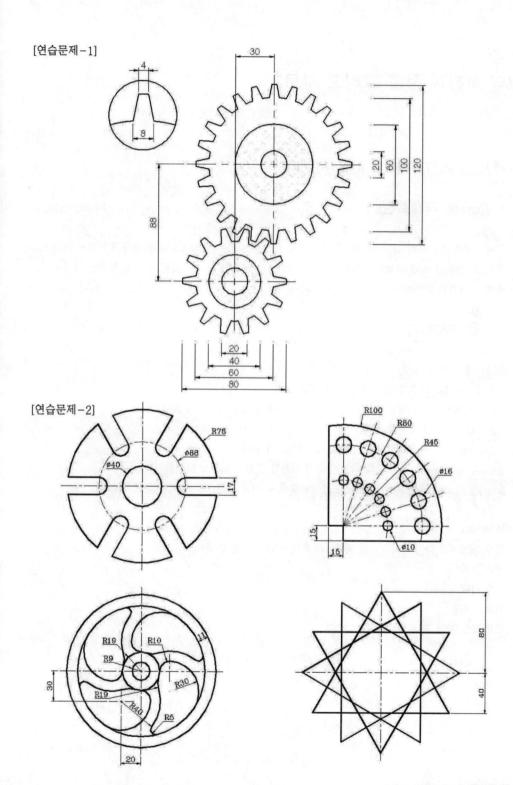

[연습문제-2]

제15강
객체의 회전과 정렬 그리고 자르기

제15강. ROTATE, ALIGN, BREAK

1. Rotate (객체회전)

선택한 객체를 지정한 각도 또는 임의의 각도로 회전을 시키는 명령어입니다. 복사가 되면서 회전 하지 않고, 선택한 객체 자체가 회전을 합니다. 여기서는 지정한 각도로 회전, 회전할 각도를 알 수가 없을 때 회전하는 방법에 대해서 알아보겠습니다.

1) 지정한 각도로 회전

명령어 진행순서.

Command: RO → **ROTATE의 단축키 "RO"**입력.

Current positive angle in UCS: ANGDIR=counterclockwise ANGBASE=0

Select objects: → 회전할 객체 선택.

Select objects: → 객체를 모두 선택했으면 Enter키 입력.

Specify base point: → 회전할 기준점 지정.지정한 점을 중심으로 회전합니다.

Specify rotation angle or [Reference]: → 회전 할 각도 지정. 숫자만 입력하면 됩니다.

명령: RO

현재 UCS에서 양의 각도: 측정 방향=시계 반대 방향 기준 방향=0

객체 선택:

객체 선택:

기준점 지정:

회전 각도 지정 또는 [참조(R)]:

다음 그림을 그려봅시다. [ROTATE-1-1]
100×100인 사각형을 그리고. 왼쪽 아래 점에서 부터 오
른쪽 변의 중간점까지 선을 그리겠습니다.
[ROTATE-1-2]
Rotate명령어 실행.

Command: RO

Current positive angle in UCS:

ANGDIR=counterclockwise ANGBASE=0

Select objects: 4 found → 대각선 선은 빼고, 사각형선 네
개만 선택하겠습니다. [ROTATE-1-3]

Select objects: → 객체를 다 선택했으면 Enter키 입력.

Specify base point: → 회전 기준점 지정.그림과 같이 왼
쪽 아래 점을 지정하죠. [ROTATE-1-4]

Specify rotation angle or [Reference] : 60

→ 특정한 각도로 회전 하려면 숫자를 입력하면 됩니다.
임의의 각도를 회전을 하려면 마우스를 움직이면 회전하는
것이 보일 것입니다.

임의의 회전 점에서 마우스 왼쪽 클릭. 여기서는 60도를
회전하기 위해서 그냥 숫자만 60을 입력하면 됩니다.

이 때 양의 값을 입력하면 반시계방향으로, 음의 값을 입력
하면 시계방향으로 회전합니다.

[ROTATE-1-5], [ROTATE-1-6]

[ROTATE-1-1]

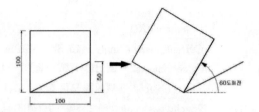

[ROTATE-1-2]

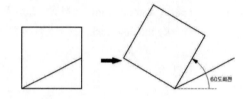

[ROTATE-1-3]

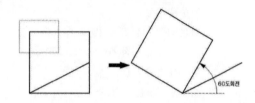

[ROTATE-1-4]

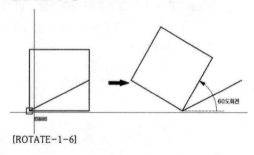

[ROTATE-1-5]

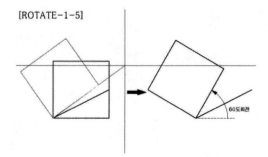

[ROTATE-1-6]

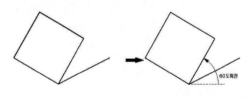

2) 회전할 각도를 알 수 없을 때 회전하기.

Command: RO

Current positive angle in UCS: ANGDIR=counterclockwise ANGBASE=0

Select objects: → 회전할 객체 선택.

Select objects: → 객체를 모두 선택했으면 Enter키 입력.

Specify base point: → 회전할 기준점 지정.

Specify rotation angle or [Reference]: R → **Reference를 실행하기 위해서 단축키 "R"입력.**

Specify the reference angle <0>: → 참조 각도의 첫번째 점 지정.

Specify second point: → 참조 각도의 두번째 점 점 지정.

Specify the new angle: → 회전할 방향의 점 지정.

명령: RO

현재 UCS에서 양의 각도: 측정 방향=시계 반대 방향 기준 방향=0

객체 선택:

객체 선택:

기준점 지정:

회전 각도 지정 또는 [참조(R)]: R

참조 각도를 지정 <0>:

두번째 점을 지정:

새로운 각도를 지정:

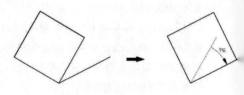

앞서 그렸던 60도 회전한 사각형을 미리 그려 놓았던 대각선과 일치하도록 회전시켜 보겠습니다.
사각형과 대각선과의 각도가 얼마인지를 알 수가 없습니다.

[ROTATE-2-1]

Rotate명령어 실행.

Command: RO

Current positive angle in UCS:

ANGDIR=counterclockwise ANGBASE=0

Select objects: 4 found → 사각형만 선택하세요.

[ROTATE-2-2]

Select objects: → 객체를 모두 선택했으면 Enter키 입력.

Specify base point: → ①번 점을 기준점으로 지정.

[ROTATE-2-3]

Specify rotation angle or [Reference]: R

→ Reference를 실행하기 위해서 단축키 "R"입력.

Specify the reference angle <0>: → ①번 점 지정.

[ROTATE-2-4]

Specify second point: → ②번 점 지정.

[ROTATE-2-5]

Specify the new angle: → ③번 점 지정.

[ROTATE-2-6], [ROTATE-2-7]

[ROTATE-2-2]

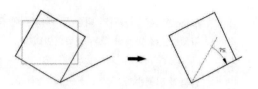

[ROTATE-2-3]

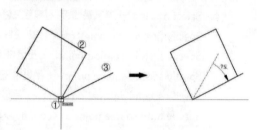

[ROTATE-2-4]

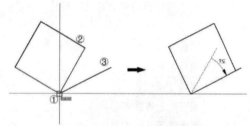

[ROTATE-2-5]

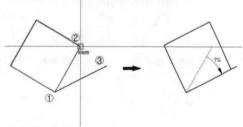

[ROTATE-2-6]

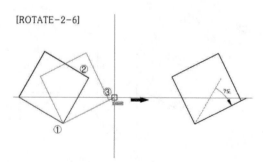

[ROTATE-2-7]

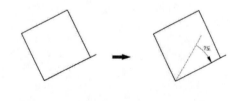

2. Align (객체정렬)

Align명령은 기울기가 다른 두 개의 객체 중에서 어느 한쪽을 회전과 이동을 시켜서 두 객체가 서로 일치하도록 만들어 주는 명령어입니다.

명령어 진행순서.

Command: AL → **ALIGN명령의 단축키 "AL"입력.**

Select objects: → 정렬할 객체선택.

Select objects: → 객체를 모두 선택했으면 Enter키 입력.

Specify first source point: → 첫번째 근원점 지정.

Specify first destination point: → 첫번째 목표점 지정.

Specify second source point: → 두번째 근원점 지정.

Specify second destination point: → 두번째 목표점 지정.

Specify third source point or 〈continue〉: → 세번째 근원점 지정 또는 〈다음〉

Scale objects based on alignment points? [Yes/No] 〈N〉:

→ 객체의 크기의 변경여부 지정.

명령: AL

객체 선택:

객체 선택:

첫번째 근원점 지정:

첫번째 목표점 지정:

두번째 근원점 지정:

두번째 목표점 지정:

세번째 근원점 지정 또는 〈다음〉:

정렬점을 기준으로 객체에 축척을 적용합니까 ? [예(Y)/아니오(N)] 〈N〉:

앞서 Rotate명령어를 설명하면서 그린 그림을 이용해서 Align명령어를 실습해 보겠습니다.

회전한 사각형 옆에 100×200인 사각형을 그려봅시다.

[ALIGN-1]

[ALIGN-1]

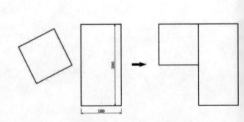

Align명령어 실행.

Command: AL

Select objects: 4 found → 사각형선택. [ALIGN-2]

Select objects: → 객체를 모두 선택했으면 Enter키 입력.

Specify first source point: → ①번 점 지정. 선택한 점이 이동한다는 뜻입니다. [ALIGN-3]

Specify first destination point: → ②번 점 지정. 앞서 선택한 ①번 점이 ②번 점으로 붙으란 뜻입니다. [ALIGN-4]

Specify second source point: → ③번 점 지정. 선택한 점이 이동한다는 뜻입니다. [ALIGN-5]

Specify second destination point: → ④번 점 지정. 앞서 선택한 ③번 점이 ④번 점으로 붙으란 뜻입니다. [ALIGN-6]

Specify third source point or <continue>: → 세번째 근원점을 지정해도 되는데 이 부분은 3D에서 많이 사용하는 방법이므로 항상 여기에서 Enter키를 입력하겠습니다. 그냥 Enter키 입력.

Scale objects based on alignment points? [Yes/No] <N>: → 객체의 크기를 변경하겠냐는 질문인데 여기서도 그냥 Enter키를 입력합니다. [ALIGN-7]

선택한 사각형의 ②번 점에 붙으면서 정렬이 됩니다.

아래쪽으로 붙으면서 정렬이 되려면 ③, ④, ①, ②번 점의 순서로 지정하면 됩니다.

마지막 객체의 크기를 변경하는 부분에서 Yes를 지정하면 지정된 변의 길이가 일치되면서 Align됩니다.

[ALIGN-2]

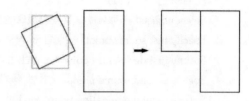

[ALIGN-3]

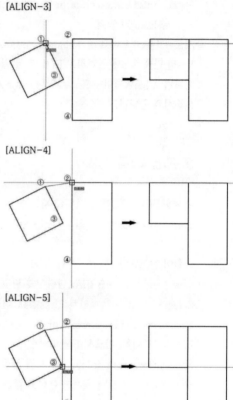

[ALIGN-4]

[ALIGN-5]

[ALIGN-6]

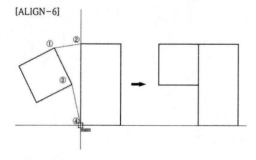

[ALIGN-7]

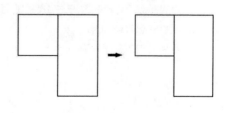

Command: AL   [ALIGN-8]

Select objects: 4 found → 사각형선택.

Select objects: → 객체를 모두 선택했으면 Enter키 입력.

Specify first source point: → ①번 점 지정.

Specify first destination point: → ②번 점 지정.

Specify second source point: → ③번 점 지정.

Specify second destination point: → ④번 점 지정.

Specify third source point or <continue>:

→ 그냥 Enter키 입력.

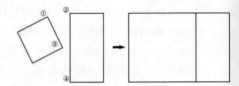

Scale objects based on alignment points? [Yes/No] <N>: Y → 객체의 크기를 변경한다는 뜻에서
Yes의 단축키 Y를 입력하고 Enter키를 입력합니다. [ALIGN-8]

이처럼 Align명령어는 Rotate기능과 Move기능 그리고 객체의 크기를 변경하는 Scale기능을 동시에
실행시켜 줍니다.

3. Break (객체끊기)

Break명령어는 선택한 객체를 지정한 두 점에 의해서 끊어주는 명령어입니다.

Trim명령과 비슷하지만 실무에서는 선택한 객체를 지정한 한 점에서 두 개로 만들어 주는 명령어입니다.

명령어 진행순서.

Command: BR → **BREAK명령어의 단축키 "BR"**입력.

Select object: → 객체선택. Break명령어는 객체를 하나밖에 선택할 수가 없습니다.

Specify second break point or [First point]: F → First point옵션을 실행하기 위해서
단축키 "F"입력. 반드시 F를 입력합니다.

Specify first break point: → 객체를 끊을 첫번째 점 지정.

Specify second break point: → 객체를 끊을 두번째 점 지정.

명령: BR

객체 선택:

두번째 끊기점을 지정 또는 [첫번째 점(F)] : f

첫번째 끊기점 지정:

두번째 끊기점을 지정:

다음 오른쪽 그림을 그리세요. [break-1]

Break명령어 실행.

Command: BR

Select object: → 수평선 선택. 선택 후 Enter키를 입력할
필요는 없습니다. [break-2]

Specify second break point or [First point] : F
→ 무조건 F입력.

Specify first break point: → ①번 점 지정. [break-3]

Specify second break point: → ②번 점 지정.
[break-4], [break-5]

[break-1]

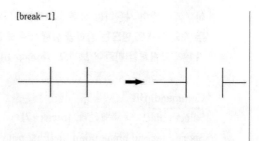

[break-2]

[break-3]

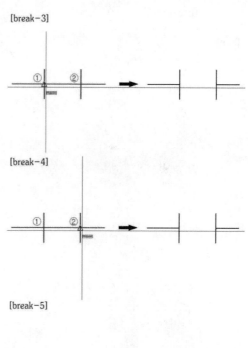

[break-4]

[break-5]

실무에서 많이 사용하는 선택한 객체를 지정한 한 점에서
두 개의 객체로 만드는 방법을 실행시켜 보겠습니다.
다음의 그림처럼 만들어 보세요. [break-6]

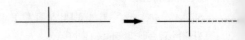

[break-6]

Command: BR
Select object: → 객체선택. [break-7]
Specify second break point or [First point] : F
→ 무조건 F입력.

[break-7]

Specify first break point: → ①번 점 지정. [break-8]
Specify second break point: → 다시 같은 점 ①번 점 지
정. ①번 점을 지정하는 대신에 "@"를 입력해도 됩니다.
[break-9]
오른쪽 객체를 마우스로 찍으면 객체가 두 개로 나누어진
것을 확인 할 수 있습니다.

[break-10]

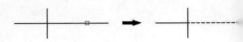

[break-8]

[break-9]

[break-10]

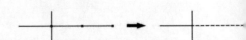

[UNBREAK-1]

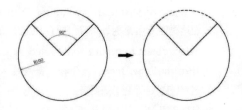

※ TIP ※

원의 경우에서 두 개의 객체로 분리를 할 때는 아쉽게도
Break명령어를 이용해서 분리할 수가 없습니다. 이럴 때는
Trim명령어를 이용해서 분리 할 수가 있습니다.
다음의 그림처럼 분리시켜 봅시다.
R100인 원을 그리고. 원의 중심에서 두선이 90°가 되도록
양쪽으로 45°와 135° 방향으로 길이 100인 선을 그리겠습
니다. [UNBREAK-1]
두 선의 안쪽과 바깥쪽으로 원을 두 개의 객체로 분리시켜
보죠.
일단 그림과 같이 두 개의 선을 더 그립니다.
[UNBREAK-2]

[UNBREAK-2]

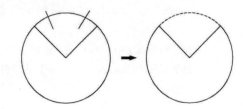

Trim명령어 실행.

Command: TR

Current settings: Projection=UCS, Edge=None

Select cutting edges ...

Select objects: Specify opposite corner: 4 found

→ 네 개의 선을 모두 경계로 선택합니다.

[UNBREAK-3]

[UNBREAK-3]

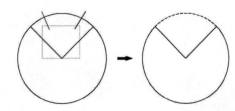

Select objects: → Enter키 입력.

Select object to trim or shift-select to extend or
[Project/Edge/Undo]: → 양쪽을 Trim합니다.

Select object to trim or shift-select to extend or
[Project/Edge/Undo]:→ 양쪽을 Trim합니다.

[UNBREAK-4]

[UNBREAK-4]

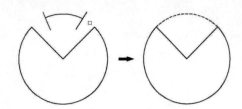

Select object to trim or shift-select to extend or
[Project/Edge/Undo]:→ Shift키를 누른 채로 ①번 쪽을
선택하면 원이 연장됩니다. [UNBREAK-5]

Select object to trim or shift-select to extend or
[Project/Edge/Undo]:→ Shift키를 누른 채로 ②번 쪽을
선택하면 원이 연장됩니다.

[UNBREAK-6],[UNBREAK-7]

Select object to trim or shift-select to extend or
[Project/Edge/Undo]:→ 마무리 Enter키 입력.

다시 말해서 끊었다가 다시 연장을 하는 것입니다.
이런 방법으로 Line, Arc, Ellipse를 두 개의 객체로 만들
수 있습니다.

[UNBREAK-1]

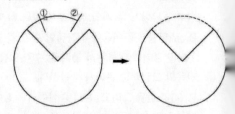

[UNBREAK-2]

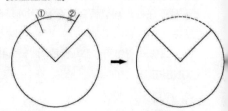

[UNBREAK-3]

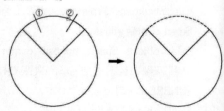

Break명령어를 이용해서 하나의 객체를 지정한 점을 기준으로 두 개의 객체로 만들 때 명령어 진행순서는
『BR → 객체선택 → F입력 → 끊을 점 지정 → 앞서 지정한 점 다시 지정』입니다.
이 번거로운 작업을 『BR → 객체선택 → 끊을 점 지정』으로 바꿔 보겠습니다. CAD명령어를 약간 변형하거나 없는 명령어를 만드는 것을 Auto Lisp이라고 합니다. Lisp은 확장자가 LSP로 만들어지는 파일입니다. 이 Lisp을 만들어서 Break명령을 단순화 시켜 보겠습니다.
그림과 같이 메뉴를 선택하겠습니다.
Tools → Auto Lisp → Visual Lisp Editor
(도구 → Auto Lisp → Visual Lisp 편집기)
[break-lisp-1], [break-lisp-2]
그림과 같은 상자가 나타납니다.
File에서 New를 선택합니다.
[break-lisp-3], [break-lisp-4]

새로 만들어진 상자에 다음과 같이 입력해 보겠습니다.
(defun c:bb ()
(command "break" pause "F" pause "@")
);defun
[break-lisp-5], [break-lisp-6]

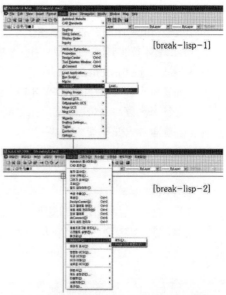

[break-lisp-1]

[break-lisp-2]

[break-lisp-3]

[break-lisp-4]

[break-lisp-5]

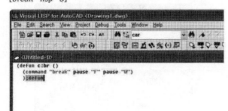

[break-lisp-6]

모두 입력했으면, File에서 Save를 선택하겠습니다.

[break-lisp-7], [break-lisp-8]

바탕화면에 파일명을 『br.lsp』로 입력하고 저장하겠습니다.

[break-lisp-9], [break-lisp-10]

Lisp을 만들었지만 아직 CAD가 이 Lisp을 알지 못합니다.

Lisp를 사용 할 수 없다는 말입니다. CAD가 방금 만든

Lisp를 알 수 있도록 해보겠습니다..

Command: APP → Appload의 단축키 APP입력.

CAD가 Lisp를 읽도록 만드는 명령어입니다.

실행하면 다음과 같은 박스가 나타납니다.

바탕화면에서 앞서 저장한 파일을 지정하고 Load버튼을

클릭하면 CAD가 만든 『br.lsp』을 읽어 드립니다.

[break-lisp-11], [break-lisp-12]

[break-lisp-7]

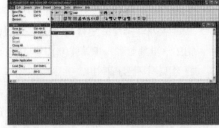

[break-lisp-8]

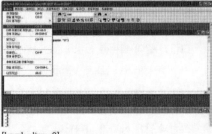

[break-lisp-9]

[break-lisp-10]

[break-lisp-11]

[break-lisp-12]

이제 만든 Lisp를 이용해서 간단하게 Break를 실행시켜 보겠습니다.

다음 그림과 같이 실행해 보겠습니다. [break-6]

Command: BB → Lisp을 만들 때 "defun c:"다음에 적힌 단어 "bb"가 단축키입니다.

Select object: → 객체를 선택하세요. [break-7]

Specify second break point or [First point] : F → 자동으로 F가 적힙니다.

Specify first break point: → ①번 점 지정. [break-8]

Specify second break point: @→ 자동으로 "@"가 적히면서 두 개로 나누어 집니다. [break-9]

[break-6]

[break-7]

[break-8]

[break-9]

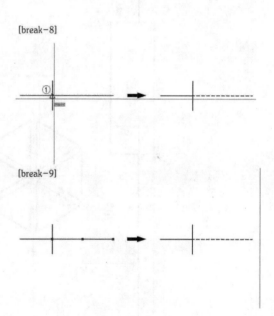

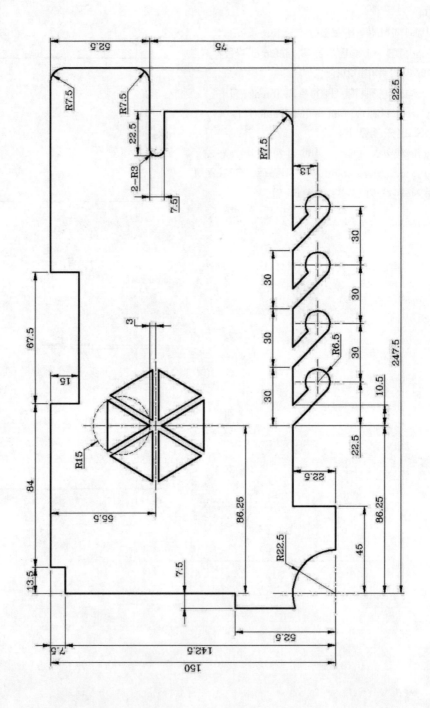

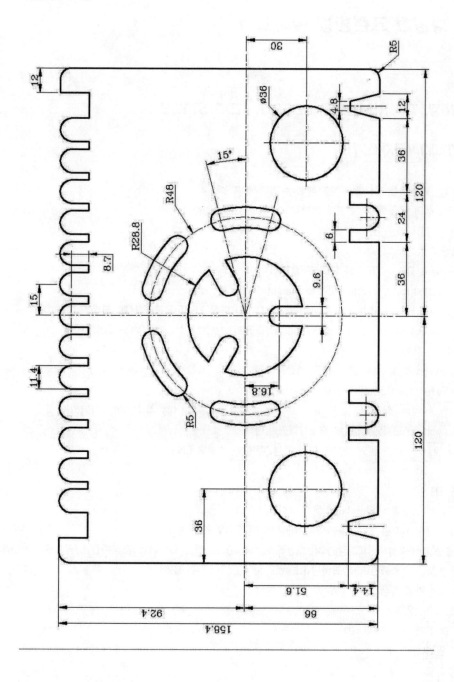

제16강
글자의 다양한 표현방법 알아보기

제16강. TEXT, MTEXT, DDEDIT, TEXT STYLE

1. TEXT (문자쓰기)

TEXT는 기준점을 지정해서 문자를 쓰는 명령어입니다.
한 번에 여러 행을 쓸 수 있으며 행별로 각 각 편집도 가능합니다.

명령어 진행순서.

Command: DT → **TEXT의 단축키 "DT"입력.**

Current text style: "Standard" Text height: 20.0000

Specify start point of text or [Justify/Style]: J → **항상 Justify옵션을 선택. 단축키 "J"입력.**

Enter an option [Align/Fit/Center/Middle/Right/TL/TC/TR/ML/MC/MR/BL/BC/BR]:
→ 기준점 지정.

Specify top-left point of text: → 기준점 위치 지정.

Specify height <2.5000>: → 문자크기 지정.

Specify rotation angle of text <0>: → 문자 방향지정. 대부분 여기서 그냥 ENTER키 입력.

Enter text: → 문자입력. 입력 후 ENTER키 입력.

Enter text: → 여러 행의 문자를 입력 가능. 한 줄만 쓸려면 ENTER키만 입력하면 종료.

명령: DT

현재 문자 스타일: "Standard" 문자 높이: 2.5000

문자의 시작점 지정 또는 [자리맞추기(J)/스타일(S)]: J 옵션 입력

[정렬(A)/맞춤(F)/중심(C)/중간(M)/오른쪽(R)/좌상단(TL)/상단중앙(TC)/우상단(TR)/좌측중간(ML)/중앙중간(MC)/우측중간(MR)/좌하단(BL)/하단중앙(BC)/우하단(BR)]:

문자의 중간점 지정:

높이 지정 <2.5000>:

문자의 회전 각도 지정 <0>:

문자 입력:

문자 입력:

Text를 입력 할 때 기준점을 지정합니다. 기준점의 종류에는 9가지가 있습니다.

TL(Top Left): 문자의 왼쪽 위를 기준으로 생성.

TC(Top Center): 문자의 중심 위를 기준으로 생성.

TR(Top Right): 문자의 오른쪽 위를 기준으로 생성.

ML(Middle Left): 문자의 왼쪽 중간을 기준으로 생성.

MC(Middle Center): 문자의 중심 중간을 기준으로 생성.

MR(Middle Right): 문자의 오른쪽 중간을 기준으로 생성.

BL(Bottom Left): 문자의 왼쪽 아래를 기준으로 생성.

BC(Bottom Center): 문자의 중심 아래를 기준으로 생성.

BR(Bottom Right): 문자의 오른쪽 아래를 기준으로 생성.

수평으로 200인 선을 그리고. 간격 20으로 아래쪽으로 Offset하겠습니다.

그린 것을 아래쪽으로 복사를 해서 두 개를 만들겠습니다. [text-1-1]

Text명령어 실행.

Command: DT

Current text style: "Standard" Text height:

Specify start point of text or [Justify/Style]: J

→ 항상 Justify옵션을 선택. 단축키 J입력.

Enter an option [Align/Fit/Center/Middle/Right
/TL/TC/TR/ML/MC/MR/BL/BC/BR]: TL

→ 왼쪽 위를 기준으로 사용합니다.

Specify top-left point of text:

→ 문자의 왼쪽 위가 되는 점 지정.

여기서는 중간선의 중간점을 지정하겠습니다. [text-1-2]

Specify height <2.5000>:20 → 문자크기 20입력.

Specify rotation angle of text <0>: → 여기서 45를 입력
하면 45도 방향으로 생성됩니다. 그냥 Enter키 입력.

Enter text: 12345 → 문자 입력.

입력 후 Enter키 입력. [text-1-3]

[text-1-1]

200

[text-1-2]

[text-1-3]

12345

Enter text: → 문자를 또 입력해도 됩니다.   [text-1-4]
지금은 한 줄만 생성할 것이기 때문에 Enter키 입력.
[text-1-4]
지정한 점이 전체 문자의 왼쪽 위가 됩니다.

다시 한번 더 다른 점을 지정해서 문자를 생성해 보세요.
Command: DT
Current text style: "Standard" Text height: 20.0000   [text-1-5]
Specify start point of text or [Justify/Style]: J
→ 항상 Justify옵션을 선택. 단축키 "J"입력.
Enter an option [Align/Fit/Center/Middle/Right
/TL/TC/TR/ML/MC/MR/BL/BC/BR]: MC
→ 중심의 중간을 기준으로 쓰겠습니다.
Specify middle point of text: → 문자의 중간의 중심이 되
는 점을 지정. 앞서 지정했던 점과 같은 중간선의 중간점을
지정하겠습니다. [text-1-5]   [text-1-6]
Specify height <20.0000>: 20 → 문자크기 20입력.
Specify rotation angle of text <0>:
→ 그냥 Enter키 입력.
Enter text: 12345 → 문자 입력. 입력 후 Enter키 입력.
[text-1-6]
Enter text: → 그냥 Enter키 입력.
[text-1-7]   [text-1-7]

지정한 점이 전체 문자의 중간의 중심점이 되었습니다.
이 처럼 같은 점을 지정했지만 그 점의 성격이 TL인지 MC
인지에 따라서 문자의 결과가 달라집니다.

다음의 사각형을 그려보세요.
[text-2-1]
사각형의 가운데 문자를 생성해야 합니다.
기준점은 MC를 지정하고 MC가 되는 점을 사각형의 중심
에 지정해야 됩니다. 사각형의 중심이 어딘지 알 수가 없기
때문에 대각선을 그립니다. 대각선의 중간점이 사각형의
중심이 됩니다. [text-2-2]
Text명령어 실행.

Command: DT

Current text style: "Standard" Text height: 20.0000

Specify start point of text or [Justify/Style]: J
→ 항상 Justify옵션을 선택. 단축키 J입력.

Enter an option [Align/Fit/Center/Middle/Right
/TL/TC/TR/ML/MC/MR/BL/BC/BR]: MC → MC점 지정.

Specify middle point of text: → MC점의 위치 지정.
대각선의 중간점을 지정하겠습니다. [text-2-3]

Specify height <20.0000>: 20 → 문자크기 20입력.

Specify rotation angle of text <0>: → Enter키 입력.

Enter text: 1 → 문자 입력. 입력 후 Enter키 입력.

Enter text: → Enter키 입력. [text-2-4]
대각선을 지우고, Copy(복사)나 Array(배열)명령어를 이
용해서 사각형마다 복사를 합니다. [text-2-5]

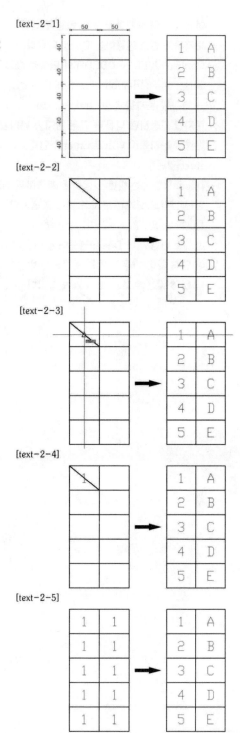

이제 복사한 문자들을 변경 하면 됩니다.

문자내용 변경 명령어는 Ddedit입니다.

Command: ED → **DDEDIT의 단축키 "ED"입력.**

Select an annotation object or [Undo]:

→ 변경할 문자를 지정. [text-2-6]

문자를 지정하면 다음과 같은 상자가 나타납니다.

변경할 문자를 입력하고 Enter키 입력.

[text-2-7]

Ddedit명령어는 한번 실행하면 계속해서 실행이 됩니다.

같은 방법으로 다른 문자도 변경해 봅시다.

[text-2-8], [text-2-9]

문자를 변경할 때 Ddedit명령어를 이용해도 되지만, 명령어 입력 없이 마우스 왼쪽 버튼으로 변경할 문자를 더블클릭 하면 같은 효과를 볼 수가 있습니다.

[text-2-6]

[text-2-7]

[text-2-8]

[text-2-9]

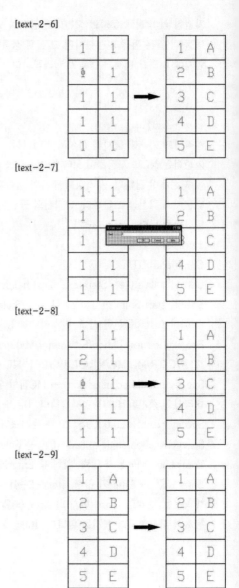

2. MTEXT (다중행문자)

Mtext는 Text명령과 같이 문자를 생성하는 명령어입니다. 여러 행을 생성할 경우 각 각의 행이 독립 객체인 Text에 비해서 Mtext는 여러 행 전체가 묶여 있기 때문에 변경을 하더라도 한 번에 변경이 가능합니다. 지정한 점을 기준으로 생성되는 Text에 비해 Mtext는 영역을 지정함으로써 그 영역 안에 문자가 생성됩니다. 참고로 Mtext를 Explode명령어로 분해하면 Text가 됩니다.

명령어 진행순서.

Command: T → **MTEXT의 단축키 "T"입력.**

Current text style: "Standard" Text height: 20

Specify first corner: → 문자가 생성될 영역의 한쪽 구석 점 지정.

Specify opposite corner or [Height/Justify/Line spacing/Rotation/Style/Width]:

→ 문자가 생성될 영역의 다른 쪽 구석 점 지정.

명령: T

현재 문자 스타일: "Standard" 문자 높이: 2.5

첫번째 구석 지정:

반대 구석 지정 또는 [높이(H)/자리맞추기(J)/선 간격두기(L)/회전(R)/스타일(S)/폭(W)]:

앞서 그린 그림을 Mtext를 이용해서 그려보겠습니다. 사각형을 그리고 이번에는 대각선을 그리지 않아도 됩니다.

Mtext를 실행하고 사각형의 마주보는 꼭지점 두 곳을 지정하겠습니다. Mtext사각형이 나타나는 것을 볼 수 있을 것입니다.

Command: T → **MTEXT의 단축키 "T"입력.**

Current text style: "Standard" Text height: 20

Specify first corner: → 사각형의 왼쪽 위 지정.

[mtext-1]

Specify opposite corner or [Height/Justify/Line spacing /Rotation/Style/Width] : → 사각형의 오른쪽 아래 지정.

[mtext-2]

두 점을 지정하면 Mtext상자가 나타납니다.

문자의 크기를 입력합니다. [mtext-3]

역시 지정한 영역안의 어느 위치에 문자를 생성 할 것인지 지정해 줘야 합니다. 마우스를 문자 입력 상자 위에 올려 놓고 마우스 오른쪽 버튼을 누르면 다음과 같은 메뉴가 나 타납니다. Justification(자리맞추기)을 선택하고 Middle Center(중간 중심)을 지정합니다.

[mtext-4]

이 처럼 기본적인 속성을 지정한 후 문자를 입력하고. OK 버튼을 클릭. [mtext-5]

지정한 영역의 중심에 문자가 생성된 것을 확인 할 수 있 습니다. [mtext-6]

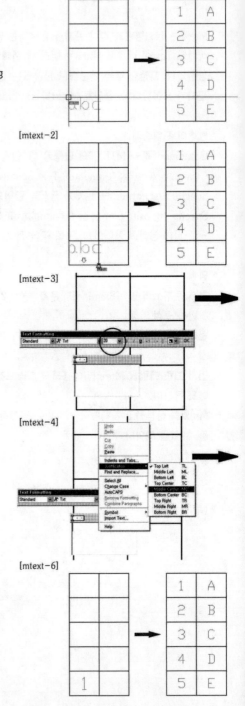

[mtext-1]

[mtext-2]

[mtext-3]

[mtext-4]

[mtext-5]

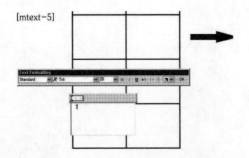

[mtext-6]

역시 전체로 복사를 하고. 문자 변경을 위해서 Ddedit명령어 실행 후 변경할 문자 선택.

[mtext-7]

Text와는 다르게 Mtext는 변경 할 때 Mtext상자가 나타납니다. 역시 문자 변경 후 OK버튼 클릭.

[mtext-8], [mtext-9]

같은 방법으로 전체 문자 변경. [mtext-10]

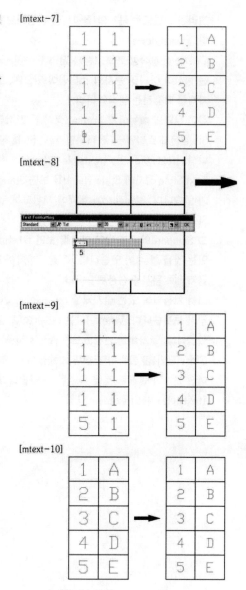

그려진 그림으로 문자의 글씨체를 변경해보도록 하겠습니다. [textstyle-1]

CAD는 문서작성 프로그램과 달리 단순히 글자체를 바꾸는 방식이 아니라 문자의 스타일이 있으면, 그 스타일에 글자체를 지정하는 방식입니다.

화면 상단의 메뉴에서 Format(형식)을 선택한 후 Text Style(문자 스타일)을 선택하면 Text Style 상자가 나타납니다. [textstyle-2], [textstyle-3]

Text Style 상자에 Style Name을 보면 Standard를 볼 수가 있습니다. Standard가 현재에 지정되어 있는 Text Style입니다.

그 Standard의 글자체의 아래를 보면 txt.shx로 지정되어 있는 것을 볼 수가 있습니다. 즉 현재까지 우리는 txt.shx인 글자체로 문자를 생성했습니다.

그럼 지정되어 있는 글자체를 txt.shx에서 Vineta BT로 바꾸어 보겠습니다. Vineta BT는 txt.shx에서 몇 칸 아래에 있습니다. 글자체를 변경했으면 Apply(적용)을 클릭한 후 Close(닫기)를 클릭하면 화면으로 돌아오는데 지금까지 쓰여진 문자가 변경된 것을 확인할 수 있습니다.

[textstyle-4], [textstyle-5]

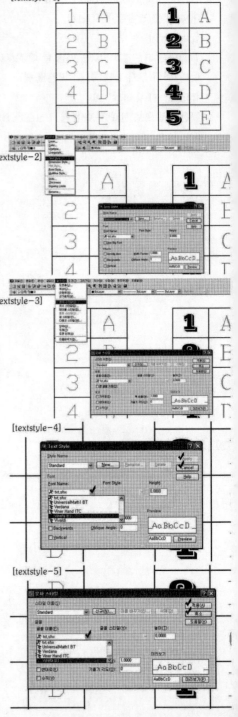

[textstyle-1]

[textstyle-2]

[textstyle-3]

[textstyle-4]

[textstyle-5]

현재까지의 문자는 Standard라는 문자 스타일로 쓰여 졌
는데 Standard에 지정되어 있는 글자체가 txt.shx에서
Vineta BT로 변경되었으므로 지금까지 생성된 문자와 앞
으로 생성할 문자는 모두 Vineta BT라는 글자체로 변경
또는 생성되는 것입니다. [textstyle-6]

이제 오른쪽의 글자체만 바꿔보도록 하겠습니다.

다시 Text Style 상자로 이동하여 새로운 Style을 만들기
위해 NEW버튼을 클릭하면 New Text Style 상자가 나타
납니다.

여기에 Style 이름을 CAD로 입력하고 OK버튼을 입력하
겠습니다. [textstyle-7], [textstyle-8]

이제 Standard이외에 CAD라는 새로운 Style을 만들었습
니다. 아래 Font Name(글꼴이름)에서 romanc.shx라는 글
자체를 지정하고 Apply(적용)을 클릭하고 Close(닫기)를
클릭하면 상자가 닫히면서 화면으로 돌아옵니다.

이제 CAD라는 Style에는 romanc.shx 라는 글자체가 지정
이 되었습니다.

[textstyle-9], [textstyle-10]

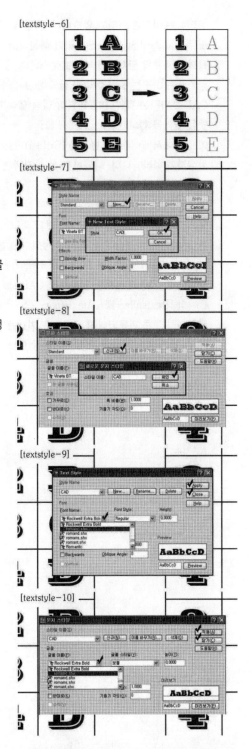

[textstyle-6]

[textstyle-7]

[textstyle-8]

[textstyle-9]

[textstyle-10]

화면에는 아무런 변화가 없습니다. 화면에 있는 글자들은
모두 Standard Style로 쓰여 졌기 때문이죠. 그러면 오른
쪽의 알파벳의 글자체를 바꿔보겠습니다.

글자체는 바꾸는 것이 아니라 글자 Style을 Standard에서
CAD로 바꾸는 것입니다. 명령어 입력 없이 마우스로 알파
벳을 클릭을 합니다. [textstyle-11]

이 상태에서 Ctrl키와 1번키를 (Ctrl+1) 동시에 누르면 속
성상자가 나타납니다. 나타난 속성 상자에는 방금 클릭한
문자들의 속성들이 표기가 됩니다.

Layer, Style, Justify, 크기, 방향, 두께 등이 표기가 됩니다.
Style칸을 마우스로 클릭을 하면 현재 파일에 지정되어 있
는 Style들이 나타납니다. 현재 지정되어 있는 Style은
Standard입니다. 이것을 Standard에서 밑에 보이는 CAD
로 바꾸면 우리가 선택한 알파벳만 CAD style로 변경이
됩니다. [textstyle-12], [textstyle-13]

같은 방법으로 선택되어진 문자의 크기라든지 방향도 변경
할 수 있습니다. 변경한 후 ESC키를 입력해서 선택되어진
객체를 해제 하세요.
[textstyle-14], [textstyle-15]

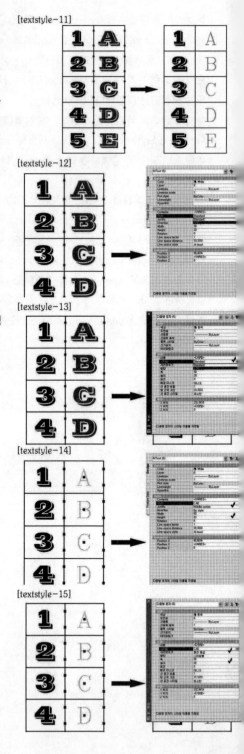

[textstyle-11]

[textstyle-12]

[textstyle-13]

[textstyle-14]

[textstyle-15]

결론적으로 CAD에서 문자를 여러 번 입력할 경우에는 하나 하나 Text나 Mtext를 사용해서 입력하는 것이 아니라, 단 하나의 문자를 생성한 후 이것을 복사를 해서 변경을 하면 됩니다.

변경할 때는 Ddedit와(문자 더블클릭) 객체속성상자(Ctrl+1)를 이용해서 변경하면 됩니다.

※TIP 한글이 누워서 생성되는 경우※

한글을 입력하기 위해서 Style를 지정하고 Font(글꼴)를 지정할 때 한글Font를 지정해야 되는데 잘못 지정하면 한글이 누워서 생성되는 경우가 있습니다. 이런 경우에는 한글Font를 지정할 때 이름 앞에 @가 붙은 것을 지정하셔서 그렇습니다. 예를 들어 『@굴림체. @궁서. @돋움.....』

이런 Font(글꼴)를 지정했기 때문입니다. 한글Font를 지정할 때는 @가 안붙은 것을 지정하세요.

※TIP TEXTFILL※

Textfill을 두꺼운 문자의 속을 채우고 비우는 명령어입니다.

예를 들어 옆을 그림과 같이 문자를 입력했는데 화면에서는 아무 이상이 없지만 출력물에는 문자의 내부가 비어 출력되는 경우가 있습니다.

캐드화면.[Textfill-1], 출력물.[Textfill-2]

이런 경우에 Textfill값이 0으로 지정되어 있기 때문입니다.

이 때는 Textfill을 실행해서 값을 1로 변경하면 됩니다.

Command: TEXTFILL → 단축키가 없습니다.

Enter new value for TEXTFILL <0>: 1 → 설정값이 <0>으로 지정되어 있습니다.

1을 입력하고 Enter키 입력.

명령:TEXTFILL

TEXTFILL에 대한 새 값 입력

  <0>:1

[Textfill-1]

Auto CAD

[Textfill-2]

Auto CAD

그림과 같이 대칭 복사를 할 때 그림은 대칭이 되면서 문자는 그대로 복사를 할 수가 있습니다.

[MIRRTEXT]

Command: MIRRTEXT → 단축키가 없습니다.

Enter new value for MIRRTEXT <1>: 0 → 기본설정 값은 1입니다.

0을 입력하고 Enter키 입력.

명령: MIRRTEXT

MIRRTEXT에 대한 새 값 입력 <1>: 0

[MIRRTEXT]

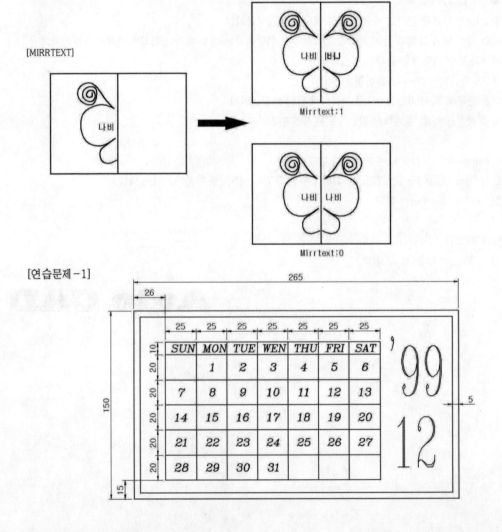

Mirrtext:1

Mirrtext:0

[연습문제-1]

[연습문제-2]

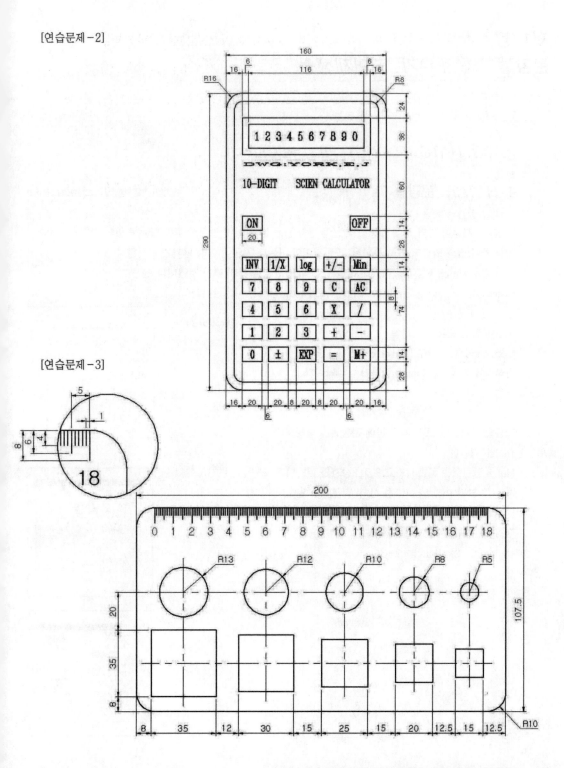

[연습문제-3]

제17강
문양넣기와 채우기, 도면재생성

제17강. HATCH, DONUT, FILL, REGEN

1. HATCH (문양넣기)

Hatch는 지정한 영역 안에 일정한 패턴의 문양 등을 한 번의 명령으로 채워 넣는 방법입니다.
예를 들어 집의 외벽에 벽돌 문양을 그려 넣어야 되는데 일일이 그려 넣기가 곤란합니다.
이런 경우 Hatch명령어를 이용해서 한 번에 벽돌 문양을 채워 넣는 것입니다.
Hatch명령어는 Array명령어와 마찬가지로 Hatch 상자가 나타납니다.

명령어 진행 순서.
Command: H → **HATCH의 단축키 "H"**입력.
단축키를 입력하면 Hatch 상자가 나타납니다.
명령: H

다음의 사각형을 그리고 그 안에 문양을 넣어봅시다.
[hatch-1-1]
Hatch 명령어를 실행시키고 Hatch상자가 나타나면 오른
쪽 위에 보면 Pick Points(점 선택) 버튼이 보일 것입니다.
Pick Points는 Hatch가 적용 될 공간을 지정하는 것입니
다. Pick Points버튼을 클릭하세요.
[hatch-1-2], [hatch-1-3]

[hatch-1-1]

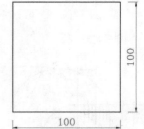

[hatch-1-2]

[hatch-1-3]

Hatch가 적용될 영역 어디든 상관이 없이 클릭을 하면 됩니다. 사각형 내부에 마우스 왼쪽으로 클릭 한 후 Enter키 입력. 이 때 주의할 점은 Hatch가 들어갈 공간이 화면에 다 보여야 됩니다. Hatch가 들어갈 공간의 일부만 화면에 보인다면 영역을 인식하지 못합니다.

[hatch-1-4]

이제 영역을 지정했으므로 영역에 들어갈 문양을 지정해야 됩니다. 왼쪽 부분에 문양의 이름과 그 이름에 해당하는 그림이 있는데 이름을 선택하면 그림을 미리 볼 수 없습니다. 그림을 클릭하십시오.

[hatch-1-5], [hatch-1-6]

그림을 클릭하면 또 다시 Hatch문양 상자가 나타납니다. 세번째 줄의 두번째 문양인 AR-PARQ1을 클릭하고 OK 버튼을 클릭하겠습니다.

[hatch-1-7], [hatch-1- 8]

Array에서와 마찬가지로 OK를 하지 말고 항상 Preview(미리보기)를 클릭 하십시오.

[hatch-1-9], [hatch-1-10]

[hatch-1-4]

[hatch-1-5]

[hatch-1-6]

[hatch-1-7]

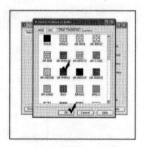

[hatch-1-8]

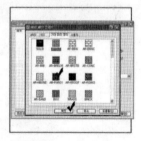

[hatch-1-9]

[hatch-1-10]

옆의 그림과 같이 문양이 채워진 것을 확인 할 수 있을 것입니다. 우리가 그린 사각형이 문양의 크기에 비해서 너무 작습니다.

이 때는 그린 사각형을 크게 그리거나 문양의 크기를 줄여야 합니다. 사각형의 크기는 줄일 수가 없으므로 문양의 크기를 줄여 보겠습니다. Enter키를 입력하면 다시 Hatch 상자로 돌아갑니다. [hatch-1-11]

Hatch상자의 왼쪽 편에 있는 Scale(축척)값을 0.05로 바꾸겠습니다. 이 작업에서 시간이 많이 걸립니다. 미리 보기를 했는데 아무것도 채워지지 않았다든지, 온통 검정색으로 채워지면 문양의 Scale값이 너무 커든지 너무 작든지 두 개 중에 하나입니다. 이 때는 Scale값을 바꿔주고 다시 미리보기 하는 것을 반복해서 적당한 값을 찾아주면 됩니다. [hatch-1-12], [hatch-1-13]

적당한 값을 찾았으면 OK버튼을 클릭하면 지정한 영역에 문양이 채워집니다. 들어간 문양을 그냥 마우스로 클릭을 해 보면 문양 전체가 하나로 묶여져 있는 것을 확인할 수 있습니다. 이렇듯 Hatch는 하나로 묶여져 있습니다.
이 문양을 따로 하나 하나 분리하고 싶다면 Explode 명령어를 이용해서 분리하면 됩니다. [hatch-1-14]

[hatch-1-11]

[hatch-1-12]

[hatch-1-13]

[hatch-1-14]

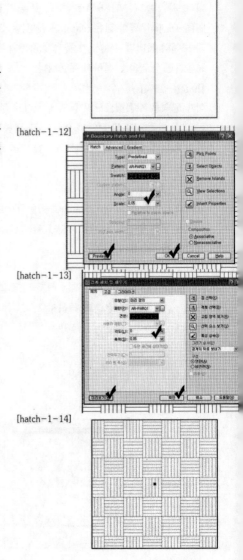

다음의 그림을 그리고 Hatch를 넣어봅시다. [hatch-2-1]
Hatch를 실행하고 Pick Points(점 선택)를 사각형 안쪽 원
의 바깥쪽에 해당하는 부분에 클릭을 하겠습니다.
CAD가 알아서 영역을 세 영역으로 나눕니다.

[hatch-2-2]
앞과 같은 방법으로 문양과 Scale(축척)값을 지정하고
Preview(미리보기)를 클릭하면 그림과 같이 문양이 채워
진 것을 확인할 수 있습니다. 영역이 하나가 아니라 여러
개로 나누어 질 때는 번갈아 가면서 문양이 채워집니다.
이 채워지는 속성을 변경할 수가 있습니다.

[hatch-2-3]
Enter키를 입력하고 Hatch상자로 돌아가면 상자 위쪽에
Advanced(고급) 메뉴가 보일 것입니다. Advanced(고급)
메뉴를 클릭하고, 상단에 보면 세 가지 문양에 채워지는 스
타일이 보일 것입니다. 선택한 스타일에 따라서 채우지는
방식이 달라집니다.

[hatch-2-4], [hatch-2-5], [hatch-2-6]
Hatch를 채워 넣은 다음 문양이나 Scale값을 변경할려면
넣은 Hatch를 마우스 왼쪽으로 더블클릭을 하면 다시
Hatch상자가 나타납니다.
변경할 속성을 변경하고 OK 버튼을 클릭하면 됩니다.
단 영역은 변경할 수 없습니다.

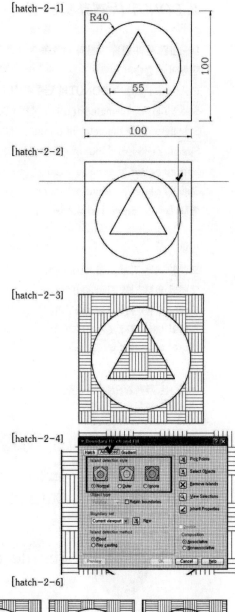

[hatch-2-1]

[hatch-2-2]

[hatch-2-3]

[hatch-2-4]

[hatch-2-5]

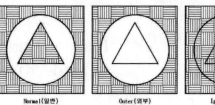

[hatch-2-6]

Normal(일반) Outer(외부) Ignore(무시)

2. DONUT (두께가 있는 원)

Donut은 원의 안쪽 지름과 바깥쪽 지름을 지정해서 Donut모양의 원을 그리는 명령어입니다.
명령어 진행순서.

Command: DO → DONUT의 단추키 "DO"입력.

Specify inside diameter of donut <10.0000>: → Donut의 안쪽 지름 지정.

Specify outside diameter of donut <20.0000>: → Donut의 바깥쪽 지름 지정.

Specify center of donut or <exit>: → Donut의 중심점 지정.

Specify center of donut or <exit>: → Donut의 중심점 지정.

Specify center of donut or <exit>: → Donut의 중심점 지정. 계속해서 그릴 수가 있습니다.

종료 할려면 Enter키 입력.

명령:DO
도넛의 내부 지름 지정 <10.0000>:
도넛의 외부 지름 지정 <20.0000>:
도넛의 중심 지정 또는 <나가기>:
도넛의 중심 지정 또는 <나가기>:
도넛의 중심 지정 또는 <나가기>:

Donut은 두께가 있는 원 뿐만 아니라 채워진 원과 일반 원도 그릴 수가 있습니다. [donut]

[donut]

  Inside diameter :10
Outside diameter:20

  Inside diameter :0
Outside diameter:20

  Inside diameter :20
Outside diameter:20

3. FILL (채우기), REGEN (도면재생성)

Fill은 다음의 그림들과 같이 채워진 객체들 Pline, Hatch, Donut, 치수의 화살표와 같은 그림들의 속을 비우고 채울 수 있는 명령어입니다. Fill명령어를 실행하면 반드시 Regen명령어를 실행해야 합니다.
[fill-1]

명령어 진행순서.
Command: **FILL → 단축키가 없습니다.**
Enter mode [ON/OFF] <ON>: → <ON>이면 채워지고, <OFF>면 비워집니다.
Command: **RE → REGEN의 단축키 "RE"입력.**
Regenerating model.

명령: FILL
모드 입력 [켜기(ON)/끄기(OFF)] <ON>:
명령: RE
모형 재생성 중.

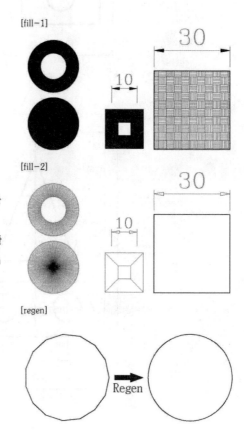

[fill-1]

앞서 그린 그림에서 채워진 부분을 비워 보겠습니다.
Command: FILL
Enter mode [ON/OFF] <ON>: OFF → 비우기 위해서 OFF를 입력하고 Enter키 입력. 아직 비워지지 않습니다.
Command: RE → 반드시 Fill다음에는 Regen실행.
Regenerating model. [fill-2]

[fill-2]

Regen명령은 원을 그리고 난 후 화면을 확대 또는 축소를 몇 번 실행하다 보면 원이 각이 져서 보일 때가 있습니다. 이런 경우는 보이기만 그렇게 보일 뿐 출력하면 원으로 출력이 됩니다. 다시 동그란 원처럼 보이기 위해서는 Regen 명령어를 실행하면 됩니다.

[regen]

[regen]

[연습문제-1]

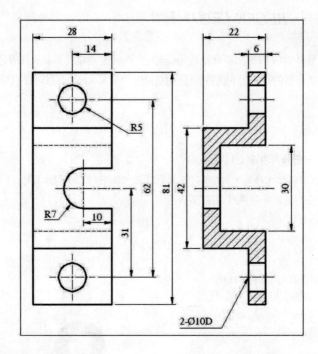

[연습문제-2]

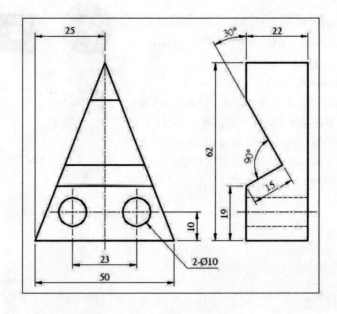

[연습문제-3]

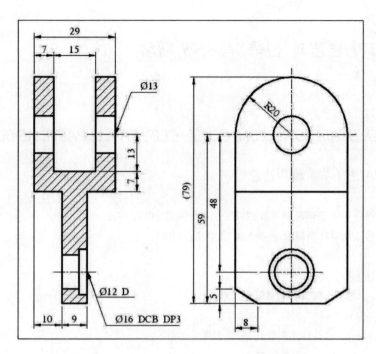

[연습문제-4]

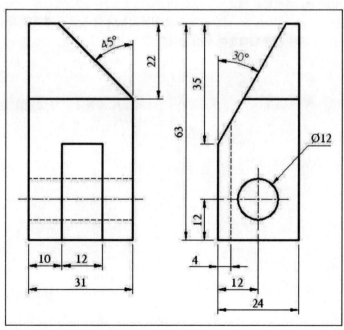

제18강
객체의 크기 변경과 신축, 복사에 대해

제18강. SCALE, STRETCH, COPY-CLIP, PASTE, PASTE AS BLOCK

1. SCALE (객체 크기변경)

Scale명령은 이미 그려진 객체의 크기를 변경하는 명령어입니다.
Scale값을 입력해서 확대 또는 축소를 할 수 있습니다.

명령어 진행순서.
Command: **SC → SCALE명령의 단축키.**
Select objects: → 객체선택.
Select objects: → 객체선택 후 Enter키 입력.
Specify base point: → 기준점 지정.
Specify scale factor or [Reference]: → **Scale값 입력. 1보다 큰 값을 입력하면 확대.**
0보다 크고 1보다 작은 값을 입력하면 축소 됩니다.

명령: SC
객체 선택:
객체 선택:
기준점 지정:
축척 비율 지정 또는 [참조(R)]:

다음의 사각형을 20×20인 사각형으로 확대를 해봅시다.
일단 10×10인 사각형을 그리세요. [scale-1]

Scale명령어 실행

Command: SC

Select objects: → 사각형 선택. [scale-2]

Select objects: → 객체선택 후 Enter키 입력.

Specify base point: → 기준점을 사각형 왼쪽 아래 점을
지정. [scale-3]

Specify scale factor or [Reference]: 2 → 2배로 확대를
해야 하므로 Scale값 2 입력. [scale-4]

**Scale값을 입력할 때 50%으로 축소를 할 때는 0.5를 입력
해도 되고, 1/2를 입력해도 됩니다.**

단 분수의 형태로 입력할 때 반드시 정수로 입력해야 됩니
다. 예를 들어 3.2/5를 입력하면 실행이 되지 않습니다.

**3.2/5와 같은 정수화 된 분수 값 32/50을 입력하면 됩니
다.**

Scale명령으로는 한쪽 방향으로 축소 또는 확대되지 않습
니다.

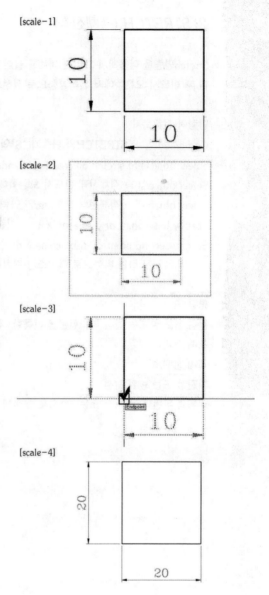

[scale-1]

[scale-2]

[scale-3]

[scale-4]

2. STRETCH (객체신축)

Stretch명령을 이용해서 그려진 객체를 늘이거나 줄일 수 있습니다. 한 가지 주의할 점은 객체를 선택할 때 반드시 오른쪽에서 왼쪽방향으로 점선의 상자형태로 한 번에 선택을 해야 합니다.

명령어 진행순서.
Command: S → STRETCH의 단축키 "S"입력.
Select objects to stretch by crossing-window or crossing-polygon...
Select objects: → 객체선택 반드시 오른쪽에서 왼쪽을 점선의 상자형태로 한 번에 선택.
Select objects: → 객체선택 후 Enter키 입력.
Specify base point or displacement: → 기준점 지정.
Specify second point of displacement or <use first point as displacement>:
→ 신축하고자 하는 방향으로 마우스를 지정하고 신축 값을 입력.

명령: S
걸침 윈도우 또는 걸침 다각형만큼 신축할 객체 선택...
객체 선택:
객체 선택:
기준점 또는 변위 지정:
변위의 두번째 점 지정 또는 <변위로 첫번째 점 사용>:

다음의 10×10인 사각형을 가로만 10을 늘여서 20×10인 사각형으로 만들어 봅시다. [stretch-1-1]

10×10인 사각형을 그려 보세요.

Stretch명령어 실행.

Command: S

Select objects to stretch by crossing—window or crossing—polygon…

Select objects: → 오른쪽 방향으로 늘여야 됩니다.

그러므로 윗선과 아랫선은 늘어나야 되고 오른쪽 선은 이동해야 됩니다. 이 처럼 신축되거나 움직여야 되는 선을 반드시 한 번에 선택해야 됩니다. 오른쪽 임의의 점을 지정하고 왼쪽 방향으로 객체를 선택하는 점 선의 박스 형태로 선택해야 됩니다. [stretch-1-2]

Select objects: → 객체선택 후 Enter키 입력.

Specify base point or displacement: → 기준점은 어디를 지정해도 상관이 없습니다. [stretch-1-3]

Specify second point of displacement or <use first point as displacement>:10 → 반드시 직교 (Ortho. 기능키F8)가 켜져 있어야 합니다, 마우스를 오른쪽 방향으로 움직이면 사각형이 늘어나는 것을 볼 수가 있습니다. 이 때 줄이려면 마우스를 왼쪽으로 하면 됩니다. 마우스를 오른쪽으로 하고 10을 입력하면 가로가 20이 됩니다.

[stretch-1-4], [stretch-1-5]

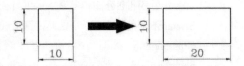

[stretch-1-1]

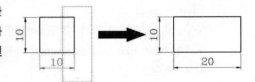

[stretch-1-2]

[stretch-1-3]

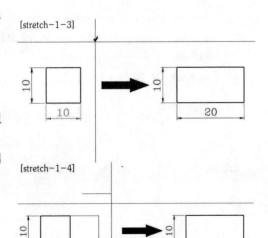

[stretch-1-4]

[stretch-1-5]

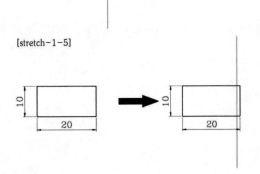

한번만 더 해보겠습니다. 다음과 같이 늘여보세요.

[stretch-2-1]

10×10인 사각형을 그리세요.

Stretch명령어 실행.

Command: S

Select objects to stretch by crossing-window or crossing-polygon...

Select objects: → 역시 같은 선택방법으로 아래선과 오른쪽 선을 한 번에 선택해야 됩니다.

[stretch-2-2]

Select objects: → 객체선택 후 Enter키 입력.

Specify base point or displacement: → 기준점은 어디를 지정해도 상관이 없습니다.

[stretch-2-3]

Specify second point of displacement or <use first point as displacement>:10 → 마우스를 오른쪽으로 하고 10입력.

[stretch-2-4], [stretch-2-5]

[stretch-2-1]
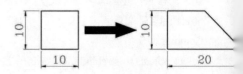

[stretch-2-2]
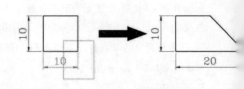

[stretch-2-3]
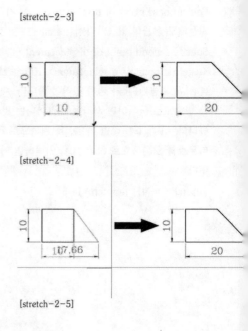

[stretch-2-4]

[stretch-2-5]
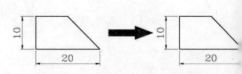

3. COPY-CLIP, PASTE, PASTE AS BLOCK

COPY-CLIP(Ctrl+C)과 PASTE-CLIP(Ctrl+V)은 캐드 뿐만 아니라 다른 문서프로그램 또는 인터넷에서 많이 사용하는 명령어입니다. **캐드에서 그린 그림을 다른 문서프로그램으로 옮긴다든지 캐드상의 다른 파일로 복사 시킬 수 있는 명령어입니다.**

파일을 새로 하나 열고, 다음의 그림을 그리겠습니다.
[copy-clip-1]
그림을 그린 후 다시 파일을 하나 다시 열겠습니다.
[copy-clip-2]
새로운 파일이 하나 열렸습니다. [copy-clip-3]
화면위의 메뉴에서 Window를 선택한 후 처음에 그림이 그려진 파일을 선택합니다.
[copy-clip-4]
처음에 그림을 그린 파일로 이동을 했습니까?
명령어 입력을 하지 않은 상태에서 그냥 마우스로 그림을 모두 선택합니다. [copy-clip-5]

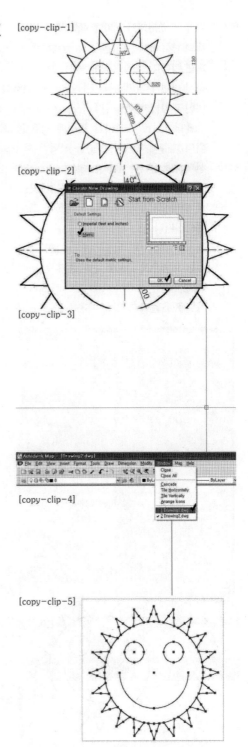

[copy-clip-1]

[copy-clip-2]

[copy-clip-3]

[copy-clip-4]

[copy-clip-5]

Ctrl+C(Ctrl키와 C키를 동시에 입력)를 해도 되고, 화면
위의 메뉴에서 Edit(편집)를 선택한 후 Copy(복사)를 선택
하면 됩니다. [copy-clip-6]

다시 화면 위의 메뉴에서 Window를 선택한 후 두번째
여신 파일을 선택합니다. [copy-clip-7]

Ctrl+V(Ctrl키와 V키를 동시에 입력)를 해도 되고, 화면
위의 메뉴에서 Edit(편집)를 선택한 후 Paste(붙여넣기)를
선택하면 됩니다. [copy-clip-8]

마우스를 움직이면 그림이 움직일 것입니다. 왼쪽 버튼으
로 화면상의 임의의 점을 지정하면 그 점을 기준으로 해서
붙여집니다.

[copy-clip-9], [copy-clip-10]

같은 방법으로 객체를 선택한 후 Ctrl+C를 하고 엑셀파일
을 Open 한 후 Ctrl+V를 하면 캐드에서 그린 그림을 엑셀
파일로 옮길 수가 있습니다. [copy-clip-11]

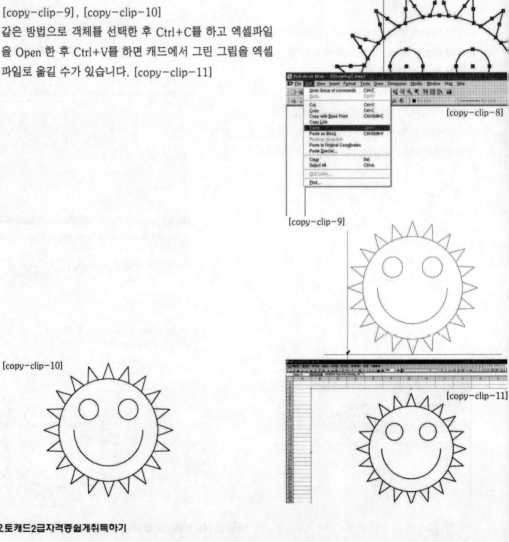

[copy-clip-6]

[copy-clip-7]

[copy-clip-8]

[copy-clip-9]

[copy-clip-10]

[copy-clip-11]

Paste as Block은 붙여 넣을 때 Paste와는 달리 전체를 하나로 묶어서 그룹화시켜 붙여 넣는 방식입니다.
Paste as Block을 이용해서 Scale명령으로 할 수 없었던 한쪽 방향으로 확대 또는 축소 시킬수 있습니다.

다음의 그림처럼 해 보겠습니다. 기본이 되는 그림을 X축으로만 두 배로 확대하고, Y축으로만 두 배로 확대한 그림입니다. 참고로 Stretch명령으로는 할 수 없습니다.
[past-as-block-1]
기본이 되는 객체를 선택하고 Ctrl+C를 해도 되고 메뉴에서 Edit를 선택한 후 Copy선택.
[past-as-block-2]
바로 이어서 Ctrl+Shift+V를 해도 되고 메뉴에서 Edit를 선택한 후 Paste as Block(블록으로 붙여넣기)을 선택.
[past-as-block-3]
Paste as Block(블록으로 붙여넣기)을 선택하면 화면 아래 Command Box에는 다음과 같은 메시지가 나타납니다.
Command: _pasteblock
Specify insertion point: X → X축으로 변경한다는 뜻에서 X를 입력.
Specify X scale factor: 2 → 2배로 확대한다는 뜻에서 2를 입력.
Specify insertion point: → 마우스 왼쪽 버튼으로 붙여 넣을 기준점 지정. [past-as-block-4]

명령: _pasteblock
삽입점 지정: X
X 축척 비율 지정: 2
삽입점 지정:
그림이 X축으로 2배 확대되어 붙여집니다.
[past-as-block-5]

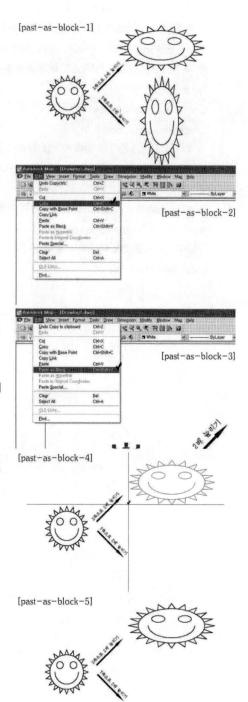

[past-as-block-1]

[past-as-block-2]

[past-as-block-3]

[past-as-block-4]

[past-as-block-5]

같은 방법으로 객체를 선택하고 Ctrl+C를 한 후 바로 이
어서 Ctrl+Shift+V를 해도 되고 메뉴에서 Edit를 선택하
한 후 Paste as Block(블록으로 붙여넣기)을 선택.

[past-as-block-6]

Command: _pasteblock

Specify insertion point: Y

→ Y축으로 변경한다는 뜻에서 Y를 입력.

Specify X scale factor: 2 → 2배로 확대한다는 뜻에서 2
를 입력.

Specify insertion point: → 마우스 왼쪽 버튼으로 붙여 넣
을 기준점 지정. [past-as-block-7]

그림이 Y축으로 2배 확대되어 붙여집니다.

[past-as-block-8]

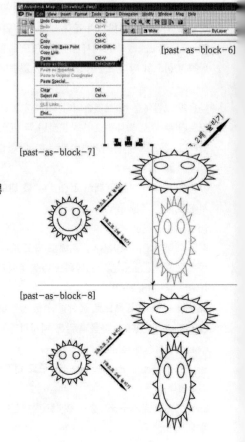

[past-as-block-6]

[past-as-block-7]

[past-as-block-8]

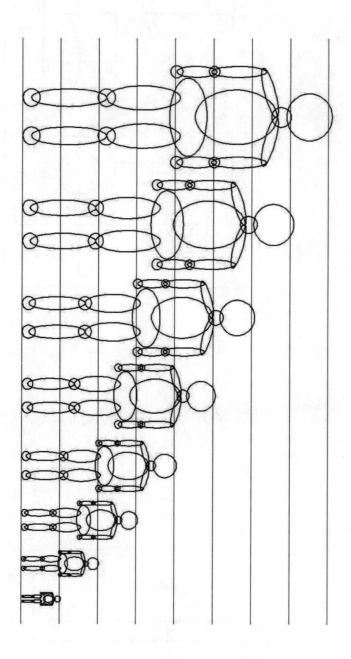

[연습문제-2]

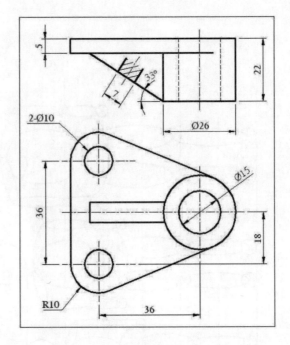

2-Ø10
Ø15
36
18
R10
36
5
33°
7
22
Ø26

[연습문제-3]

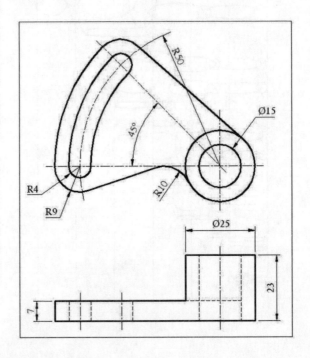

R50
45°
Ø15
R4
R9
R10
Ø25
23
7

[연습문제-4]

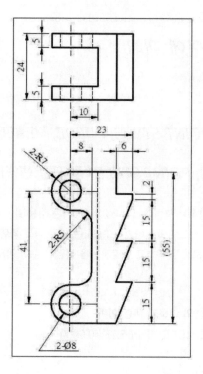

[연습문제-5]

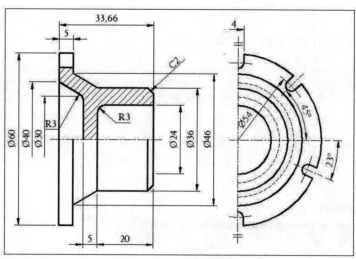

제19강
점생성과 분할명령어에 대해

제19강. POINT, POINT STYLE, DIVIDE, MEASURE

1. POINT (점생성), POINT STYLE (점 모양 변경)

Point는 화면에 점을 생성하는 명령어입니다. 실무에서는 점을 표기할 때 Point보다는 Donut을 더 많이 사용합니다. 실무에서 점으로 표현하기에 Point는 너무 작고 확인이 어렵습니다.
Donut으로 안쪽지름은 0으로 입력하고 바깥지름을 적당히 주어 점으로 표현을 많이 합니다.

명령어 진행순서.
Command: PO → **POINT의 단축키 "PO"입력.**
Current point modes: PDMODE=0 PDSIZE=0.0000
Specify a point: → 점의 위치 지정.

명령: PO
현재 점 모드: PDMODE=0 PDSIZE=0.0000
점 지정:

단축키를 이용해서 Point를 실행하면 한번의 점 지정으로 명령어가 끝이 납니다. 하지만 아이콘을 클릭해서 Point를 실행하면 무한으로 점을 지정할 수 있습니다. 아이콘을 클릭해서 실행했다면 종료 할 때는 Enter키 대신에 ESC키를 입력해야 종료가 됩니다. [POINT.DDPTYPE-1]

[POINT.DDPTYPE-1]

Point 아이콘을 클릭해서 화면에 임의대로 여러 개의 점을 지정하면 화면에 점이 깨알만큼 생성되는 것을 볼 수 있습니다. ESC키를 입력해서 종료를 하고, 명령어 입력 없이 점들을 선택하면 점이 생성되어 있는 위치에 파란 Grip점들이 나타나는 것을 볼 수 있습니다. (명령어 입력 없이 객체를 선택하면 Grip점들은 객체마다 모두 있습니다. Line은 3개. Circle은 5개. Pline은 2개)
[POINT.DDPTYPE-2]

[POINT.DDPTYPE-2]

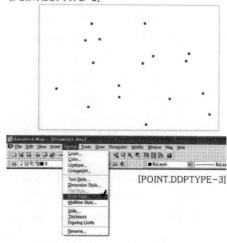

이번에는 깨알만큼 찍혀져 있는 점들은 눈으로 쉽게 확인할 수 있도록 점의 모양들을 Point Style 명령어를 이용해서 변경해 보겠습니다. 화면 상단의 메뉴에서 Format(형식)을 선택하고 그 안에 있는 Point Style(점 스타일)을 선택하겠습니다.
[POINT.DDPTYPE-3], [POINT.DDPTYPE-4]

[POINT.DDPTYPE-3]

Point Style을 선택하면 Point Style 상자가 나타납니다. 상자에 보면 점의 여러 가지 모양들이 있습니다. 마음에 드는 것을 하나 선택하고. 아래에 점의 크기를 지정하는 할 수 있습니다. 점의 크기를 지정하는 방식은 두가지가 있습니다.

[POINT.DDPTYPE-4]

1) Set Size Relative to Screen

(화면의 상대적 크기 설정): 화면의 축소, 확대에 따라서 점의 크기가 보일 것인지 변경이 됩니다. 현재 화면에서 몇%만큼 점의 크기가 결정이 됩니다. 점의 크기에서 단위가 %로 표기 됩니다.

[POINT.DDPTYPE-5]

2) Set Size in Absolute Units

(절대단위로 크기 설정): 화면의 크기에 상관없이 일정한 크기의 점을 생성합니다. 점의 크기에서 단위가 Units(단위)로 표기 됩니다.
[POINT.DDPTYPE-5], [POINT.DDPTYPE-6]

[POINT.DDPTYPE-6]

적당한 점의 모양과 적당한 점의 크기를 입력하고
OK를 클릭하면 화면의 점들의 모양이 변경된 것을
확인 할 수 있습니다. Point Style은 현재의 점과 앞
으로 그려야 할 점들의 모양을 모두 변경합니다.
한 화면에 두개의 점 모양을 나타낼 수는 없습니다.
[POINT.DDPTYPE-7]

[POINT.DDPTYPE-7]

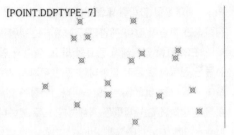

2. DIVIDE (갯수로 객체분할), MEASURE (거리로 객체분할)

Divide와 Measure를 이용해서 객체를 갯수와 거리로 분할 할 수 있습니다.
선을 5등분 한다든지, 500M가 되는 길에 가로수를 30M마다 심는 도면 작업을 할 때 사용이 됩니다.
분할이 될 때는 객체자체가 하나에서 여러 개로 분할이 되지는 않습니다. 분할되는 지점에 앞서 공부
한 Point가 생성이 됩니다. 만약에 분할한 후에도 Point가 보이지 않는다면 Point Style을 변경하면
됩니다. Divide나 Measure 명령어를 사용한다면 반드시 Point Style을 변경한 후 실행을 하십시오.

1) Divide 명령어 진행순서

Command: DIV → DIVIDE의 단축키 "DIV"입력
Select object to divide: → 분할할 객체선택
Enter the number of segments or [Block] : → 분할할 갯수입력

명령: DIV
등분할 객체 선택:
세그먼트의 갯수 입력 또는 [블록(B)]:

2) Measure 명령어 진행순서

Command: ME → MEASURE의 단축키 "ME"입력
Select object to measure: → 분할할 객체선택
Specify length of segment or [Block] : → 분할할 거리입력

명령: ME
길이분할 객체 선택:
세그먼트의 길이 지정 또는 [블록(B)]:

다음의 그림을 그려봅시다. 길이가 100인 가로선을 그리고 Copy나 Offset를 해서 2개를 더 만듭니다.

첫번째 선은 3등분을 하고, 두번째와 세번째 선은 30만큼 분할을 해봅시다. [DIVIDE.MEASURE-1]

먼저 첫번째 선을 3등분을 해보세요.

Divide명령어를 실행하세요.

Command: DIV

Select object to divide: → 선을 선택합니다.

Divide명령어는 객체를 하나만 선택하게 되어 있습니다. 선택한 후 Enter키를 입력할 필요는 없습니다. [DIVIDE.MEASURE-2]

Enter the number of segments or [Block] : 3

→ 등분할 값 3입력 후 Enter키 입력. [DIVIDE.MEASURE-3]

두번째, 세번째 선을 30간격으로 분할을 해보겠습니다.

Measure를 실행할 때는 Divide와는 달리 객체를 선택할 때 객체의 어느 부분을 클릭해서 선택하느냐에 따라서 분할의 방향이 달라집니다.

두번째 선부터 분할을 해보겠습니다. Measure를 실행하고.

Command: ME

Select object to measure: → 분할할 선을 선택합니다.

선의 왼쪽 부분을 클릭해서 선택하겠습니다. [DIVIDE.MEASURE-4]

Specify length of segment or [Block] : 30

→ 분할할 거리 값 30입력.

왼쪽부터 30간격으로 분할되면서 오른쪽 부분이 10이 남습니다. [DIVIDE.MEASURE-5]

[DIVIDE.MEASURE-1]
100 → Divide:3 → 33.33 33.33 33.33
100 → Measure:30 → 30 30 30 10
100 → Measure:30 → 10 30 30 30

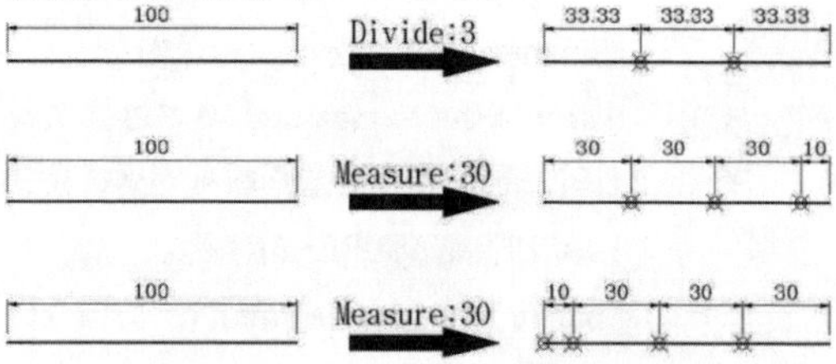

[DIVIDE.MEASURE-2]
→ Divide:3 → 33.33 33.33 33.33 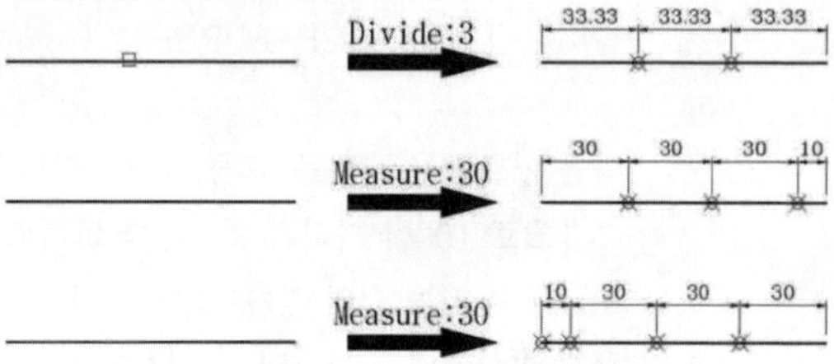
→ Measure:30 → 30 30 30 10
→ Measure:30 → 10 30 30 30

[DIVIDE.MEASURE-3]
→ Divide:3 → 33.33 33.33 33.33
→ Measure:30 → 30 30 30 10
→ Measure:30 → 10 30 30 30

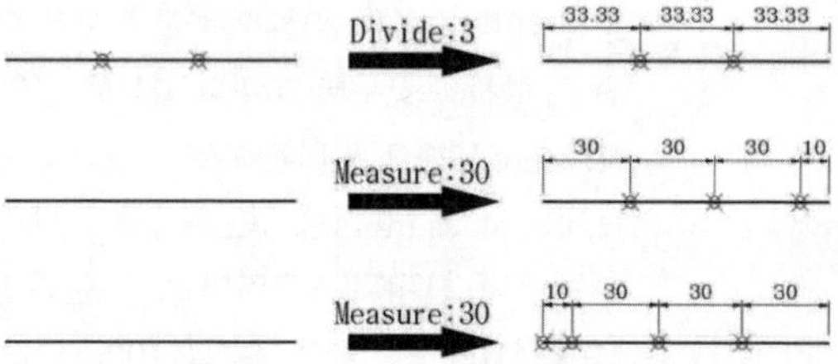

[DIVIDE.MEASURE-4]
→ Divide:3 → 33.33 33.33 33.33 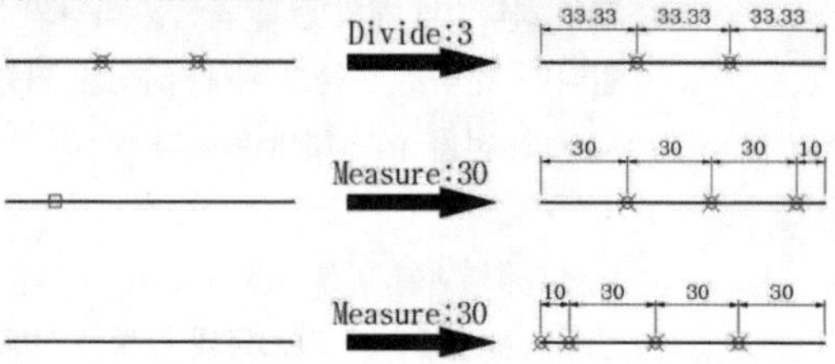
→ Measure:30 → 30 30 30 10
→ Measure:30 → 10 30 30 30

[DIVIDE.MEASURE-5]
→ Divide:3 → 33.33 33.33 33.33
→ Measure:30 → 30 30 30 10
→ Measure:30 → 10 30 30 30

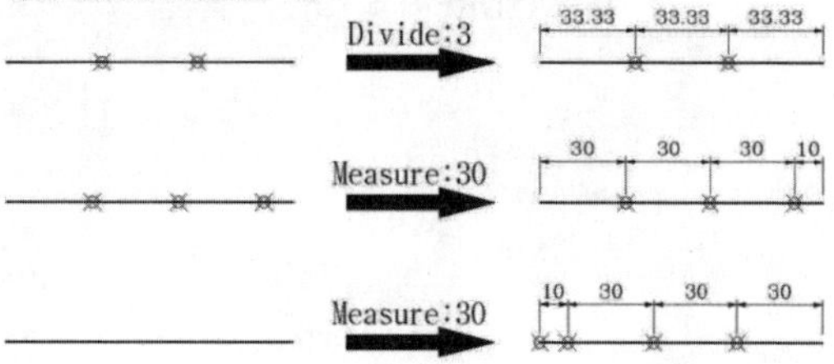

세번째 선을 분할해 봅시다. Measure를 실행하세요.

Command: ME

Select object to measure: → 분할할 선을 선택합니다.

선의 오른쪽 부분을 클릭해서 선택하겠습니다.

[DIVIDE.MEASURE-6]

Specify length of segment or [Block]: 30

→ 분할할 거리 값 30입력.

오른쪽부터 30간격으로 분할되면서 왼쪽 부분이 10이 남습니다. [DIVIDE.MEASURE-7]

다음의 그림을 그려봅시다. 도로가 있다고 가정합니다.
수평으로 100을 가다가 R40만큼 코너가 있고 다시 수직으로 100을 가는 길이 있습니다. 이 길 위에 30마다 R5인 가로수를 심으려고 합니다. 수평선의 왼쪽부분부터 시작을 해서 30마다 나무를 심으면 수평선의 10이 남습니다.
남은 10과 곡선의 20을 더해진 부분에 다시 나무를 심어야 하고, 다시 그곳부터 30마다 나무를 심어야겠죠. 물론 Measure 명령어를 이용해서 30마다 분할을 하면 됩니다.
문제는 Measure 명령어는 객체를 하나밖에 선택할 수 없다는 겁니다. 우리가 그려야 할 선은 총 3개입니다.
(수평선100, R40곡선, 수직선100)

[MEASURE예제-1], [MEASURE예제-2]

답은 하나! 세 개의 선과 곡선을 하나의 객체로 만드는 것입니다. 하나로 만들기 위해서 Pedit 명령어를 이용해서 세 개의 선을 Join 하면 됩니다.

Pedit 명령어를 실행하겠습니다.

Command: PE → PEDIT의 단축키 "PE"입력.

Select polyline or [Multiple]: → 수평선을 선택합니다.

[MEASURE예제-3]

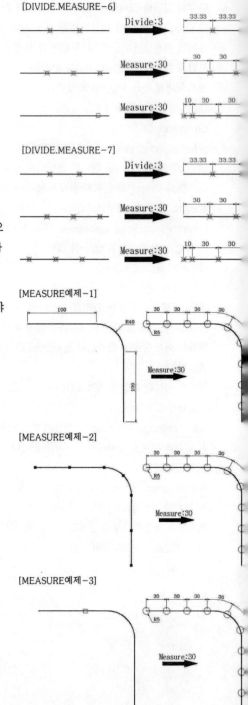

Object selected is not a polyline

Do you want to turn it into one? <Y>

→ 그냥 Enter키 입력.

Enter an option [Close/Join/Width/Edit vertex
/Fit/Spline/Decurve/Ltypegen/Undo]: J

→ Join옵션을 실행하기 위해서 단축키 "J"입력.

Select objects: Specify opposite corner: 2 found

→ 처음에 선택한 선과 Join할 객체 수직선과 곡선을 선택합
니다. [MEASURE예제-4]

Select objects: → 객체를 모두 선택했으므로 Enter키 입력.

2 segments added to polyline → 두개의 객체가 더해졌다는
메시지가 나타납니다.

Enter an option [Close/Join/Width/Edit vertex
/Fit/Spline/Decurve/Ltypegen/Undo]:

→ Pedit명령어를 끝내기 위해서 Enter키 입력.

명령어 입력 없이 마우스로 클릭을 하면 하나로 묶인 것을
확인할 수 있습니다. [MEASURE예제-5]

이제 Measure 명령어를 실행해서 30간격으로 분할을 해봅
시다.

Command: ME

Select object to measure: → 수평선의 왼쪽부분을 선택하겠
습니다. [MEASURE예제-6]

Specify length of segment or [Block]: 30

→ 분할할 거리값 30입력. [MEASURE예제-7]

[MEASURE예제-4]

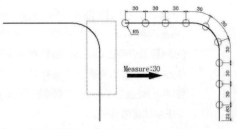

[MEASURE예제-5]

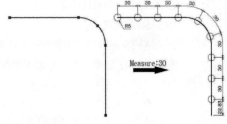

[MEASURE예제-6]

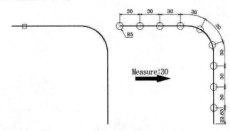

[MEASURE예제-7]

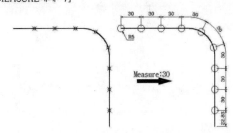

이제 Point가 생성된 지점에 R5인 원을 그리면 되는데, Circle명령어를 실행하고 마우스를 Point에 올려놓으면 Osnap점이 나타나지 않습니다.

Point를 잡아주는 Osnap를 설정 해 보도록 하죠.

Osnap Setting 상자를 열고 왼쪽 편에 있는 Node점을 지정합니다. Node는 Point를 잡아주는 Osnap입니다.

[MEASURE예제-8]

이제 Circle 명령어를 실행하고 마우스를 Point에 올려놓으면 Osnap점이 나타납니다.

[MEASURE예제-9]

Divide나 Measure 명령어를 이용해서 분할을 했다면 반드시 Osnap점에서 Node점을 지정해야 됩니다.

[MEASURE예제-8]

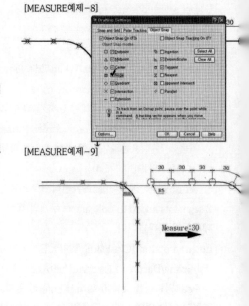

[MEASURE예제-9]

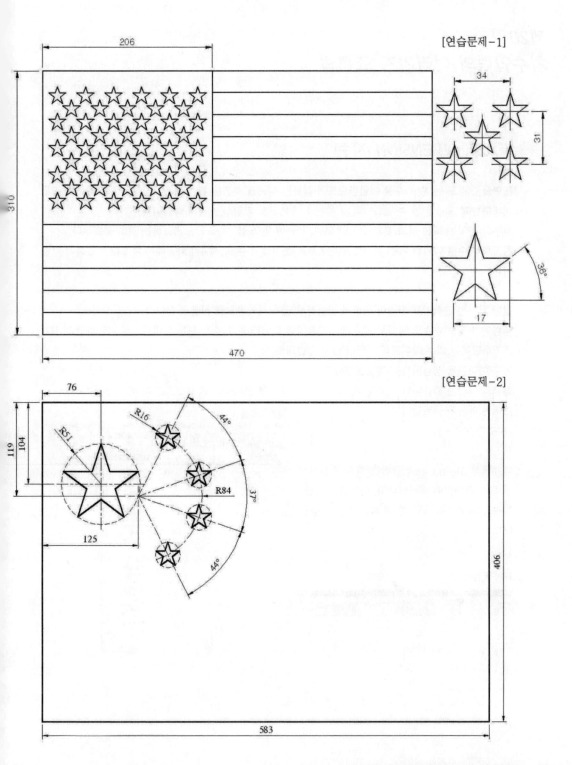

[연습문제-1]

[연습문제-2]

제20강
치수입력의 여러가지 표현법

제20강. DIMENSION (치수)

도면을 그리고 난 후 치수를 기입함으로써 잘못된 부분을 수정을 할 수도 있고, 다른 사람들이 도면을 이해하는데 도움을 줄 수 있습니다. 치수는 최소한으로 기입하는 것이 좋습니다.

치수의 문자는 다른 선과 겹쳐서는 안 되며, 한눈에 알아 볼 수 있도록 기입하는 것이 좋습니다.

참고로 치수를 기입할 때는 치수에 관한 Layer을 만들어 주고, 치수 Layer에서 치수를 기입하기 바랍니다.

일단 치수는 단축키로 명령어 행에서 실행하지 않고 아이콘으로 실행을 합니다.

명령어가 많고 변수도 많아서 외우기란 보통일이 아닙니다. 치수는 모두 아이콘으로 기입하겠습니다.

초기화면에는 치수 아이콘이 나타나 있지 않습니다.

치수 아이콘을 생성하도록 해보겠습니다.

화면의 어디든 좋습니다. 아이콘이 있는 곳에 마우스를 올려놓고 마우스 오른쪽 버튼을 클릭하면 아이콘 메뉴가 나타납니다.

[치수툴 보기-1]

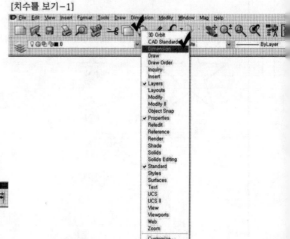

[치수툴 보기-1]

메뉴에서 Dimension(한글판은 치수)을 클릭하면 치수 아이콘이 나타납니다. 아이콘의 파란 부분을 마우스로 클릭 한 채 적당한 곳에 옮깁니다.

[치수툴 보기-2]

[치수툴 보기-2]

다음의 그림을 그리고 치수를 기입해보겠습니다.

[선형치수-1]

사각형을 그리고 치수를 기입하기 위해서 치수의 첫번째
아이콘인 선형치수를 클릭하겠습니다.

[선형치수-2]

선의 한쪽 끝점을 클릭하겠습니다.

[선형치수-3]

선의 나머지 한 쪽 끝점을 클릭하겠습니다.

[선형치수-4]

마우스를 왼쪽으로 이동하면 치수가 나옵니다.
치수가 위치할 적당한 곳에 클릭.

[선형치수-5], [선형치수-6]

같은 방법으로 선형치수 아이콘은 클릭하겠습니다.

[선형치수-7]

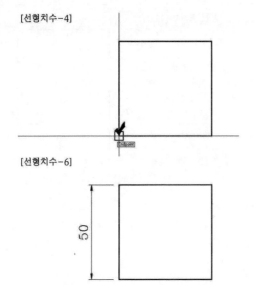

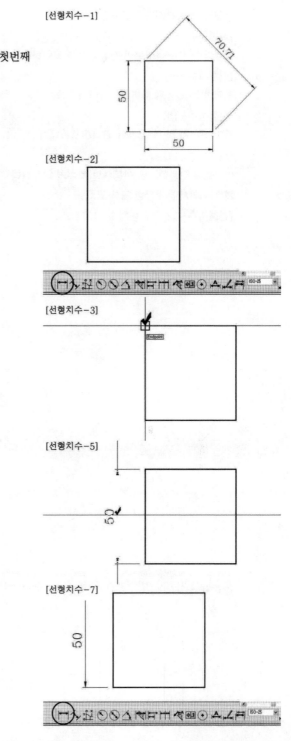

[선형치수-1]

[선형치수-2]

[선형치수-3]

[선형치수-4]

[선형치수-5]

[선형치수-6]

[선형치수-7]

그림과 같이 순서대로 클릭을 합니다.

[선형치수-8]

치수의 두번째 아이콘인 정렬치수를 클릭하겠습니다.

[선형치수-9]

선의 한쪽 끝점을 클릭하겠습니다.

[선형치수-10]

선의 나머지 한 쪽 끝점을 클릭하겠습니다.

[선형치수-11]

마우스를 오른쪽으로 이동하면 치수가 나옵니다.

치수가 위치할 적당한 곳에 클릭.

[선형치수-12], [선형치수-13]

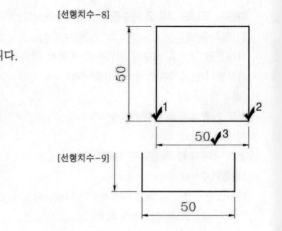

[선형치수-8]

[선형치수-9]

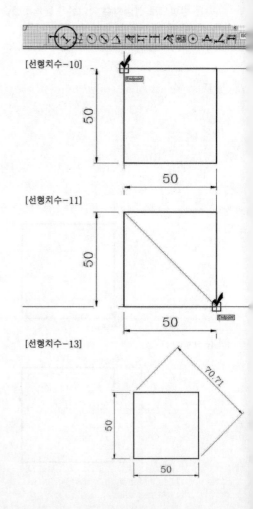

[선형치수-10]

[선형치수-11]

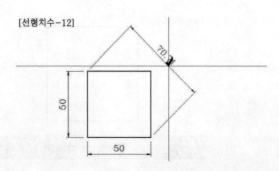

[선형치수-12]

[선형치수-13]

원을 그리고 치수를 기입해보겠습니다.

R50인 원을 그리겠습니다.

치수의 네번째 아이콘인 반지름 치수를 클릭하겠습니다.
[반지름.지름-1]

원을 클릭하겠습니다. [반지름.지름-2]

마우스를 원의 바깥으로 이동하고 적당한 위치에서 클릭하
겠습니다. [반지름.지름-3]

역시 반지름 치수를 클릭하고 그림과 같이 순서대로 클릭
을 하면 원의 안쪽에 치수가 기입됩니다.

[반지름.지름-4]

지름은 치수의 다섯번째 아이콘인 지름 치수를 클릭하겠습
니다.[반지름.지름-5]

반지름과 마찬가지로 순서대로 클릭하면 원의 바깥과 안쪽
에 지름치수를 기입할 수 있습니다.

[반지름.지름-6]

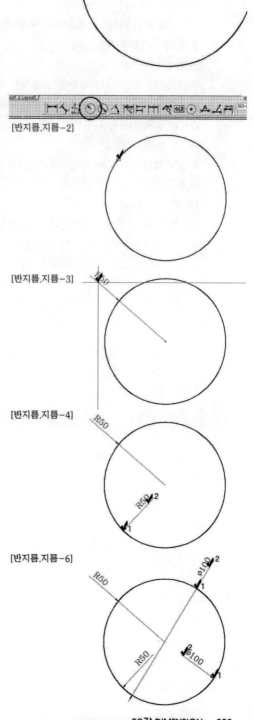

[반지름.지름-1]

[반지름.지름-2]

[반지름.지름-3]

[반지름.지름-4]

[반지름.지름-6]

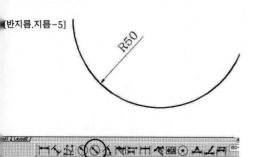

[반지름.지름-5]

다음의 그림을 그리고 치수를 기입해보겠습니다.
[연속치수-1-1]
왼쪽 치수부터 기입해보겠습니다. 일단 선형치수로 치수를 하나 기입 하겠습니다.
[연속치수-1-2]
역시 선형치수로 다음 치수를 기입하는데 마지막 세번째 점은 앞서 기입했던 치수의 문자 아래에 있는 중간점을 클릭합니다. 치수선이 일치가 되면서 기입됩니다. [연속치수-1-3]
같은 방법으로 마지막 세번째 점은 앞서 기입한 치수의 문자 아래에 있는 중간점을 클릭합니다.
[연속치수-1-4]
대부분은 이 방법을 사용하는데 이런 치수가 많을 경우에는 조금 불편합니다. 다른 방법으로 기입해보죠.
기입한 치수는 모두 삭제를 하겠습니다.

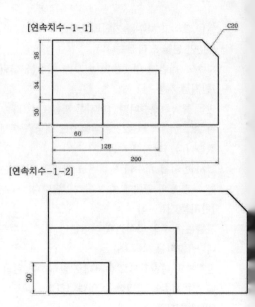

[연속치수-1-1]

[연속치수-1-2]

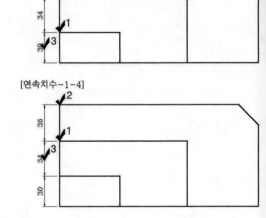

[연속치수-1-3]

[연속치수-1-4]

선형치수로 치수를 기입하는 데 두 끝점을 지정할 때
반드시 그림과 같은 순서로 지정합니다.
(①번과 ②번의 순서가 틀리면 안됩니다)

[연속치수-2-1]
치수의 아홉번째 아이콘인 연속치수를 클릭합니다. 아
이콘을 클릭한 후 그림과 같이 점을 클릭하면 자동으
로 지정한 점까지의 치수가 기입됩니다.

[연속치수-2-2]
연속치수는 한번 지정했다고 해서 끝나지가 않습니다.
계속해서 다음 점을 클릭하면 계속해서 치수가 기입이
됩니다.

[연속치수-2-3], [연속치수-2-4]
이것을 또 다른 방법으로 기입해 보겠습니다.
기입한 치수를 모두 삭제하겠습니다.

[연속치수-2-1]

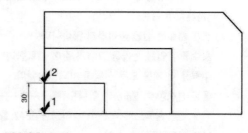

[연속치수-2-2]

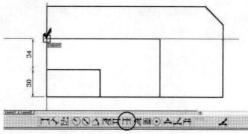

[연속치수-2-3]

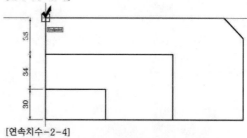

[연속치수-2-4]

치수의 일곱번째 아이콘인 빠른 치수를 클릭합니다.

[빠른치수-1-1]

빠른 치수는 점을 클릭하지 않습니다.

치수를 기입할 선들을 그림과 같이 선택합니다.

수평선 네 개를 모두 선택하면 되겠습니다.

물론 선택한 후 Enter키 입력!. [빠른치수-1-2]

마우스를 왼쪽으로 이동하고 적당한 곳에 클릭하겠습니다. [빠른치수-1-3]

한번의 클릭으로 세 개의 치수가 모두 기입이 됩니다.

[빠른치수-1-4]

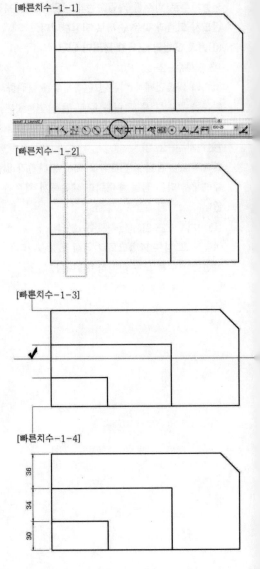

[빠른치수-1-1]

[빠른치수-1-2]

[빠른치수-1-3]

[빠른치수-1-4]

오른쪽편의 치수를 기입해 보겠습니다.

건설 분야의 도면에는 대부분 오른쪽편의 치수처럼 기입을 합니다. 치수는 선과 화살표, 문자가 하나로 묶여 있는 객체이기 때문에 Trim이 되지 않습니다.

Trim을 하기 위해서는 Explode를 하면 되는데 치수를 Explode를 하면 나중에 치수가 변경이 안되므로 치수를 Explode하면 안됩니다.

일단 적당한 위치에 선을 하나 그립니다.

[빠른치수-2-1]

각선의 끝점에서 앞서 그린 수직선까지 선을 그립니다. [빠른치수-2-2]

빠른 치수를 클릭하고 방금 그린 수평선 네 개를 모두 클릭합니다. 클릭 후 Enter키 입력.

[빠른치수-2-3]

마우스를 오른쪽으로 이동하고 적당한 곳에 클릭.

[빠른치수-2-4]

세 개의 치수가 동시에 기입됩니다.

[빠른치수-2-5]

앞서 그린 수직과 수평선을 모두 삭제합니다.

[빠른치수-2-6]

이 방법은 조금 귀찮아도 실무에서 많이 사용되는 방법이므로 꼭 기억하기 바랍니다.

[빠른치수-2-1]

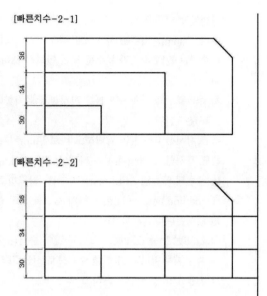

[빠른치수-2-2]

[빠른치수-2-3]

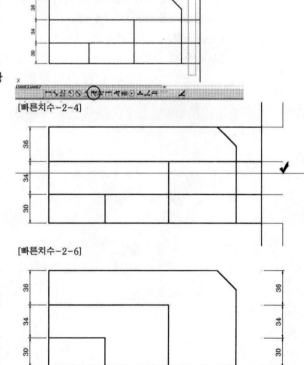

[빠른치수-2-4]

[빠른치수-2-5]

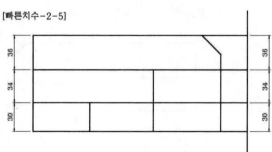

[빠른치수-2-6]

이번에는 오른쪽 위의 Chamfer치수를 기입해 보겠습니다. Chamfer치수는 자동으로 치수가 기입되는 다른 치수와는 달리 우리가 치수를 직접 입력을 해야 합니다.

치수의 열번째 아이콘인 빠른 지시선을 클릭합니다. [지시선-1]

빠른 지시선 아이콘을 클릭하고 바로 Enter키를 입력하면 지시선 Setting 상자가 나타납니다. Setting 상자의 세번째 메뉴인 Attachment(부착)을 클릭하고 『Underline bottom line』 항목에 체크를 하고 OK버튼을 클릭합니다. [지시선-2]

직교(F8번키)를 OFF하고 그림과 같이 순서대로 두 개의 점을 클릭합니다. 흔히들 수평으로 선을 그리는 데 그럴 필요가 없습니다. 문자가 생성되는 만큼 밑줄이 그려집니다. [지시선-3]

Enter키를 세 번 입력하면 Mtext 상자가 나타납니다. Mtext 상자에 직접 "C20"을 입력합니다. 입력 후 OK 버튼을 클릭합니다. [지시선-4]

Chamfer치수가 기입되었습니다. [지시선-5]

[지시선-1]

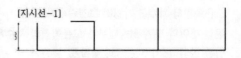

[지시선-2]

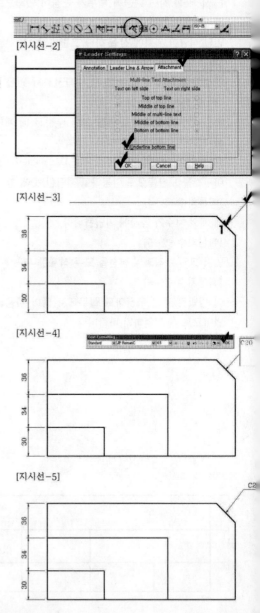

[지시선-3]

[지시선-4]

[지시선-5]

아래쪽의 치수를 기입해 보겠습니다.

일단 그림과 같은 순서대로 클릭을 하고 첫번째 치수를 기입합니다. (①번과 ②번의 순서가 틀리면 안됩니다) 치수기입 후 치수의 여덟번째 아이콘인 기준선 치수를 클릭합니다. [기준선치수-1]

그림과 같이 다음 점을 클릭하면 자동으로 치수가 기입됩니다. [기준선치수-2]

한번의 클릭으로 명령어가 끝나지가 않습니다. 계속해서 다음 점을 클릭합니다.[기준선치수-3]

하지만 치수와 치수사이의 간격이 너무 좁아서 문자와 선이 겹칩니다. [기준선치수-4]

간격을 넓게 한 후 다시 기입해 보겠습니다.

앞서 기입한 치수를 삭제하겠습니다.

치수의 제일 오른쪽에 있는 Dimension Style (치수유형)을 클릭합니다. [기준선치수-5]

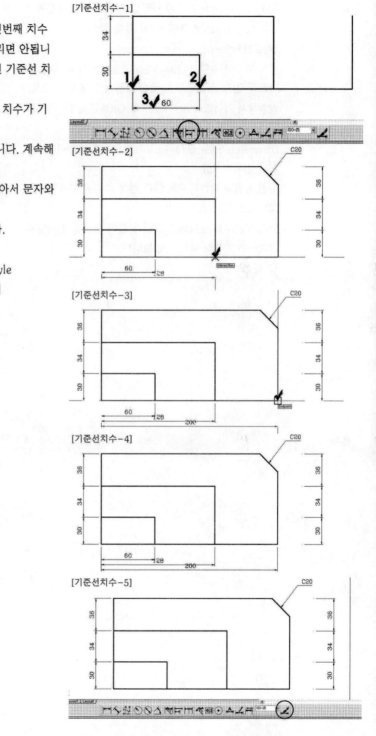

[기준선치수-1]

[기준선치수-2]

[기준선치수-3]

[기준선치수-4]

[기준선치수-5]

Dimension Style 상자가 나타납니다. 상자의 오른쪽
편에 있는 Override(재지정)을 클릭합니다.
[기준선치수-6]
상자 위의 메뉴에서 『Lines and Arrows』를 클릭하고,
아래의 『Baseline spacing』의 값을 3.75에서 10으로
변경해서 기입합니다. 기입한 후 OK버튼을 클릭합니
다. [기준선치수-7]
Dimension Style 상자의 Close버튼을 클릭합니다.
[기준선치수-8]
앞선 방법과 마찬가지로 일단 선형 치수를 하나 기입
합니다.[기준선치수-9]
기준선 치수를 클릭하고 그림과 같이 점들을 순서대로
클릭하면 간격이 넓게 기입됩니다.
[기준선치수-10]

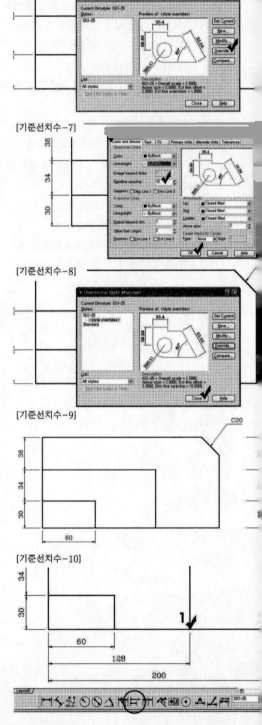

[기준선치수-6]

[기준선치수-7]

[기준선치수-8]

[기준선치수-9]

[기준선치수-10]

다음의 그림을 그리고 치수를 기입해 보겠습니다.
길이는 100으로 하고 그림과 같은 각도로 세 개의 선을 그
려보겠습니다. [각도-1]
치수의 여섯번째 아이콘인 각도 치수를 클릭하겠습니다.
그림과 같은 순서로 두 선을 클릭한 다음 마우스를 움직여
서 적당한 치수가 생성이 되도록 클릭하겠습니다.
[각도-2]
같은 방법으로 72° 각도도 기입해 보겠습니다. 그런데 72°
각도의 문자가 선과 겹쳐져서 문자를 잘 알아 볼 수가 없습
니다. 이럴 때는 문자만 원하는 위치로 이동할 수 있습니
다. [각도-3]
치수의 열네번째 아이콘인 치수 문자 편집 아이콘을 클릭
하겠습니다. [각도-4]
아이콘을 클릭한 후 문자를 클릭하고 마우스를 움직이면
마우스가 움직이는 대로 문자가 이동됩니다. 적당한 위치
에 마우스를 이동한 후 클릭. [각도-5]
문자만 옆으로 이동을 하였습니다. [각도-6]
72°의 바깥쪽 치수 288°를 입력해 보겠습니다.
역시 각도 치수 아이콘을 클릭하겠습니다. 아이콘 클릭 후
곧바로 Enter키를 입력하고, 그림과 같은 순서로 점들을
클릭하면 바깥쪽 각도가 기입됩니다. [각도-7]

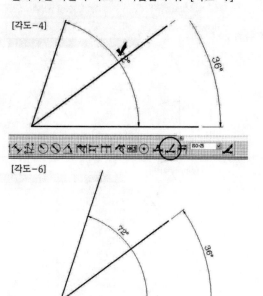

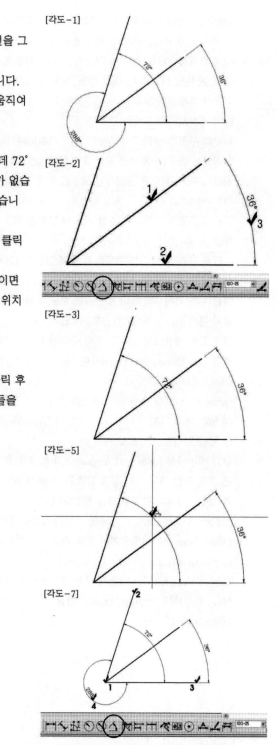

지금까지 여러 가지 치수를 기입하는 방법에 대해서 배웠습니다. 이제부터는 기입한 치수를 변경하는 방법에 대해서 배워보겠습니다. 치수를 구성하고 있는 화살표 크기라든지, 문자의 크기 또는 배치 방법, 오차의 표현 방법 등에 대해서 배워보겠습니다.

먼저 치수의 구조를 알아봅시다.

치수의 구조는 옆의 그림에서와 같이 치수문자, 화살표가 붙어있는 치수선, 치수선 양쪽의 치수보조선으로 구성되어 있습니다. 이 치수를 구성하는 요소들을 변경해 봅시다.

[치수구조]

다음의 그림을 그리고 치수를 기입해 보겠습니다.

[dimstyle-1]

그림을 그린 후 치수를 기입하면 옆의 그림과 같이 문자체. 문자의 크기, 문자의 방향, 치수의 오차, 화살표의 종류가 다릅니다. 이제부터 하나씩 변경해 보도록 하겠습니다.

먼저 문자 Style, 문자크기, 화살표 크기, 문자정렬, 기타 간격 값을 바꿔보겠습니다. 치수 아이콘 중에서 제일 오른쪽에 있는 Dimension Style(치수유형)을 클릭합니다.

[dimstyle-2]

Dimension Style 대화 상자가 나타납니다. 상자의 오른편에 보면 여러 가지 버튼이 있는데 항상 Override(재지정)을 클릭합니다.[dimstyle-3]

상단 메뉴에서 Lines and Arrows(선과 화살표)를 클릭하면 그에 대한 여러 가지 설정 값들을 볼 수 있습니다. 여기에서 그림과 같이 변경을 하겠습니다.

Extend beyond dim(치수 넘어로 연장) : 2로 변경

Offset from origin(원점에서 간격 띄우기) : 2로 변경

Arrow size(화살표 크기) : 3.5로 변경

Center Mark for Circle(원에 대한 증심표식 : Type을 Mark(표식)에서 None(없음)으로 변경

[dimstyle-4]

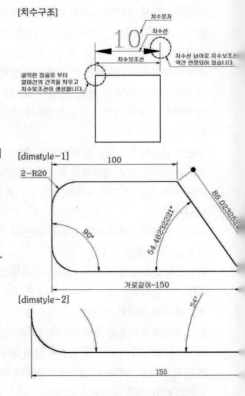

[치수구조]

[dimstyle-1]

[dimstyle-2]

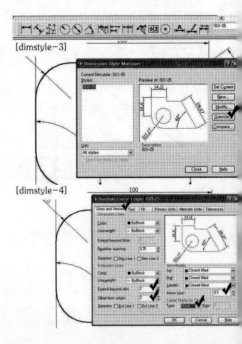

[dimstyle-3]

[dimstyle-4]

다시 상단 메뉴에서 Text(문자)를 선택하겠습니다.
문자에 대해서 설정 값을 변경해 보겠습니다.
일단 치수문자의 글자체를 변경하기 위해서 그림과 같이
아이콘을 클릭합니다. [dimstyle-5]
Text Style 상자가 나타납니다. Font(글자체)를 "txt.shx"
에서 "romanc.shx"로 변경합니다.
Apply(적용)을 클릭하고, Close(닫기)를 클릭합니다.
[dimstyle-6]
나머지 문자에 대한 속성을 변경합니다.
Text height(문자크기) : 4로 변경
Offset from dim line(치수선과의 간격) : 문자와 치수선
사이의 간격을 뜻합니다. 1.5로 변경

Text Alignment(문자정렬)

1) Horizontal(수평):
모든 치수의 문자가 수평으로 생성됩니다.

2) Aligned with dimension(치수선에 정렬):
치수선과 동일한 방향으로 생성됩니다.

3) ISO standard(ISO표준):
국제표준화 규격으로 문자 생성. 치수선 밖으로 문자가 나
오면 수평으로 생성됩니다. 쉽게 말해서 반지름 치수만 수
평으로 생성됩니다. 우리는 ISO표준을 선택하겠습니다.
그림과 같이 변경 한 후 OK버튼을 클릭합니다.
[dimstyle-7]
Close버튼을 클릭합니다.
[dimstyle-8]
Dimension Style을 이용해서 치수가 생성되는 속성을 변
경하였습니다. 지름부터 치수를 기입하면 우리가 변경한
대로 치수가 생성됩니다. 하지만 우린 치수를 변경하기 전
에 이미 치수를 기입했습니다. 그러면 기입한 치수를 방금
우리가 변경한 속성으로 바꾸어 보겠습니다.
치수의 열다섯번째 아이콘인 치수 업데이트를 클릭합니다.
변경한 치수속성을 선택할 치수에 적용하는 겁니다.
[dimstyle-9]

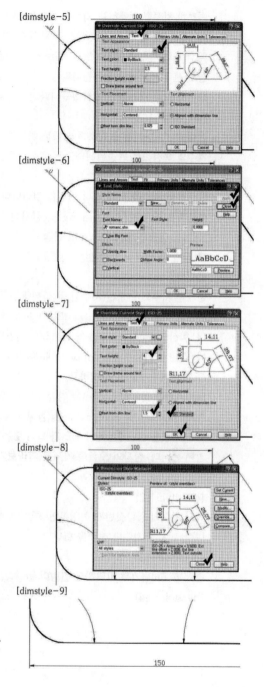

변경할 치수를 선택하면 되는데 우리는 화면에 있는 모든 치수를 변경 할 것입니다. 원칙은 치수만 선택을 하면 되는데 어차피 치수만 업데이트를 하는 것이기 때문에 다른 선들도 선택이 되어도 무관합니다.

화면의 모든 객체를 선택하겠습니다.

[dimstyle-10]

선택 후 Enter키를 입력하면 선택한 치수가 우리가 변경한 치수의 속성으로 변경됩니다.

[dimstyle-11]

지금부터 치수를 하나 하나 변경할 것입니다.

변경하는 순서는 『Dimension Style상자에서 Override(재지정)을 이용해서 치수 속성을 변경 → 치수 업데이트 아이콘 클릭 → 변경할 치수 선택 → Enter키 입력』단계로 하면 됩니다.

반지름 치수의 안쪽선(치수선)을 삭제해 보겠습니다.

치수의 어느 한 부분은 Erase 또는 Trim이 되지를 않습니다. 항상 Dimension Style을 이용해서 변경을 해야 됩니다. 같은 방법으로 Dimension Style 아이콘을 클릭하고 Override(재지정)을 클릭하고, 상자의 세번째 메뉴인 Fit(맞춤)을 클릭하고, 오른쪽 가장 아래쪽에 있는『always draw dim line between ext lines(항상 치수 보조선 사이에 치수선을 그림)』항목이 체크가 되어 있는 것을 해제시키면 됩니다. 상자의 오른쪽 윗부분 미리보기 그림을 잘 보기 바랍니다.

[dimstyle-12]

역시 치수의 열다섯번째 아이콘인 치수 업데이트를 클릭합니다. 반지름 치수만 선택을 합니다.

[dimstyle-13]

선택 후 Enter키를 입력하면 변경이 됩니다.

[dimstyle-14]

[dimstyle-10]

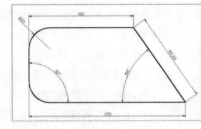

[dimstyle-11]

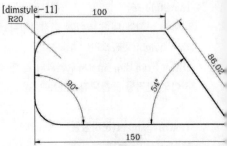

[dimstyle-12]

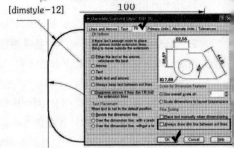

[dimstyle-13]

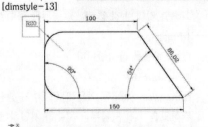

[dimstyle-14]

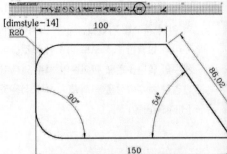

이번에는 오른쪽의 대각선 치수와 각도의 정밀도를 늘여
보겠습니다. 같은 방법으로 Dimension Style 아이콘을 클
릭하고 Override(재지정)을 클릭하고, 상자의 네번째 메뉴
인 Primary Units(1차단위)를 클릭하고 그림과 같이 지정
하겠습니다. Linear Dimensions(선형치수)와 Angular
Dimensions(각도치수)의 Percision(정밀도)을 소수점 8째
자리까지 맞추겠습니다. 그리고 각도치수의 Zero
Suppression(0 억제)을 Trailing(후행)을 체크를 해야 정수
각도는 소수점이 표현되지 않습니다.
(예를 들어 체크를 하지 않으면 90으로 적혀야 되는데,
90.00000000 을 생성이 됩니다). [dimstyle-15]
치수 업데이트 아이콘을 클릭하고, 대각선 치수와 각도치
수를 선택하겠습니다. [dimstyle-16]
선택 후 Enter키를 입력하면 변경이 됩니다.
[dimstyle-17]
방금 변경한 치수를 자세히 보면 소수점이 점이 아니라 콤
마로 되어 있는 것을 확인할 수 있습니다.
이것을 점으로 바꾸어 보죠. Dimension Style 아이콘을 클
릭하고 Override(재지정)을 클릭하고, 상자의 네번째 메뉴
인 Primary Units(1차단위)를 클릭하면 왼쪽 위의 Linear
Dimensions(선형치수) 부분에 Unit format(단위형식)을
클릭해서 형식을 Decimal(십진)에서 Windows
Desktop(Windows 바탕화면)으로 변경하겠습니다.
[dimstyle-18]
치수 업데이트 아이콘을 클릭하고, 대각선 치수와 각도치
수를 선택하겠습니다. [dimstyle-19]
선택 후 Enter키를 입력하면 변경이 됩니다.
[dimstyle-20]

[dimstyle-19]

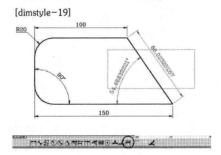

[dimstyle-15]

[dimstyle-16]

[dimstyle-17]

[dimstyle-18]

[dimstyle-20]

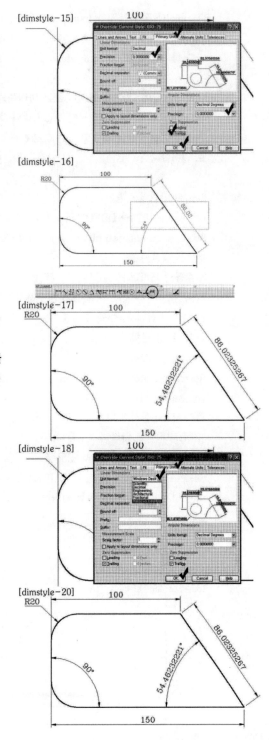

Decimal(십진)에서 Windows Desktop(Windows 바탕화면)으로 변경하면 길이가 1000이상인 길이에서도 천 단위마다 콤마가 찍힙니다. [dimstyle-21]

이제 R20앞에 "2-"를 붙여서 쓰고 아래쪽의 수평치수 150앞에 "가로길이-"를 붙여 보겠습니다. 치수의 앞 또는 뒤쪽에 어떤 문장을 입력할 때는 Text변경 명령어 Ddedit 로 입력합니다.

Ddedit 명령어 실행.
Command: ED → **DDEDIT의 단축키 "ED"입력.**
Select an annotation object or [Undo] : R20치수 선택.[dimstyle-22]
치수를 선택하면 Mtext 상자가 나타납니다. 상자에는 괄호가 두 개 있는데(<>), 이 괄호가 치수문자이기 때문에 삭제를 하면 안됩니다. <>괄호 앞에 "2-"만 입력하면 됩니다. 입력 후 OK클릭.
[dimstyle-23]
Select an annotation object or [Undo] : 150치수 선택.
[dimstyle-24]
역시 Mtext 상자가 나타납니다. <>괄호 앞에 "가로길이-"를 입력 후 OK클릭.
[dimstyle-25], [dimstyle-26]
Select an annotation object or [Undo] : 더 이상 고칠 치수가 없기 때문에 Enter키를 입력하면 종료.

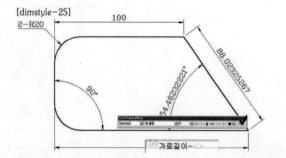

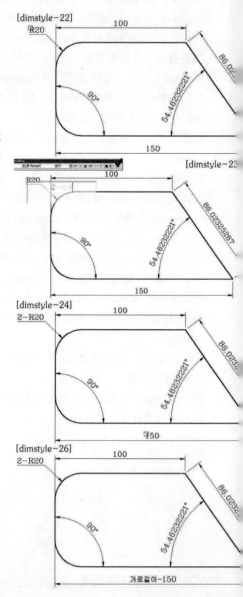

[dimstyle-21]

1,234.56 (Windows Desk

1234,56 (Decimal)

이번에는 지정되어 있는 속성들의 크기(문자 크기, 화살표 크기, 기타 간격크기)를 한 번에 키워보겠습니다.

도면의 치수가 굉장히 큰 도면을 그릴 때 지금처럼 속성들의 크기를 지정하면 화면에서 식별하기 힘듭니다. 도면의 크기에 따라서 우리가 변경한 속성들의 크기 값을 그때 그때 변경해야 되는데 일일이 하나 하나 변경하기가 까다롭습니다.

Dimension Style 아이콘을 클릭하고 Override(재지정)을 클릭한후, 상자의 세번째 메뉴인 Fit(맞춤)를 클릭하면 오른쪽 편에 있는 『Use overall scale of(전체 축척 사용)』의 값을 1에서 2로 변경합니다. 이것은 문자의 크기가 지금 설정 값은 4로, 화살표 크기가 3.5로 지정되어 있지만 생성이 될 때에는 문자크기는 8로 화살표 크기는 7로 생성이 된다는 뜻입니다. [dimstyle-27]

치수 업데이트 아이콘을 클릭하고 모든 치수를 선택하겠습니다. [dimstyle-28]

선택 후 Enter키를 입력하면 변경이 됩니다.
[dimstyle-29]

마지막으로 다음의 그림을 그리고 치수를 기입해 보겠습니다. [dimstyle-30]

도면을 그리고 치수를 기입한 후 Dimension Style 아이콘을 클릭하고 Override(재지정)을 클릭하고, 상자의 네번째 메뉴인 Primary Units(1차단위)를 클릭하면 왼쪽 편 중간 즈음에 『Scale Factor(축척비율)』항목이 있습니다.

이 항목 값을 1에서 10으로 변경합니다.

그러면 10으로 그린 선은 100으로 치수가 기입이 됩니다. 반대로 항목 값을 0.5로 입력하면 10으로 그린 선은 5로 치수가 기입이 됩니다.

[dimstyle-31]

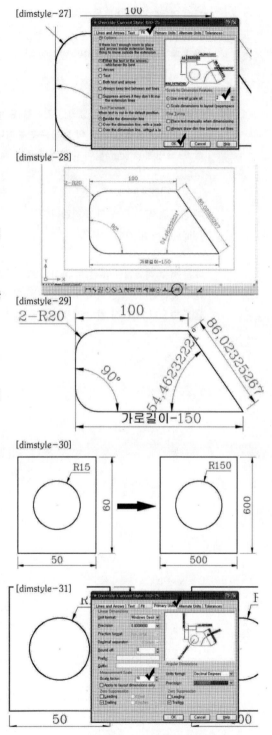

[dimstyle-27]

[dimstyle-28]

[dimstyle-29]

[dimstyle-30]

[dimstyle-31]

치수 업데이트 아이콘을 클릭하고 모든 치수를 선택하겠습니다.[dimstyle-32]
선택 후 Enter키를 입력하면 변경이 됩니다.
[dimstyle-33]

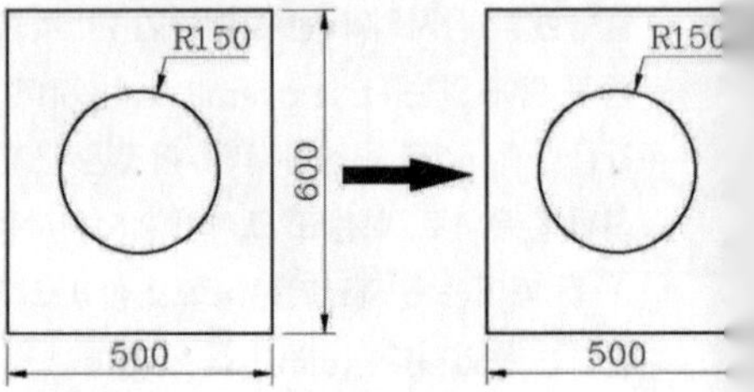

그리기는 원래 치수대로 그리고 치수를 표현 할 때는 10배로 표현하는 방법입니다. 이 방법은 건축이나 기계 도면에서 한 도면에서 Scale값이 다르게 출력할 때 많이 사용됩니다.

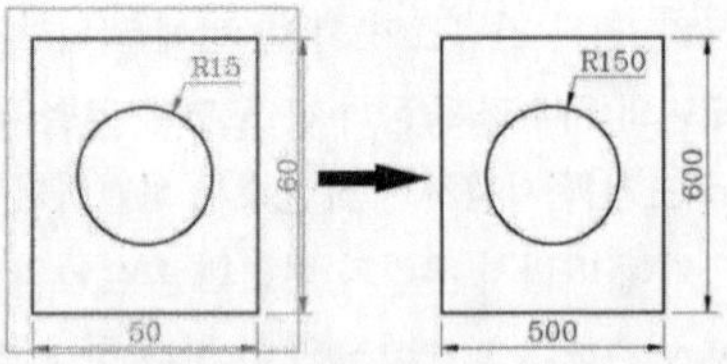

이 방법은 꼭 기억을 하기 바랍니다.
[dimstyle-30-예]

배운 치수 이외에도 많은 치수 기입법과 치수 속성변경 값들이 있습니다. 그 중에서 꼭 알고 있어야 할 것들만 설명을 드렸으니, 가리지 말고 전부 습득을 하기 바랍니다.

[dimstyle-32]

[dimstyle-33]

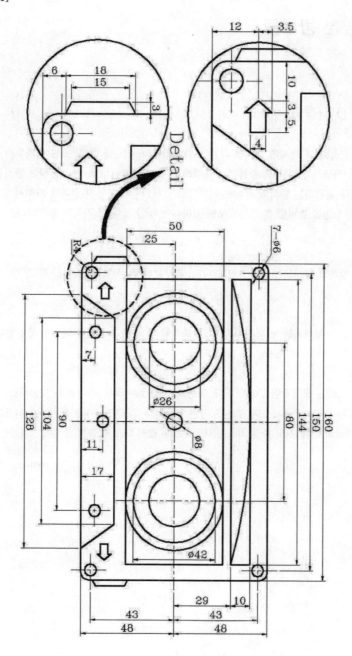

Detail

제21강
출력하는 다양한 방법들

제21강. PLOT (출력)

Plot는 도면을 완성한 후 용지에 출력을 하는 명령어입니다. Plot를 할 때 도면에 테두리 선을 그려주는 것이 좋으며, 반드시 선 두께를 지정해서 출력하는 것이 상식입니다. Plot를 하는 방식은 굉장히 많습니다. 여기에서 설명하는 방식이 정석은 아니므로 업무상황과 도면의 성격에 따라서 얼마든지 달라질 수 있습니다. 도면을 출력할 때 기본적으로 알아두어야 할 것이 세 가지가 있습니다.

1) 선의 색상 :
도면에 따라서 칼라로 출력하는 경우가 있습니다. 대부분은 검정색으로 출력을 합니다.

2) 선의 두께 :
도면의 요소에 있어 없어서는 안 되는 항목이고, 출력할 때 선마다 두께를 다르게 출력합니다.

3) 도면 Scale :
캐드로 도면을 그리는 궁극적인 이유입니다. 도면의 성격에 따라서 가끔 Non Scale로 출력하는 경우가 있지만 어떠한 도면이든 Scale이 없는 도면은 없습니다. 도면 Scale은 출력 용지의 크기가 정해지기 전 까지는 결정되지 않으며, 한 장의 도면에서 Scale 값이 다르게 출력 할 수도 있습니다.

다음의 도면을 그리고 테두리 선도 치수에 맞게 그
려보겠습니다. 출력 Scale 값이 얼마인지 모르므로
"?"를 하겠습니다.

[plot-1]

반드시 Layer를 나누어서 도면을 그리고 Layer마
다 선의 두께를 반드시 지정합니다. [plot-2]

Layer에 맞게 도면을 완성하고 화면 위의 메뉴에
서 File을 선택한 후 Plot를 선택합니다.

[plot-3]

Plot 대화 상자가 열립니다.

대화상자 상단에 메뉴 두 개가 있습니다.

『Plot Device/Plot Setting』중에서 Plot Device를
선택합니다.

Plot 대화 상자 중간 즈음에 『Plot Styletable』 항
목에 Name이 None으로 지정되어 있습니다.

None은 화면의 색상 그대로를 출력한다는 뜻입니
다. 칼라로 출력을 원하면 None으로 설정하고 출
력하십시오. 대부분의 도면은 모든 선의 색상이 검
정으로 출력이 되므로 None대신에

monochrome.ctv로 지정합니다.

monochrome.ctv는 화면의 모든 색상을 검정색으
로 출력합니다.

[plot-4]

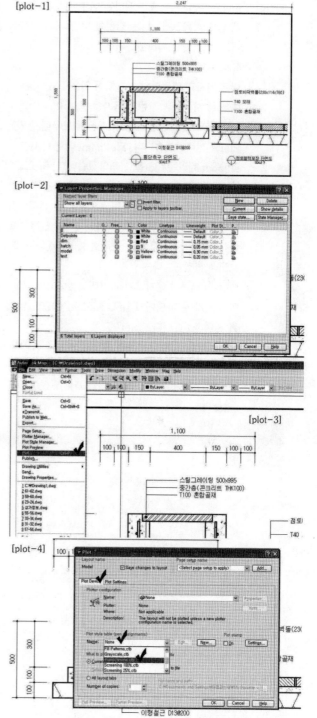

[plot-1]

[plot-2]

[plot-3]

[plot-4]

monochrome.ctv를 지정하면 이 Plot style을 전체 탭에 적용하겠느냐는 질문이 나타나는데 여기서는 예(Y)를 클릭하겠습니다.

[plot-5]

이제 각자의 컴퓨터에 연결되어 있는 Plot 또는 Print를 지정하면 되는데 독자들 중에 Plot가 연결되어 있지 않은 분들이 있기 때문에 모두에게 있는 Plot를 선택하겠습니다. Plot name에서 『DWF6 ePlot.pe3』라는 Plot를 선택하겠습니다. 이것도 없으면 적당한 Plot를 선택하세요. [plot-6]

이제 상단의 메뉴 중에서 Plot Setting을 선택하겠습니다. 여기서는 출력할 용지의 크기를 선택하고, 출력할 영역을 지정하고, 출력할 Scale 값을 정해보도록 하겠습니다.

Paper size에서 용지크기를 선택하겠습니다.

여러 가지 용지 중에서 『ISO A2(594×420mm)』을 선택하겠습니다. [plot-7]

용지크기를 정한 다음에는 출력할 영역을 선택합니다(캐드는 도면의 특정부분만 출력할 수 있습니다). 왼쪽 하단에 Window버튼을 클릭하겠습니다.

[plot-8]

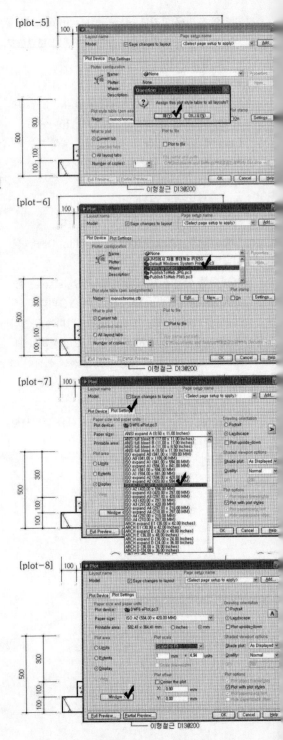

그림과 같이 출력할 영역이 되는 양쪽 모서리 끝점
두 곳을 클릭하겠습니다.

[plot-9]

Plot 대화 상자 중앙에 Plot Scale을 보면, Scaled
to Fit라는 Type에 Scale 값이 1=4.133으로 되어
있습니다. **Scaled to Fit는 "딱 맞춤"**이라는 뜻입
니다. 출력하기 위해서 Window로 지정한 영역을
『ISO A2(594×420mm)』라는 종이에 딱 맞게 출
력 하기 위해 4.133으로 그린 것을 1로 출력한다
는 뜻입니다. 즉 Scale 값은 1:4.133입니다.

[plot-10]

그런데 Scale 값에는 1:4.133이라는 값은 없습니
다. 1:4 아니면 1:5로 고쳐야 되는데, 용지에 딱 맞
는 Scale 값이 4.133이므로 이보다 숫자가 더 작으
면 안 됩니다. 그러므로 Scale 값은 1:5로 고쳐야
됩니다. 4.133을 5로 고치겠습니다.

[plot-11]

다른 용지에 적용을 해 볼까요. Paper size에서
『ISO A2(594×420mm)』을 선택하겠습니다.

[plot-12]

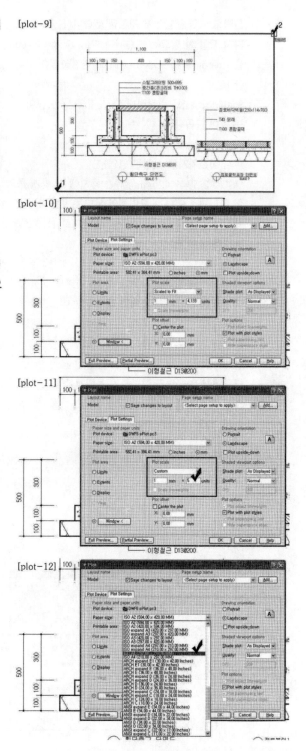

출력할 영역은 앞에서 지정을 했습니다.

다시 지정 할 필요는 없습니다. Plot Scale의 Type
을 Custom에서 Scaled to Fit로 변경하겠습니다.

[plot-13]

Scaled to Fit로 변경하면 Scale값은 1=9.11이라
는 값이 나옵니다.

[plot-14]

역시 마찬가지로 지정한 영역을
『ISO A2(594×420mm)』라는 용지에 딱 맞게 출
력 하려면 1:9.11로 출력해야 된다는 뜻입니다.

역시 1:9.11이라는 Scale값은 없으므로 1:10으로
변경을 해야 됩니다.

[plot-15]

이제 용지가 정해졌고 Plot Scale 값이 정해졌습니
다. OK를 클릭해서 출력을 해도 되는데 도면에서
Scale값을 기입하지 않았기 때문에 Cancel을 클릭
하고 도면으로 돌아가겠습니다.

[plot-16]

도면에서 Ddedit 명령어를 이용해서 "Scale ?"를 "
Scale 1/10"으로 변경 하겠습니다.

[plot-17], [plot-18]

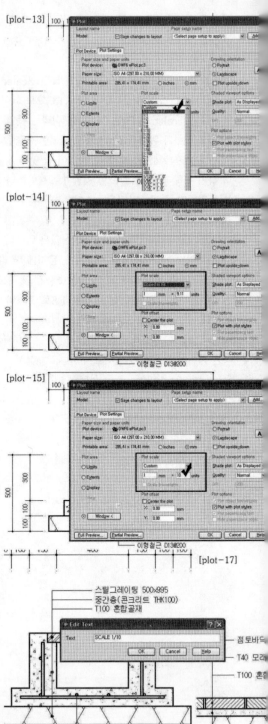

[plot-16]

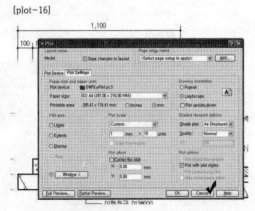

다시 Plot 명령을 실행시키고

① Plot Style table Name을 『monochrome.ctv』
로 지정.

② Plot name을 『DWF6 ePlot.pe3』로 지정.

③ Paper size를 『ISO A4(297×210.00mm)』로 지
정.

④ window 버튼으로 출력할 영역지정

⑤ Plot Scale을 『1=10』으로 지정.

이제 미리 보기를 해 보겠습니다. Plot 대화 상자
왼쪽 하단에 있는 『Full Preview』를 클릭하면 미리
보기가 됩니다.[plot-19]

미리 보기를 하면 도면의 용지 중앙에 위치하지 않
는 것이 확인됩니다.[plot-20]

다시 Plot 대화 상자로 돌아가기 위해서 ESC키를
입력해도 되고, 마우스 오른쪽 버튼을 입력해서
Exit를 클릭해도 됩니다. [plot-21]

도면이 용지의 중앙으로 위치하기 위해서 아래쪽
중앙에 있는 Plot offset 항목에서 『Center the
plot』를 체크하면 됩니다. 그리고 OK버튼을 입력
하면 Plot(출력)이 됩니다. [plot-22]

꼭 기억할 사항은 Scaled to Fit의 값이 소수로 계
산이 되면 반드시 그 소수보다 더 큰 정수 값을 주
어야 합니다.

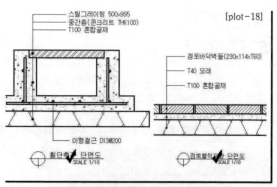

[plot-18]

[plot-19]

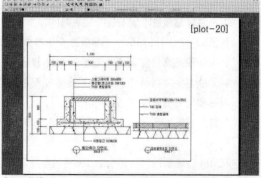

[plot-20]

[plot-21]

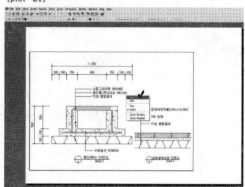

[plot-22]

제22강
50문 50답

1. 마우스의 휠을 돌리면 확대, 축소가 되는데 이 확대, 축소되는 빠르기를 변경할 순 없나요?

▷ Zoomfactor명령을 이용해서 조절할 수 있습니다.

Command:ZOOMFACTOR

Enter new value for ZOOMFACTOR <50>: →3부터 100사이의 숫자를 입력하면 됩니다.

숫자가 클수록 빠르게 축소, 확대됩니다.

2. 객체 선택이나 점을 지정하고 나서 클릭한 지점에 +표시가 생깁니다. 어떻게 지우나요?

▷ Blipmode 명령을 이용해서 변경합니다. 단순히 삭제를 원하면 Regen을(단축키 RE) 하면
되고, 처음부터 생기지 않게 하려면 Blipmode 값을
OFF로 변경하면 됩니다.

Command:BLIPMODE

Enter mode [ON/OFF] <ON>:OFF

**3. 도면을 열었는데 글자들이 일본어(ザッキ …),
물음표(??? …)로 나오는 경우에는 어떻게 하나요?**

▷ 파일을 열었는데 글자가 일본어 또는 물음표로
나오는 경우에 여러 가지 수정 방법이 있지만 여기에
서는 하나만 설명을 하겠습니다.

파일을 열었는데 글자가 일본어로 되어 있습니다.
[3-1]

『Ctrl+1』을 입력해서 Properties(객체속성 대화상자)
를 열겠습니다. [3-2]

일본어 글자를 클릭을 하면 글자에 대한 속성들이 나
타납니다. 속성상자의 내용을 보면 입력 값은 분명히
한글로 되어 있습니다. Text Style을 유심히 보아야 됩
니다. 여기에서는 Text Style이 GH10으로 되어 있군
요. [3-3]

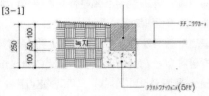

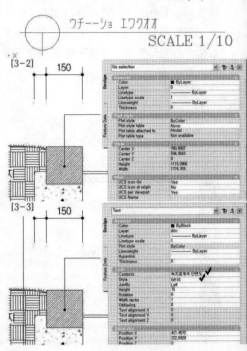

속성 대화상자를 OFF시키고 Text Style 상자를 열겠습니다. Style Name에서 GH10을 선택합니다.
[3-4]
Use Big Font가 체크가 되어 있는 것을 해제를 하겠습니다. [3-5]
Font Name에서 한글 Font를 선택하겠습니다.[3-6]
Apply(적용)을 클릭하고, 닫기(Close)를 클릭하겠습니다.
[3-7]
화면으로 돌아오면 글자가 변경된 것을 확인 할 수 있습니다. [3-8]

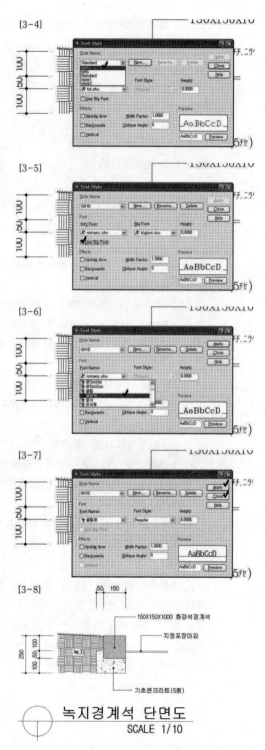

[3-4]

[3-5]

[3-6]

[3-7]

[3-8]

녹지경계석 단면도
SCALE 1/10

150X150X1000 화강석경계석
지정포장마감
기초콘크리트(5종)

4. 메인 화면의 기본색상을 어떻게 변경하나요?

▷ 화면상단의 메뉴에서 Tools → Options를 선택합니다.
Options 상자의 메뉴 중에서 Display를 선택하고,
왼쪽 위에 있는 Colors 버튼을 클릭하겠습니다.
[4-1]
색상 지정상자가 나타납니다. 왼쪽의 바탕화면 그림을
한번 클릭하고, 색상을 선택합니다. Apply&Close(적용
및 닫기)를 클릭합니다.
[4-2]
Options 상자의 OK버튼을 클릭하고 화면으로 돌아오면
색상이 변경되어 있습니다. [4-3]

[4-1]

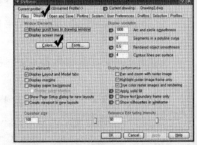

[4-2]

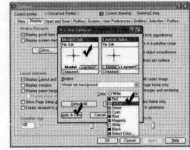

5. Mtext 명령어를 이용해서 글자를 입력했는데 90도로 누워서 생성됩니다.

▷ Font(글자체)를 선택할 때 글자체 앞에 @가 붙어 있
는 Font를(예:@굴림체) 선택하면 90도로 누워서 생성됩
니다. @가 붙어 있지 않는 Font를 선택하세요.

[4-3]

6. 캐드파일을 이미지로 어떻게 저장하나요?

▷ ① File → Export → File형식을 bmp나 eps로 내보
　　내기를 하면 됩니다.
　　jpg로는 저장이 안 됩니다.
　　jpg파일로는 Photoshop에서 변경을 하면 됩니다.
　② Saveimg 명령어 : bmp나 tif로 저장가능합니다.

7. 캐드작업을 엑셀로, 엑셀작업을 캐드로 어떻게 불러들이나요?

▷ ①캐드에서 엑셀로 : 먼저 캐드화면을 흰색으로 변경한 후, 엑셀로 옮길 객체들을 선택하고,
　『Ctrl+C』를 입력한 후 엑셀로 가셔서 『Ctrl+V』를 입력하면 붙여집니다.
　②엑셀에서 캐드로 : 방법은 같습니다. 엑셀에서 옮길 영역을 지정하고 『Ctrl+C』를 입력한 후
캐드로 가서 『Ctrl+V』를 하면 붙여집니다. 이렇게 붙여지면 그림파일의 형식으로 붙여지므로 변
경을 할 수 없습니다. 캐드에서 붙여 넣을 때 『Ctrl+V』를 하지 말고 화면 상단 메뉴의 Edit →
Paste Special → 데이터 형식에서 Auto CAD Entities를 선택하고 확인을 클릭한 후 삽입점을 지
정하면 캐드객체로 변환이 되어서 붙여집니다.

8. 캐드에서 단축키를 어떻게 변경하나요?

▷ 상단 메뉴의 Tools → Customize → Edit custom files → Program parameters(acad.pgp)를 클릭하면 acad.pgp파일이 열립니다. 이 파일 안에 캐드에서 사용되는 단축키들이 입력되어 있습니다. 파일의 중간쯤에 보면 아래와 같은 글들이 있습니다.

```
-VP,    *VPOINT
W,      *WBLOCK
-W,     *-WBLOCK
WE,     *WEDGE
X,      *EXPLODE
XA,     *XATTACH
XB,     *XBIND
-XB,    *-XBIND
XC,     *XCLIP
XL,     *XLINE
XR,     *XREF
-XR,    *-XREF
Z,      *ZOOM
LL,     *Limits(위와 같은 형식으로 적으면 됩니다.
```

앞의 LL은 단축키이고, 뒤의 Limits는 단축키 LL을 사용할 명령어입니다.)

단축키 내용을 입력한 후 반드시 저장을 해야 됩니다.

캐드로 돌아와서 변경한 단축키 내용을 캐드가 읽어 들이는 작업을 해주어야 합니다.

Command: REINIT → 변경한 acad.pgp파일을 읽어 들이는 명령어입니다.

명령을 입력하면 상자나 나타나는데, 상자에서 PGP File를 체크하고 OK를 클릭하면 됩니다.

이제 LL을 입력하면 Limits가 실행이 됩니다.

9. 좌표축이 화면의 중앙에 있어서 작업에 불편함이 많습니다. 화면에서 어떻게 삭제하나요?

▷ 상단 메뉴의 View → Display → UCS Icon을 클릭하면 두가지 선택사항이 있습니다.

① ON: 체크가 되어 있으면 화면의 좌표축이 보이고, 체크를 해제하면 좌표축은 화면에서 사라집니다.

② Origin: 체크가 되어 있으면 항상 원점(0,0)에 위치해 있고, 체크를 해제하면 항상 왼쪽 아래쪽 구석에 위치합니다.

10. 캐드로 작성한 도면을 Illustrator로 어떻게 여나요?

▷ 캐드파일의 확장자를 dwg에서 ai로 변경을 해도 되고, Illustrator 프로그램에서 Open을 할 때 파일형식을 Auto CAD Drawing(*.dwg)로 변경해서 캐드파일을 선택한 후 Open하면 됩니다.

11. 파일이 깨지면 파일을 복원할 수 없나요?

▷ 파일 오류로 인해서 파일이 Open이 되지를 않을 때는
Recover로 도면을 Open하면 됩니다. Recover는 손상된
데이터를 복구시키는 명령어입니다.

상단 메뉴에서 File → Recover를 선택하고 오류가 있는
파일을 선택한 후 Open하면 됩니다.

12. 도면에서 곡선의 길이를 치수로 표현하는 방법.

▷ 일단 적당한 호를 하나 그리겠습니다. 각도 치수를 클릭
하고 호를 선택하겠습니다. [12-1]

마우스를 위쪽으로 이동하고 클릭을 하면 호에 대해서
각도가 기입됩니다. (호의 중심과 호의 양쪽끝점의 각도입
니다). [12-2]

『Ctrl+1』을 입력해서 Properties(객체속성 대화상자)를
열어서 호를 선택하면 호에 대한 속성이 나타납니다.
호의 길이도(Arc length) 나와 있습니다. [12-3]

Ddedit(단축키 ED)를 실행해서 각도치수를 선택하면
Mtext 상자가 나타납니다. Mtext 상자에 있는 <>괄호는
삭제를 하고 호의 길이를 입력합니다. [12-4]

호의 길이가 입력되었습니다.

[12-5]

물론 Express메뉴나 Lisp를 이용해서 할 수도 있습니다.

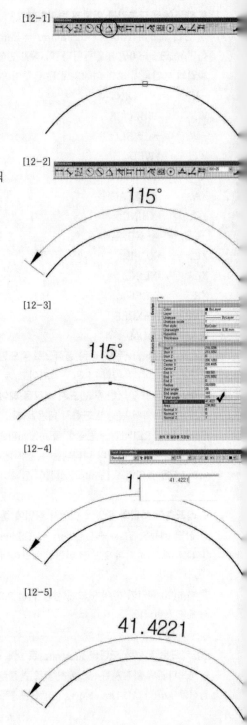

[12-1]

[12-2]

115°

[12-3]

115°

[12-4]

1   41.4221

[12-5]

41.4221

13. 화면에는 보이는데 인쇄할 때는 출력 안 되는 경우.

▷ Layer 제어창을 열면 각 각의 Layer의 오른쪽 끝에 보면 Print 모양의 아이콘이 있습니다.

이 아이콘에 빨간 줄이 사선으로 그려져 있으면 이 Layer는 화면에는 보이지만 출력은 안 됩니다.

아이콘을 한번 더 클릭하면 빨간 줄이 사라지면서 출력이 됩니다.

14. Move 나 Copy 명령을 실행할 때 우선 객체를 선택한 다음에 마우스로 위치를 변경하잖아요?

이 때 마우스를 움직이면 선택된 객체도 움직이며 동시에 화면에 떠야 되는데, 어느 날 부터 마우스를 움직일 때 객체가 화면에 나타나지 않고, second point를 지정한 다음에야 화면에 다시 나타납니다.

▷ Dragmode값을 변경하면 됩니다.

Command: Dragmode

Enter new value [ON/OFF/Auto] <OFF>: A → Dragmode값이 OFF로 설정되어서 그렇습니다.

Auto로 변경하면 됩니다.

15. Open이나 Save할 때 대화 상자가 나타나지 않습니다.

▷ Filedia값을 변경하면 됩니다.

Command: Filedia

Enter new value for FILEDIA <0>: 1 → Filedia값을 0에서 1로 변경합니다.

0일 때는 명령어 창에서 실행이 되고, 1일 때는 대화 상자가 나타납니다.

16. 화면 위의 메뉴와 도구막대가 모두 사라졌습니다..

▷ Menu명령어를 실행하면 됩니다.

Command: Menu → Menu명령어를 입력하면 상자가 나타납니다.

상자에서 acad.mns 파일을 선택하고 Open을 클릭.

Command: Menu → 다시 한번 더 Menu명령어를 입력하면 상자가 나타납니다.

상자에서 acad.mnc 파일을 선택하고 Open을 클릭.

17. 받은 도면을 열어서 보려고 하는데, Open을 해서 파일을 선택하면 미리보기 창에서는 보이는데 막상 열고 나서는 도면에 보이지가 않습니다.

▷ 외부 참조(Xref) 되어 있는 파일입니다. 파일을 열면 화면 어딘가에 Text로 파일 경로가 적힌 것이 보일 것입니다. 현재 파일에 다른 파일의 도면을 붙여 넣을 수 있는데 붙여 넣기를 할 때 객체 자체를 붙여 넣는 것이 아니라 경로만 붙여 넣은 것입니다. 즉 현재파일과 붙여 넣는 파일이 연결만 되어있지 붙여 넣는 파일이 완전히 현재 파일에 포함 되는 것은 아닙니다. 이 때는 연결되어 있는 파일이 삭제가 되었거나 위치가 다른 폴더로 이동이 된 것입니다. 다른 사람에게 받은 파일에서 이런 현상이 일어난다면 외부 참조(Xref)된 파일까지 같이 보내 달라고 해야 됩니다.

18. Trim이나 Extend할 때, 교차하지도 않는데 Trim이 되고 Extend가 됩니다.

▷ Edgemode 명령어를 이용해서 변경이 가능합니다.

Command: Edgemode

Enter new value for EDGEMODE <0>: 1 → 1로 되어 있는 값을 0으로 변경하면 됩니다.

1일 때는 경계선이 짧아도 가상으로 연장을 해서 Trim 또는 Extend가 됩니다.

19. 각 각의 객체를 하나의 객체로 만들 순 없나요?

▷ Pedit(단축키 PE): 하나로 묶기 위해서는 모든 선이 연결되어 있어야 합니다.

Bmake(단축키:B): 객체가 연결되어 있지 않아도 묶여 집니다.

Group(단축키:G): 객체가 연결되어 있지 않아도 묶여 집니다.

원을 그리고 원안에 별을 그리고 복사를 해서 두 개를 더 만들겠습니다. [19-1]

첫번째 객체를 Pedit 명령어를 이용해서 Join해 보겠습니다. 실행 후 명령어 없이 별을 선택하면 별과 원은 Join이 안된 것을 확인할 수 있습니다. [19-2]

Bmake 명령어를 이용해서 두번째 객체를 묶어 보겠습니다.

Command: B → Bmake의 단축키 B입력.

Bmake 상자가 나타납니다.

Name에 "Bmake"를 입력하고, Select 버튼을 클릭하겠습니다.

[19-3]

[19-1]

[19-2]

[19-3]

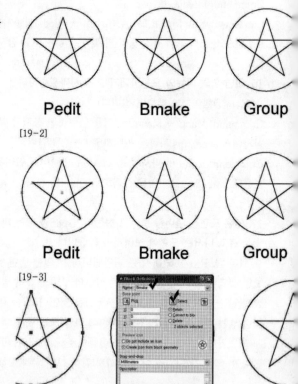

Pedit   Bmake   Group

Pedit   Bmake   Group

Pedit   Bmake   Gr

별과 원을 선택하겠습니다. 선택 후 Enter키 입력.
[19-4]

Pick 버튼을 클릭하겠습니다. 묶여질 전체 객체의
기준점을 지정하는 것입니다. [19-5]

원의 중심에 지정하겠습니다. [19-6]

『Convert to block』을 클릭하고, OK버튼을 클릭
하겠습니다. [19-7]

명령어 입력없이 별을 선택하면 별과 원이 같이 선
택되는 것을 확인할 수 있습니다.
[19-8]

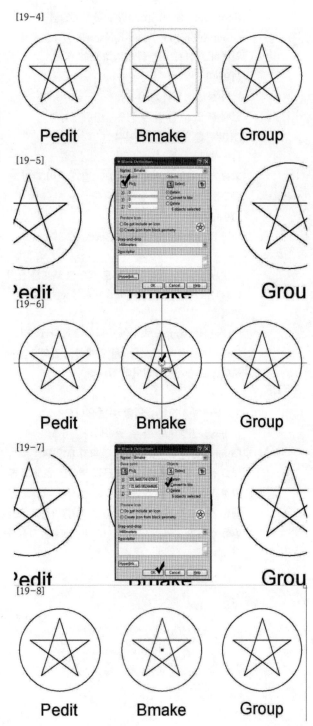

[19-4]

Pedit   Bmake   Group

[19-5]

[19-6]

Pedit   Bmake   Group

[19-7]

[19-8]

Pedit   Bmake   Group

Command: G → Group의 단축키 G입력.
Group 상자가 나타납니다. Name에 "Group"을
입력하고, New 버튼을 클릭하겠습니다.
[19-9]
별과 원을 선택하겠습니다.
선택 후 Enter키 입력. [19-10]
OK버튼을 클릭 하겠습니다.
[19-11]
명령어 입력없이 별을 선택하면 별과 원이 같이 선
택되는 것을 확인할 수 있습니다.
[19-12]
가장 많이 사용되는 방법은 Bmake입니다.

▷ Explode:Pedit와 Bmake로 묶여진 객체를 분리
합니다. 단축키 X를 입력하고 객체를 선택하면
분리됩니다.
Pickstyle: group으로 묶여진 객체에 해당됩니다.
Command 행에 Pickstyle을 입력하고 값이 1이면
묶여있고, 0이면 분리되어 집니다.

20. 도면에 사진을 삽입할 수는 없나요?

▷ Image명령어로 할 수 있습니다.
Command: IM → Image의 단축키 IM입력.
대화 상자가 나타납니다. 오른쪽 편에 Attach를 클
릭하고 삽입하고자 하는 그림 또는 사진 파일을 선
택한 후 OK를 클릭하고, 다시 Ok를 클릭하고 그
림을 삽입할 영역의 양쪽 모서리 두 군데를 지정하
면 됩니다.

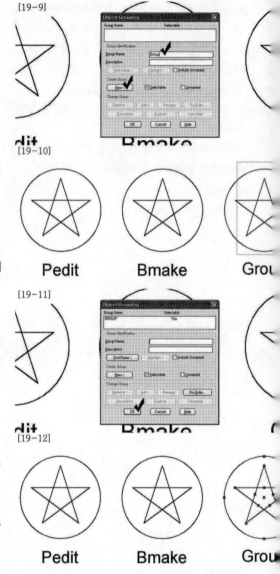

[19-9]

dit
[19-10]

Pedit   Bmake   Grou

[19-11]

dit
[19-12]

Pedit   Bmake   Grou

21. Ellipse로 타원을 그린 후 선두께를 줘야하는데, Lineweight(선두께) 값으로 주는 것 말고는 없습니까?

▷ Pellipse 명령어를 변경한 후 Ellipse를 그리면 선두께를 줄 수 있습니다.

그림과 같이 왼쪽의 Ellipse를 그리겠습니다. 그린 후 Pellipse를 실행합니다.

Command: PELLIPSE

Enter new value for PELLIPSE <0>: 1 → 0으로 지정되어 있는 값을 1로 변경을 합니다.

다시 오른쪽의 Ellipse를 그리겠습니다. [21-1]

보기에는 별 다른 점이 없지만 명령어 입력 없이
두 Ellipse를 선택하면 차이점을 볼 수 있습니다.
[21-2]

Pedit(단축키 PE) 명령어를 실행해서 두께를 주겠
습니다.

Command: PE

Select polyline or [Multiple]:

→ 오른쪽 Ellipse 선택. [21-3]

Enter an option [Close/Join/Width/Edit vertex
/Fit/Spline/Decurve/Ltype gen/Undo]: W

→ Width의 단축키 W입력.

Specify new width for all segments: 2

→ 두께 값 2입력.

Enter an option [Close/Join/Width/Edit vertex
/Fit/Spline/Decurve/Ltype gen/Undo]:

→ Pedit를 종료하기 위해서 Enter키 입력.

두께가 변경이 되었습니다.

[21-4]

[21-1]

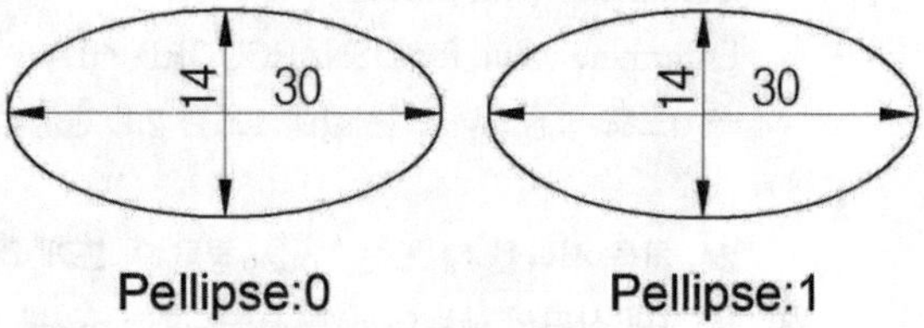

Pellipse:0   Pellipse:1

[21-2]

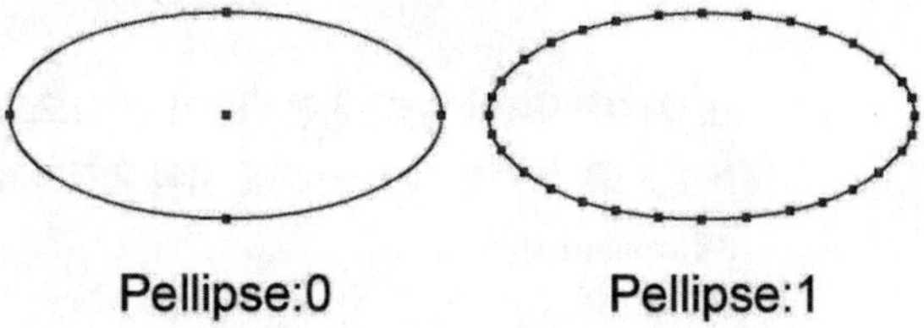

Pellipse:0   Pellipse:1

[21-3]

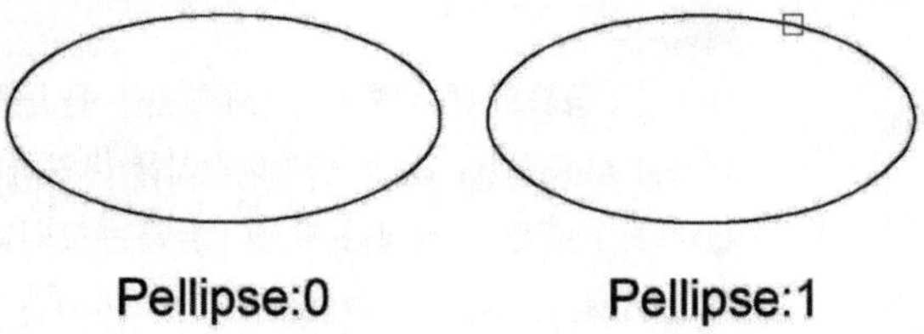

Pellipse:0   Pellipse:1

[21-4]

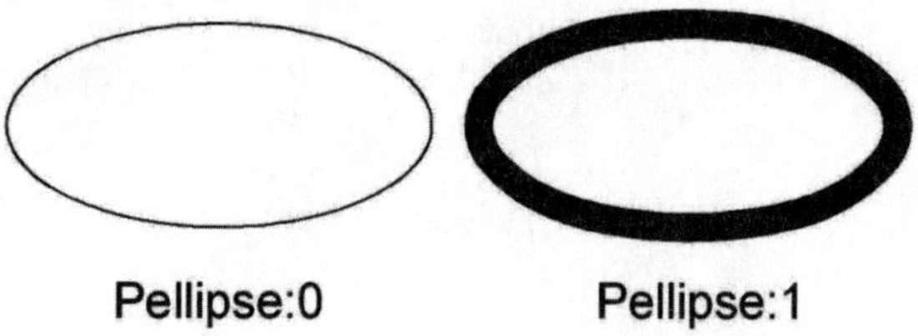

Pellipse:0   Pellipse:1

22. 객체를 선택하면 점선으로 표시가 안 됩니다.

▷ Highlight명령으로 변경이 가능합니다.

Command: Highlight

Enter new value for HIGHLIGHT <0>: 1 → 0으로 설정되어 있는 값을 1로 변경하면 됩니다.

0이면 선택해도 점선으로 표기가 되지 않습니다.

23. Zoom 하는 중에도 Osnap이 잡힙니다.

▷ Osnapcoord명령으로 변경이 가능합니다.

Command: Osnapcoord

Enter new value for OSNAPCOORD <0>: 1

→ 0으로 설정되어 있는 값을 1또는 2로 변경하면 됩니다.

24. 처음 시작할 때 뜨는 Today창을 안 뜨게 하려면 어떻게 합니까 ?

▷ 화면 상단의 메뉴에서 Tools→ Options를 선택합니다.

Options 상자의 메뉴 중에서 System을 선택하고 Start up에서 『Show startup dialog box』를 선택하고 Apply(적용) 클릭, OK를 클릭하겠습니다. [24]

25. 치수문자에서 %%c 하면 파이가 안 나오고 사각형이 나오는데 ?

▷ Font를 선택 할 때 Font 이름 뒤의 확장자가 shx로 되어 있는 것을 선택해야 됩니다.

(예:romanc.shx)   [24]

26. 자동 저장은 어떻게 하나요 ?

▷ 화면 상단의 메뉴에서 Tools → Options를 선택합니다.

Options 상자의 메뉴 중에서 Open and Save를 선택하고 Automatic save 아래의 숫자를 변경하면 됩니다. 10이면 10분마다 저장이 된다는 뜻입니다. [26]

[26]

27. 객체 선택할 때 하나 클릭하고 다른 하나를 클릭하면 전에 클릭 했던 객체가 안 잡혀있습니다.

▷ Pickadd로 변경이 가능합니다.

Command: Pickadd

Enter new value for PICKADD <0>: 1 → 0으로 설정되어 있는 값을 1로 변경하면 됩니다.

28. 원이 찌그러져 보이는데요?

▷ 원이 찌그러져 보이는 것은 화면을 축소, 확대를 여러 번 실행한 결과 그래픽이 깨졌다고 생각하면 됩니다. 그렇게 보일 뿐이지 출력을 하면 정상적으로 출력이 됩니다. 이럴 때는 Regen명령을 실행 하면 됩니다.

Command: RE → REGEN의 단축키 RE

Regenerating model.

29. 갑자기 delete키가 안 먹힙니다.

▷ 객체를 선택하고 Layer를 변경할 때 안 되는 경우에도
적용됩니다.

화면 상단의 메뉴에서 Tools → Options를 선택합니다.

Options 상자의 메뉴 중에서 Selection을 선택하고

Selection Modes에서 『Noun/verb selection』을 체크하면
됩니다.[29]

[29]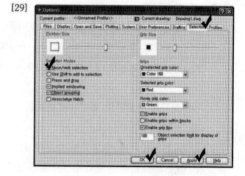

30. 이미지를 불러와서 이미지 자르기 및 수정은 어떻게 하나요?

▷ Imageclip 명령을 이용해서 수정할 수 있습니다.

Command: Imageclip

Select image to clip: → 사진선택

Enter image clipping option [ON/OFF/Delete/New boundary] <New>:N → 새로운 테두리를 지정 하기 위해서 N입력. 아니면 그냥 Enter키를 입력해도 됩니다.

Enter clipping type [Polygonal/Rectangular] <Rectangular>: → 사진의 테두리가 되는 모서리 점 두 개를 지정.

31. bak파일을 dwg파일로, 즉 다시 복귀할 수 있는 방법 좀 가르쳐 주세요.

▷ 캐드파일을 저장하면 그 파일의 Backup 파일이 생성 됩니다. 이 Backup 파일을 Open 하기 위해서는 Backup 파일의 확장자를 bak에서 dwg로 변경하면 됩니다.(파일을 클릭하고 오른쪽 버튼을 클릭하고 이름바꾸기를 선택하여 변경하면 됩니다.)

32. 드래그해서 객체 선택하는 부분에서 드래그가 이상하게 됩니다.

[32]

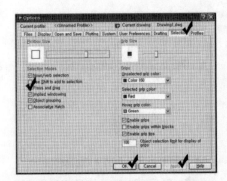

▷ 드래그를 해서 객체를 선택할 때 마우스로 두 곳을 지정해야 되는데 안되는 때가 있습니다.
화면 상단의 메뉴에서 Tools → Options를 선택합니다.

Options 상자의 메뉴 중에서 Selection을 선택하고 Selection Modes에서 『Press and drag』가 체크가 되어 있는데 이 체크를 해제하면 됩니다. [32]

[33]

33. 도면 인쇄시, 한쪽으로 치우쳐서 나옵니다.

▷ Plot 대화 상자에서 Plot settings 메뉴에서 『center the plot』를 체크하면 됩니다. [33]

34. 불규칙한 모양의 도면에서 면적을 구하고 싶을 때 어떻게 해야 하나요?

▷ 선 전체를 Pedit명령어로 Join을 해도 되고,
Region 명령을 이용해서 선 전체를 면으로 변경한 후 Area명령을 이용해서 면적을 구하면 됩니다.

Command: REG → Region의 단축키 REG입력.

Select objects: → 면적을 구할 객체를 선택하겠습니다.

Select objects: → Enter키 입력.

1 Region created. → 1개의 면이 만들어 졌다고 하네요.

Command: AA → Area의 단축키 AA입력.

Specify first corner point or [Object/Add/Subtract]: O → Object의 단축키 O입력.

Select objects: → 앞서 Region한 객체선택 후 Enter키 입력.

Area = 1467.1787, Perimeter = 154.2994 → 면적과 둘레가 계산이 됩니다.

35. 선이 겹쳐져 있을 때, 원하는 객체를 어떻게 선택하나요?

▷ 객체를 선택할 때 Ctrl키를 누른 채로 마우스 왼쪽 버튼을 클릭하면 됩니다.

두 개 이상의 객체가 겹쳐 있으므로 어느 객체가 선택이 될지는 모릅니다. 그러므로 Ctrl키를 누른 채 클릭을 계속하면 객체가 번갈아 가면서 선택이 됩니다. 원하는 객체가 선택이 되었을 때 Enter키를 입력하면 됩니다.

36. 십자선이 지금은 + 모양으로 되어있는데 십자선을 ×모양으로 바꿀 수 있는지요?

▷ ISO Metric을 그릴 때 좌우 선의 각도가 120˚가 되도록 그리는데 이 십자선을 120˚가 되도록 변경할 수 있습니다. 화면 아래 SNAP 버튼에 마우스를 올려놓고 오른쪽 버튼을 클릭하고 Settings를 선택하면 Settings 대화 상자가 나타납니다.

『Isometric snap』을 체크하고 OK버튼을 클릭하면 십자선이 대각선의 모양으로 변경이 됩니다.

[36-1]

Ortho On(F8번키 입력)을 하고 Line을 그리면 대각선의 방향으로 그려집니다. F5번키를 입력하면 대각선의 방향이 변경됩니다.

[36-2], [36-3], [36-4]

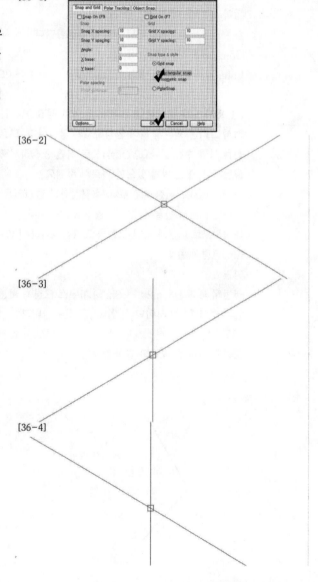

[36-1]

[36-2]

[36-3]

[36-4]

37. Purge가 무엇인지?

▷ Purge는 현재 파일에서 사용하지 않는 Layer나 Line
Type, Text Style, Block 등의 요소들을 삭제하는 명령어
입니다. 현재 파일의 용량을 줄이는 작업이지요.
Command: PU → Purge의 단축키 PU입력. Purge 대화
상자가 나타납니다. 『Purge all』을 클릭하면 됩니다. [37]

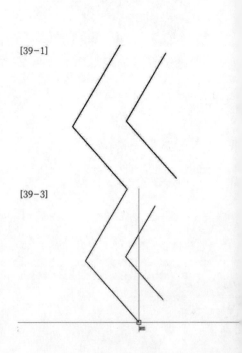
[37]

38. 마우스 휠을 누른 채로 마우스를 움직이면 화면이 이동이 되는데, 이 기능이 안 됩니다.

▷ Mbuttonpan 명령어로 변경이 가능합니다.
Command: MBUTTONPAN
Enter new value for MBUTTONPAN <0>: 1 → 0으로 설정되어 있는 값을 1로 설정합니다.

39. 제가 도로 중심선을 그려야 할 일이 생겼습니다. 도로가 폭이 일정하다면 거리를 잰 다음 Offset시켜서 그리면 되는데 폭이 일정하지가 않습니다. 도로가 양쪽 라인으로 이루어져 있다면 그 중심으로 선을 그릴 수는 없나요? Offset으로 하면 일정하지도 않고 많은 양을 그리기에는 시간이 너무 많이 소요됩니다. 좋은 방법 있으면 가르쳐 주세요?

▷ CAD 2005 이상 버전부터 두 점사이의 중간점을 잡아주는 Osnap이 있습니다.
아니면 Lisp을 만들어서 하는 방법도 있습니다.
대략적으로 다음과 같이 그림을 그리겠습니다. [39-1]
Line명령어 실행.
명령: L
첫번째 점 지정: _m2p →『Shift+마우스 오른쪽 버튼』을
입력 하고 『2 점 사이의 중간(W)』을 클릭합니다.
[39-2]
중간의 일차점: 그림과 같이 점 지정.
[39-3]

[39-1]

[39-2]

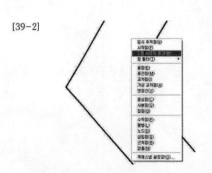

[39-3]

중간의 이차점: 그림과 같이 점 지정.
[39-4]
방금 지정한 두 점사이의 중간점을 잡아줍니다.
[39-5]
다음 점 지정 또는 [명령 취소(U)]: _m2p
→『Shift+마우스 오른쪽 버튼』을 입력 하고『2 점 사이의
중간(W)』을 클릭합니다. [39-6]
중간의 일차점:
중간의 이차점: 앞서 지정한 방법과 같이 두 점을 클릭합니
다. [39-7]
방금 지정한 두 점사이의 중간점을 잡아줍니다.
[39-8]
다음 점 지정 또는 [명령 취소(U)]: _m2p → 같은 방법.
중간의 일차점: → 같은 방법.
중간의 이차점: → 같은 방법.
중간점을 잇는 선이 그려집니다.
[39-9]

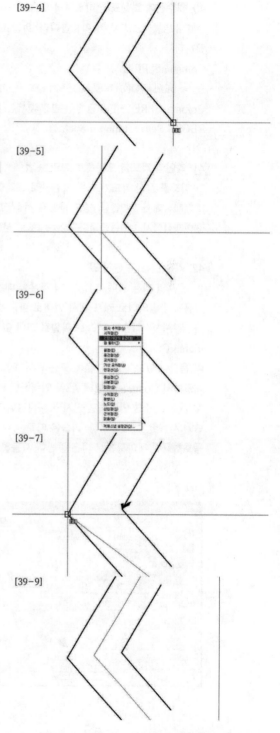

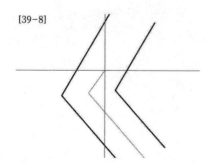

40. 치수선에 화살표가 비워져서 나옵니다.

▷ Fill 명령어로 변경이 가능합니다. 화살표뿐만 아니라 Hatch, Pline 등이 비워져서 나올 때도 사용됩니다.

Command: FILL

Enter mode [ON/OFF] <OFF>: ON → OFF로 설정되어 있는 값을 ON으로 설정합니다.

Command: RE → Fill 명령어 변경 후에는 Regen 명령을 반드시 실행 합니다.

REGEN Regenerating model.

41. 라인의 각도를 도분초로 그리는 법.

▷ 각도를 십진 각도가 아닌 도분초로 그려야 되는 경우가 가끔씩 생깁니다.

①현재점에서 100만큼 45도 각도로 선을 그릴 때 : @100<45

②현재점에서 100만큼 45도32분14초로 선을 그릴 때 : @100<45d32'14"

42. 리습(Lisp)이 뭔가요?

▷ 본 책의 과정 중에서 Break를 공부할 때 언급을 한번 했습니다. 리습(lisp)은 캐드에 없는 명령어를 사용자가 임의대로 캐드 원시 언어로 만들 수가 있습니다. 이 원시 언어가 들어 있는 파일이 리습입니다. 대부분의 리습은 텍스트 파일로 되어 있고, 이 텍스트 파일을 더블 클릭을 해서 Open하면 첫 줄에

(defun C: ()

이 문장이 있는데 C: 다음에 오는 단어가 캐드에서 실행할 때 단축키가 됩니다. (defun C:AS () 이면 캐드에서 Command 행에 AS를 입력하면 리습이 실행됩니다. 캐드를 실행하고 Commad 행에서 AP(appload)를 입력하면 상자가 나타납니다. 이 상자에서 리습 파일을 선택하고 Load해야 선택한 리습을 사용할 수 있습니다. 리습은 따로 공부를 많이 해야 되고 필요한 경우에는 인터넷에 있는 캐드 동호회나 홈페이지에서 다운을 받아 사용하면 됩니다.

[42]

43. R값과 호의 길이 값만 나와 있습니다. R100이고 호의 길이가 140입니다. 어떻게 drawing을 해야 하나요?

▷ 일단 R100으로 원을 그린 후 반을 Trim합니다.
[43-1]

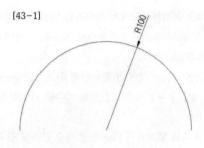

[43-1]

Lengthen 명령어를 실행 합니다.

Command: LEN → LENGTHEN의 단축키 LEN입력.

Select an object or [DElta/Percent/Total/DYnamic]: T
→Total의 단축키 T입력.

[43-2]

Specify total length or [Angle] <1.0000)>: 140
→ 전체 길이 값 140입력.

Select an object to change or [Undo]:
→ 호를 선택. [43-2]

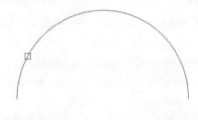

선택하면 호의 길이가 140으로 변경됩니다. [43-3]

Select an object to change or [Undo]:
→ Enter키 입력.

[43-3]

44. Mirror명령어 입력시 문자도 따라서 뒤집어지는데, 어떻게 하면 문자는 Mirror되지 않습니까?

▷ Mirrtext 명령어를 이용해서 변경이 가능합니다.

Command: MIRRTEXT

Enter new value for MIRRTEXT <1>: 0 → 1로 설정된
값을 0으로 변경합니다.

45. 등각투상도에서 치수기입 방법이 어떻게 되나요?

▷ 등각 투상도는 양쪽으로 30도를 기울여 그리는 방식입니다.

100×100×100인 정육면체를 그리겠습니다.[45-1]

치수의 두번째 아이콘으로 치수를 기입하겠습니다. [45-2]

치수의 열세번째 아이콘인 치수 편집을 클릭하겠습니다.

클릭하면 Command 상자에 아래와 같은 문장이 나타납니다.

Command: _dimedit → 아이콘을 클릭함으로서 명령어 실행.

Enter type of dimension editing

[Home/New/Rotate/Oblique] <Home>: O

→ Oblique의 단축키 O입력.

Select objects: 1 found → 치수를 선택합니다.

Select objects: → 치수를 선택후 Enter키 입력. [45-3]

Enter obliquing angle (press ENTER for none): 30

→ 기울일 각도 30을 입력합니다. 30을 입력했는데 모양이 맞지 않다면 -30을 입력합니다.

[45-4]

나머지도 같은 방법으로 편집하면 됩니다. [45-5]

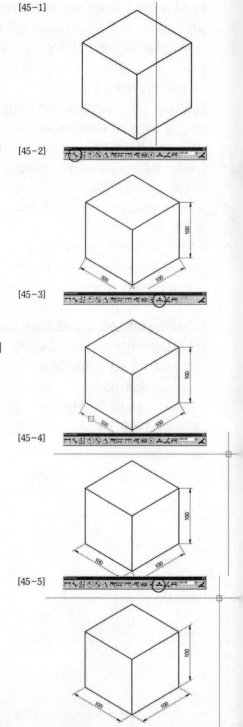

[45-1]

[45-2]

[45-3]

[45-4]

[45-5]

46. 다중선(Pline) 그리기를 할 때 끝과 끝이 깔끔하지 않습니다.

▷ 두께를 주고 Pline를 그릴 때 마지막 끝맺음을 할 때, 마지막 점을 Osnap을 이용해서 점을 클릭하고 Enter키를 입력해서 Pline를 종료 하면 왼쪽의 그림과 같이 됩니다.
마지막 끝 맺음을 Close의 단축키 C를 입력해서 자동으로 첫 점으로 선이 그려지고 종료되는 옵션을 이용하면 오른쪽의 그림과 같이 됩니다. [46]

[46]

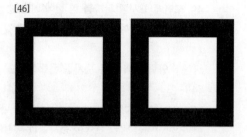

47. 해치를 좀 더 추가 하고 싶습니다.

▷ 인터넷에서 원하는 해치를 검색해서 다운을 받습니다.
해치파일의 확장자는 pat입니다. 다운받은 파일을
C드라이버 → Program Files → Autodesk 2005 →
Support 폴더에 복사를 합니다. 캐드를 Open 하겠습니다.
캐드가 켜져 있는 상태라면 재부팅을 하세요.
Hatch명령을 실행하면 Hatch 상자가 나타납니다.
Pattern 아이콘을 클릭하겠습니다. [47-1]
Pattern 상자에서 Custom을 클릭하면 아래에 파일명이 보입니다. 파일명을 클릭하면 오른쪽에 그림이 보일 것입니다. OK를 클릭하고 배운 방법으로Hatch를 실행하면 됩니다. [47-2]

[47-1]

[47-2]

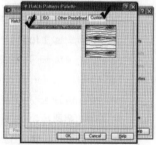

48. 치수 기입 시 자동으로 explode가 되는 건 왜 그렇습니까?

▷ Dimaso 명령어를 이용해서 변경이 가능합니다.

Command: DIMASO

Enter new value for DIMASO <OFF>: ON → OFF로 설정되어 있는 값을 ON으로 변경합니다.

DIMASO support will be discontinued, DIMASSOC has been set to 1.

49. 도면에 표시된 글자를 한 번에 키울 순 없습니까?

▷ 일단 화면에 여러 개의 문자를 생성하겠습니다.

[49-1]

명령어 입력 없이 모든 문자를 선택하겠습니다.

[49-2]

『Ctrl+1』을 입력해서 Properties 상자를 나타나게 하겠습니다. 상자에는 방금 선택한 문자들의 속성이 나타납니다.

[49-3]

Height(문자높이)란의 숫자를 변경하면 됩니다.

숫자기입 후 Enter키 입력. [49-4]

선택된 문자들의 크기가 변경되었습니다. [49-5]

50. 겹쳐져 있는 객체에서 아래 위의 위치를 변경할 수는 없나요?

▷ Draworder 명령어를 이용해서 변경이 가능합니다.

Command:DRAWORDER

Select objects: 1 found → 객체선택.

Select objects: → 객체선택 후 Enter키 입력.

Enter object ordering option [Above object/Under object/Front/Back] <Back>: F → 선택한 객체를 제일 위로 올리기 위해서 Front의 단축기 F입력 후 Enter키 입력. 아래로 내리기 위해서 Back를 입력.

Regenerating model.

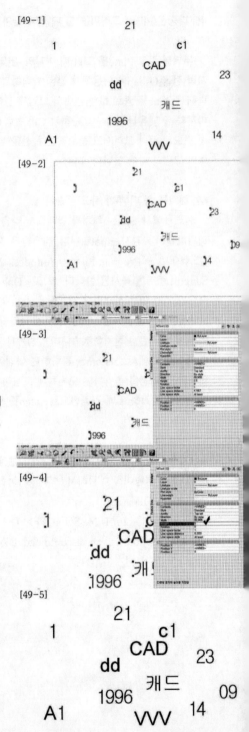

오 토 캐 드 2급 자 격 증 시 험 준 비

제23강
오토캐드 2급 자격증 기본기 익히기

제23강 오토캐드 2급 자격증 준비

■ 시험요강

1. 시험명칭 :   AutoCAD 2급 기술 자격 시험
2. 응시자격 :   수험자의 자격 제한 없음.
3. 시험일정 :   시험일정
4. 시험시간 :   실기만 90분
5. 시험장소 :   전국 ATC회원사와 지정 고사장
6. 수 험 료 :   50,000원
7. 접수방법 :   온라인접수(www.eatc.co.kr / www.atck.co.kr)
8. 시험문제 :   AutoCAD의 각종설정, 조작 및 2차원 도면의 작성
9. 시험내용 :   AutoCAD의 2차원 조작 및 설정에 필요한 명령어 지식과 도면을 읽고 작성하는데 필요한 기본적인 지식에 근거를 두고 있습니다.(주)eATC에서 작성한 기계/ 건축 또는산업디자인에 근거한 2차원 도면을 AutoCAD를 사용하여 작성합니다.(Application Software등은 사용 할 수 없습니다.)
10. 채점기준 : 작성된 도면의 치수(정확도)와 설정에 근거하여 일정개수 이상 치수에 오차가 있으면 실격입니다.(합격기준 : 60점이상/100점)
11. 자격증내용 : 등급제 자격증 A~D등급까지 운영, 응시버젼 기재, 자격증 유효기간 3년
(A등급 : 100~90점, B등급 : 89~80점, C등급 : 79~70점, D등급 : 69~60점)
12. 수험시준비물 : 신분증(주민등록증, 운전면허증, 학생증, 여권, 국가기술자격증 및 사진이 붙어있는 증서), 필기도구
※신분증을 지참하시지 않았을 경우에는 실격처리됩니다. 꼭 신분을 확인할 수 있는 증명서를 지참해 주세요.
13. 기타준수사항 :
① 이미 접수된 시험에 대해서는 연기 및 환불이 불가능합니다.
② 시험시간 10분전에까지 입실 준비하여야 하며 시험 시작후 20분이 지나면 시험장 입실을 허용하지 않습니다.
③ 자격증 발급기간 : 합격자 발표일로 부터 2개월이내에 신청하셔야 하며, 2개월이 경과한 후에 신청하신 분은 소정의 수수료(5,000원)가 추가되며, 6개월이 경과할 때까지 등록을 하지 않으면 합격이 무효처리 됩니다.

■ 응시조건

의무사항

1. 모든 색상과 선 종류는 Layer에서 제어한다.

2. 하나의 직선 혹은 원호(타원호)는 1개의 객체로 이루어져야한다.

3. 제출 File의 이름은 수험번호와 동일하게 하며, 바탕화면에 저장한 후 반드시 온라인상으로 파일을 제출해야 한다.

4. 도면 자동 저장 시간 Savetime을 10으로 설정한다.

5. 도면의 모든 객체(치수기입포함)는 반드시 모형공간(Tilemode=1)에서 작도(1Unit=1mm)하며, 외곽선, 표제란, 제목(Text)들은 도면공간에서 Layer '0'번으로 작성한다.

6. 아래 사항에 해당되는 경우 실격 처리된다.

도면의 모든 객체를 도면 공간에서 작성한 경우/Mview를 사용하지 않은 경우/선이 누락된 경우/치수기입이 50% 미만인 경우

감점사항

7. 아래 항목들 중 2개 이상 해당하는 경우 실격 처리된다.(단 1개인 경우 24점 감점된다.)

주어진 치수가 틀린 경우/따내는 Point 오차

8. 아래 항목들 중 3개 이상 해당하는 경우 실격 처리된다.(단, 1개인 경우 아래와 같이 감점 처리된다.)

불필요한 객체남음(16점)/Linetype불량(16점)/선연결상태불량(8점)/선겹침중복(8점)

권고사항

9. 도면의 표제란에는 수험번호를 입력하며(4점), 외곽선은 치수에 맞게 작성한다.(4점) 도면과 관련이 없는 객체들은 작성하지 않는다.

10. Layer는 외형선(Model, 7), 중심선(Center, 3), 숨은선(Hidden, 2), 치수기입(Dim, 1), Mview로 생성된 창(Mview, 4)을 생성하고, 이외의 모든 객체는 Layer '0'번으로 작성한다.(20점) [설명:용도(생성할 Layer이름, Color의 번호)]

11. 화면 구성은 도면의 개수만큼 생성하며 도면의 크기에 맞게 조절하고(10점), 그 창은 동결시킨다.(5점)

12. 출제도면의 명시된 축척은 Zoom 배율을 이용하여 각 도면에 적용시킨다.(10점)

13. 치수 기입은 출제도면에 나타난 만큼, 똑같은 형태로 Dim 변수를 조절하여 작성한다.(Dimaso=ON, Dimcen=0)(20점)

14. 제출상태는 출제도면에 명시된 용지크기(5점)와 도면공간상태(5점)를 유지하고, 도면은 전체적으로 균형 배치한다.(Layout)(12점)

15. Linetype은 Ltscale을 조절하여 출제도면과 같이 실선과 구분되어 보이게 한다.(LTS)(5점)

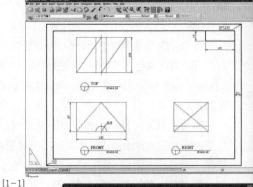

■ 2급 시험은 이렇게

여기에서 2급 시험을 치르는데 있어서 도면을 그
리기 전 작업과 그린 후의 작업에 대해서 설명을
드리겠습니다.

모든 도면을 그린 후 다음에 설명하는 작업들을 해
줘야 합니다.

다음의 그림과 같이 작성해 보겠습니다.

[2급시험은 이렇게-도면]

1) 기본작업

▷새 도면을 열고 나서 바로 저장합니다.(바탕화면
에 파일명은 본인 수험번호로 저장합니다)

▷SAVETIME 10분을 적용합니다.

▷참고사항 - 다음 사항을 변경합니다.

① TOOLS → OPTIONS → DISPLAY →
LAYOUT ELEMENTS에서
DISPLAY LAYOUT AND MODEL TAB만 체크
합니다. [1-1]

[1-1]

② TOOLS → OPTIONS → DISPLAY→COLOR
버튼을 클릭합니다.

LAYOUT의 화면을 찍고 아래 색깔 버튼을 눌러
White → Black으로 변경합니다. [1-2]

▷Layer 변경이 되지 않는 경우

③ TOOLS → OPTIONS → SELECTION →
SELECTION MODES에서 NOUN/VERB
SELECTION 를 체크합니다.

[1-3]

[1-2]

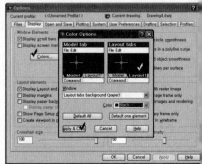

[1-3]

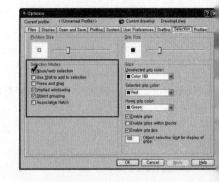

2) LAYER 작업

아래 표와 같이 Layer를 만들어 줍니다.

용도	LAYER NAME	COLOR	LINE TYPE
외형선	MODEL	7	CONTINUOUS
치수선	DIM	1	CONTINUOUS
숨은선	HIDDEN	2	HIDDENX2
중심선	CENTER	3	CENTER
MVIEW	MVIEW	4	CONTINUOUS
테두리 선. 표제란.TEXT	0	7	CONTINUOUS

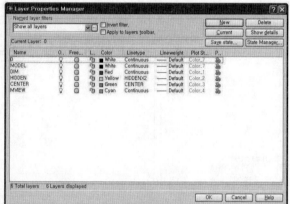

3) 도면작성   [3]

선의 LAYER에 맞게 도면을 작성합니다. [3]

4) TILEMODE

화면 왼쪽하단에 있는 LAYOUT1을 체크한다.
[4-1]
체크를 하면 출력을 하기 위한 공간으로 이동을 합
니다. 앞서 그린 그림은 보이지 않습니다.
[4-2]

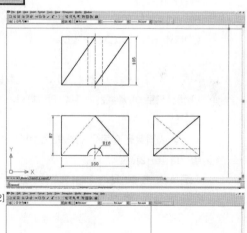

[4-1]

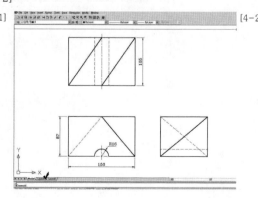

[4-2]

5) LIMITS

출제된 도면의 용지에 맞게 LIMITS를 설정합니다.
LIMITS를 설정한 다음 반드시 ZOOM에서 ALL을
실행합니다.
도면 테두리선의 왼쪽 하단과 오른쪽 상단의 좌표
값이 LIMITS 영역입니다.
EX) A4용지일 경우
COMMAND : LIMITS ✓
　　　　　　　　　0,0 ✓
　　　　　　　　　297,210 ✓ ⇒ 시험문제 마다 다르
므로 이 치수는 외우지 않습니다.
COMMAND : ZOOM ✓
　　　　　　　　　ALL ✓

6) 테두리선

LAYER "0" 에서 작성합니다. LIMITS와 일치하게
윤곽선을 작성하는 데, RECTANGLE을 이용해서
작성합니다.
EX) A4용지일 경우
COMMAND : RECTANGLE ✓
　　　　　　　　　0,0 ✓
　　　　　　　　　297,210 ✓ ⇒ 시험문제 마
다 다르므로 이 치수는 외우지 않습니다.
[6-1]
생성한 사각형을 안쪽을 문제의 치수만큼 Offset
합니다.[6-2]
오른쪽 위 표제란을 작성합니다.[6-3]

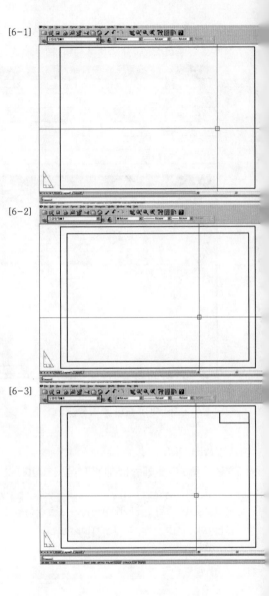

[6-1]

[6-2]

[6-3]

7) Mview

Mview는 앞서 그렸던 그림을 지금 화면에 나타나
게 하는 명령어입니다. 앞서 그렸던 도면을 사진을
찍어서 지금화면에 붙인다고 생각하면 됩니다.
LAYER "MVIEW"에서 작성합니다. [7-1]
COMMAND :
MV(Mview의 단축키 MV입력) ✓

                                     3 ✓

                                     R ✓

그림과 같이 ①, ②점을 클릭합니다. [7-2]
실행결과 처음에 그렸던 도면이 나타납니다. 사진
이 3장 나타납니다(Mview 명령어 실행에서 3을 입
력했기 때문입니다). 오른쪽에 큰 사진이 나타납니
다(Mview 명령어 실행에서 Right의 단축키 R을 입
력했기 때문입니다). [7-3]

8) MS

Mview로 나누어진 각각의 MODEL SPACE로 이
동.
COMMAND : MS ✓
또는 마우스를 Mview창 위에 올려놓고 더블클릭.
[8]
명령을 실행하면 마우스가 생성된 Mview창 안으
로 들어갑니다. 그리고 각 Mview창 마다 좌표축이
생깁니다. 다른 Mview창으로 이동하려면 마우스
로 창을 한 번 클릭하면 됩니다.

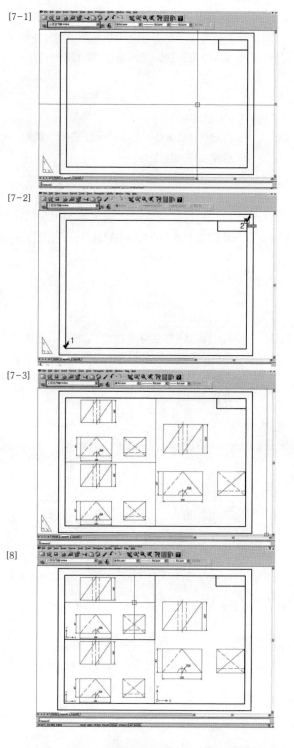

[7-1]

[7-2]

[7-3]

[8]

9) PAN

PAN을 이용해 정면도, 평면도, 우측면도를 각 각
의 MODEL SPACE의 중심으로 배치한다.
[9]

10) ZOOM

ZOOM 명령어를 이용해 주어진 도면의 SCALE에
맞게 XP를 설정한다.
EX) 주어진 도면의 SCALE이 1/2이면
COMMAND : ZOOM ✓

           1/2XP ✓ ⇒ 시험문제 마다 다르므
로 이 치수는 외우지 않습니다.
세 개의 Mview에 모두 적용을 합니다.
[10]

11) PAN

PAN을 이용해서 다시 한 번 더 정면도, 평면도, 우
측면도를 배치한다. 나중에 그림 아래에 문자를 입
력해야 하므로 문자가 들어갈 공간을 생각해서 배
치를 합니다.
[11]

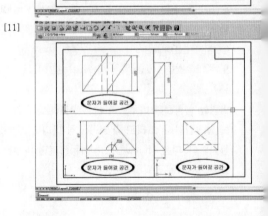

[9]

[10]

[11]

12) MVSETUP

정면도를 기준으로 평면도(수직맞추기)와 우측면
도(수평맞추기)를 정렬한다.

COMMAND : MVSETUP ✓

Mvsetup을 실행하면 Osnap이 무조건 OFF상태가
됩니다. 화면아래 Osnap 버튼을 클릭하면 아무것
도 지정이 되어 있지 않습니다. Endpoint만 체크
를 하겠습니다. [12-1]

A ✓ Align에 단축키 A 입력

H ✓ Horizontal의 단축키 H 입력

(정면도와 우측면도의 수평 맞추기)

정면도에서 그립의 임의의 끝점을 지정합니다.
[12-2]

마우스를 우측면도의 임의의 지점에 한번 클릭하
고, 앞서 지정한 정면도의 점과 같은 위치의 점을
지정합니다. [12-3]

정면도와 우측면도의 수평이 맞춰집니다.

V ✓ Vertical의 단축키 V 입력

(정면도와 평면도의 수직 맞추기)

마우스를 정면도의 임의의 지점에 한번 클릭을 하
고, 다시 정면도의 그립에서 임의의 끝점을 지정합
니다. [12-4]

마우스를 평면도에 임의의 지점에 한번 클릭을 하
고, 앞서 지정한 정면도의 점과 같은 위치의 점을
지정합니다. [12-5]

정면도와 평면도의 수직이 맞춰집니다.

[12-1]
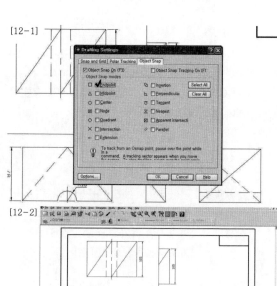

[12-2]
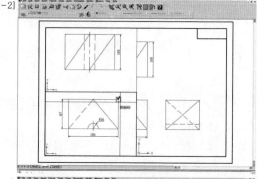

[12-3]

[12-4]
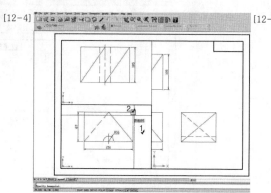

[12-5]
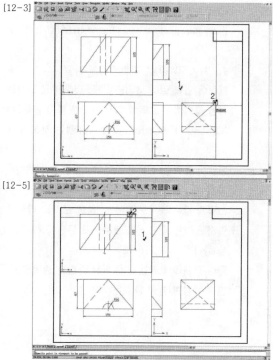

13) PS

Mview창을 빠져나오는 명령어입니다. Mview창마다 좌표축이 사라집니다.

COMMAND : PS ✓ 또는 마우스를 Mview창 밖에 놓고 더블 클릭합니다.

14) MTEXT

LAYER "0"에서 작성합니다.

표제란과 기타문자를 작성합니다.

표제란은 수험번호를 기재합니다.

원의 크기와 문자의 크기는 규정에 없습니다.

적당한 크기로 작성하십시오. [14]

15) LTS

최종적으로 선의 종류가 확실하게 구분이 되도록 LTS값을 설정합니다.

LTS값은 0.2 ~ 0.3 정도가 적당합니다. (MODEL 영역에서는 0.5정도 줍니다.)

Command: LTS ✓

Enter new linetype scale factor<0.5000>: 0.2 ✓

16) MVIEW 창을 그림에 맞게 줄입니다.

명령어 입력 없이 MVIEW창을 선택하고 모서리 점을 클릭해서 그림에 맞도록 크기를 조절합니다. (Osnap(F3)와 Ortho(F8)를 OFF하는 것이 좋습니다)

명령어 입력없이 정면도의 Mview창을 클릭합니다. [16-1]

그림과 같은 순서로 Mviewc창의 모서리 끝점을 클릭하고 그림의 크기에 맞추어서 두번째 적당한 점을 클릭합니다. [16-2]

반대 모서리의 끝점을 클릭하고 같은 방법으로 두번째 적당한 점을 클릭합니다. [16-3]

[14]

[16-1]

[16-2]

[16-3]

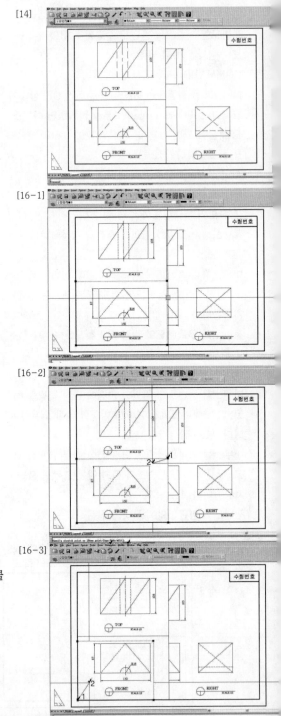

같은 방법으로 다른 Mview창의 크기를 조절합니다. [16-4]

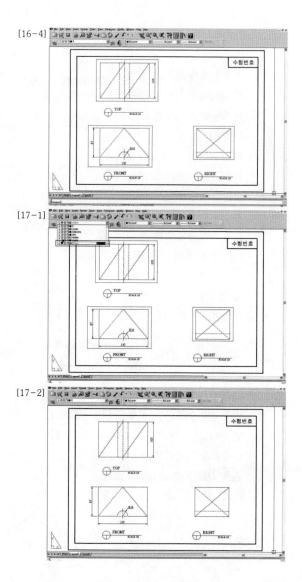

[16-4]

17) "MVIEW" LAYER을 동결시킵니다.
(MVIEW가 동결되지 않을 때는 MVIEW가 아닌 다른 Layer로 변경한 후 동결시킵니다.)
[17-1]
Mview창의 테두리 선이 사라집니다.
[17-2]

[17-1]

18) 최종적으로 저장을 합니다.
(Savetime을 걸어 놓았지만 시험 치르는 동안에 수시로 하는 것이 좋습니다)

[17-2]

항상 문제를 받은 후 도면
에 대해서 파악한 후 그리
기 시작해야 합니다.
어디부터 그릴 것인가, 어
떤 명령어를 사용 할 것인
가, 같은 길이의 선이 어느
것인가 등등을 미리 파악한
후 그림을 그리면 정확하고
단순 명료하게 그릴 수 있
습니다. 현재 도면의 경우
도 마찬가지로 한동안 도면
을 응시하고 파악을 한 후
그리면 무작정 처음부터 그
리는 분보다 빠르고 정확하
게 그릴 수 있습니다.

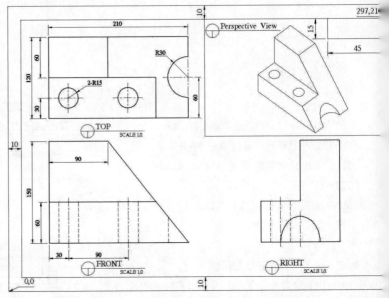

[오토캐드기초도면연습-1]

모든 그림은 Model Layer에서 그리는 것을 잊지
말고 평면도부터 그려 보도록 하겠습니다.
210×120인 사각형을 그리겠습니다. [1]
아랫선을 30만큼 Offset 하겠습니다. [2]
왼쪽 선을 30만큼 Offset 하고,
다시 그 선을 90만큼 Offset 하겠습니다. [3]

[1]

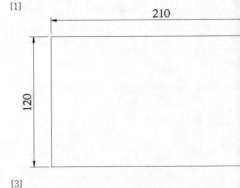

[2]

[3]

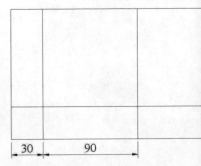

Offset한 선들이 교차하는 점을 중심점으로 R15인 원을
두 개 그리겠습니다. [4]

Trim 명령어를 실행하고 두 개의 원을 경계로 선택하고 그
림과 같이 수직, 수평선을 Trim 하겠습니다. [5]

Trim한 수직, 수평선을 선택하고 Center Layer로 변경
하겠습니다. [6]

이 처럼 그때, 그때 선의 종류에 맞게 Layer를 변경하는
것이 좋습니다.

아래선을 60만큼 Offset 하겠습니다. [7]

그림과 같이 선이 교차하는 점을 중심으로 R30인 원을
그리겠습니다. [8]

Trim 명령어를 실행하고 원을 경계로 선택하고 그림과
같이 수직, 수평선을 Trim 하겠습니다. [9]

[4]

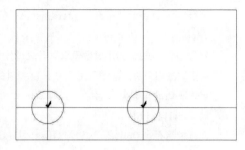

[5]

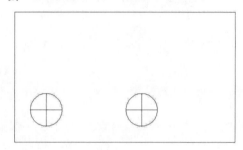

[6]

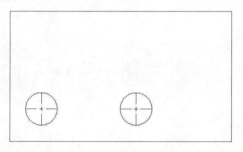

[7]

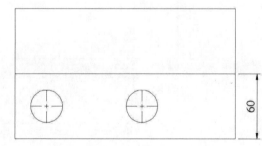

[8]

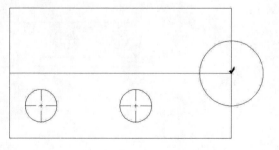

[9]

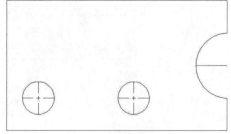

다시 원 안쪽의 수직선을 그리겠습니다. [10]

수직, 수평선을 선택하고 Center Layer로 변경하겠습니다. [11]

위쪽 선을 60만큼 Offset 하겠습니다. [12]

평면도는 여기까지만 그리고 정면도를 그려보죠.

평면도 아래 적당한 지점에 그림과 같이 수평선을 하나 그리겠습니다. [13]

그린 수평선을 아래로 150만큼 Offset 하겠습니다. [14]

그림과 같이 체크한 곳의 평면도의 점을 따오겠습니다. [15]

[10]
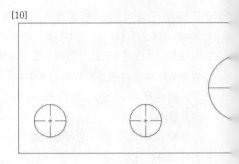

[11]
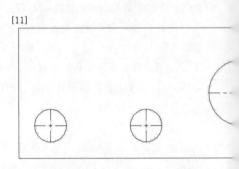

[12]
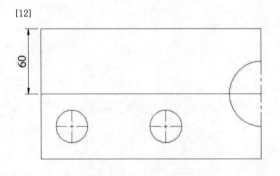

[13]
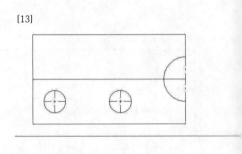

[14]
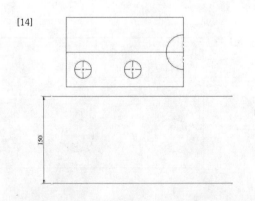

[15]
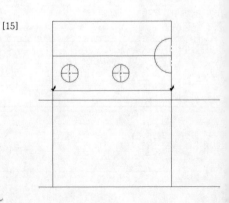

점 따오기는 이 시험에서 도면을 그리는 요령이며 당락을 결정하는 사항이므로 신중하고 정확하게 따오기 바랍니다.

Trim을 해서 그림과 같이 사각형을 만들겠습니다. [16]

왼쪽 선을 90만큼 오른쪽으로 Offset 하겠습니다. [17]

그림과 같이 대각선을 그리겠습니다. [18]

그림과 같이 Trim을 하겠습니다. [19]

아래선을 60만큼 위로 Offset 하겠습니다. [20]

그림과 같이 Trim을 하겠습니다. [21]

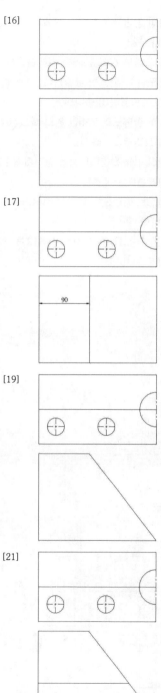

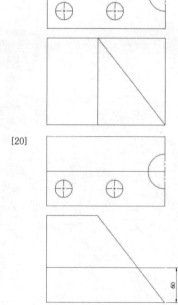

그림과 같이 정면도의 체크한 곳에서 평면도로 선을 그리겠습니다. [22]

그린 선을 그림과 같이 Trim을 하겠습니다. [23]

이제 평면도는 다 완성이 됐습니다. 이 처럼 한 번에 그릴 수 없는 그림들이 많습니다.

그림과 같이 평면도의 R30인 원의 체크한 점에서 정면도로 선을 그리겠습니다. [24]

그림과 같이 Trim을 하고, 선을 선택해서 Hidden Layer로 변경하겠습니다. [25]

같은 방법으로 평면도의 체크한 점에서 정면도로 선을 그리겠습니다. [26]

마찬가지로 Trim을 하고, 선을 선택해서 Hidden Layer로 변경하겠습니다. [27]

[22]

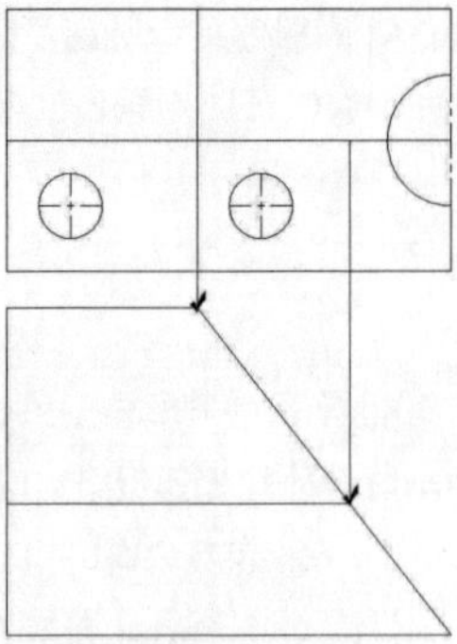

[23]

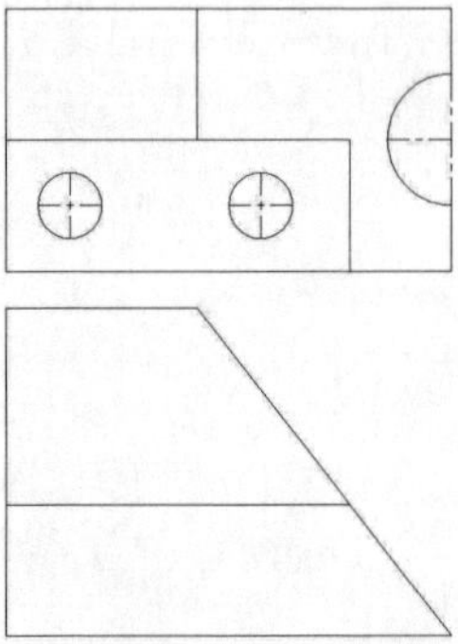

[24]

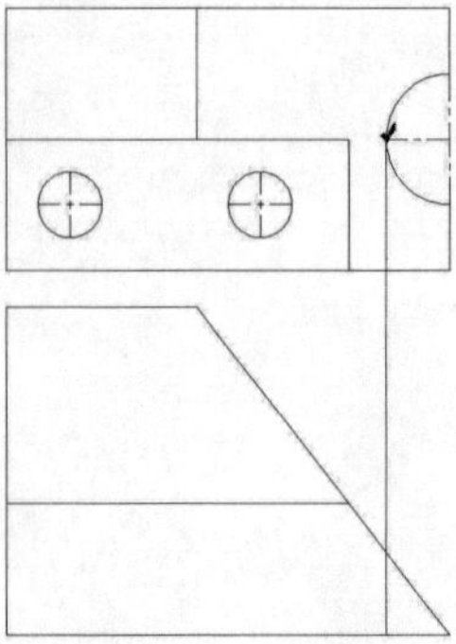

[25]

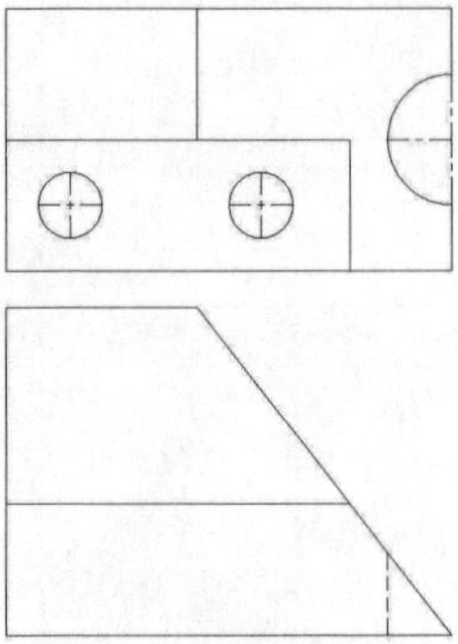

[26]

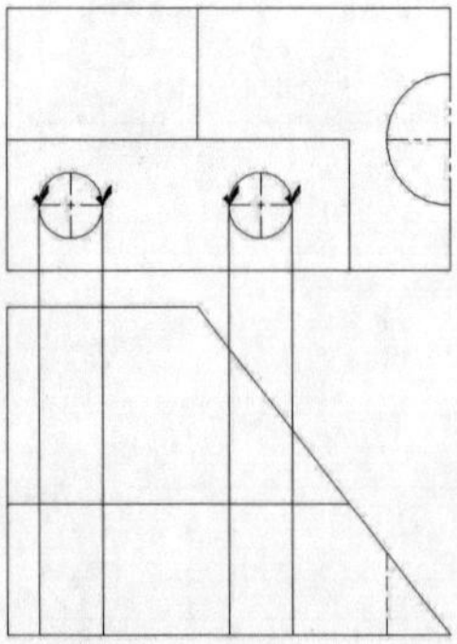

[27]

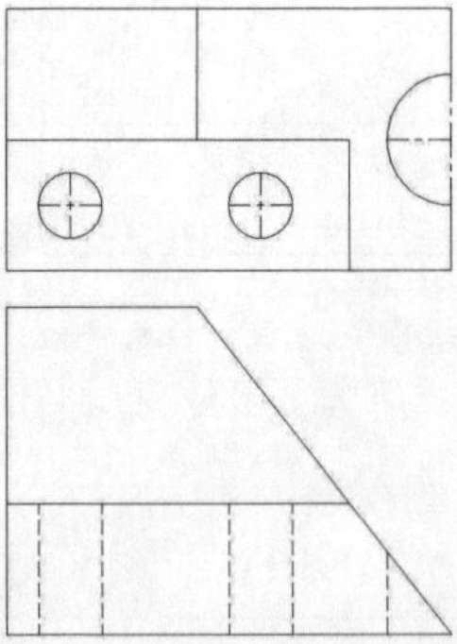

평면도의 체크한 점에서 정면도로 선을 그리겠습니다.
[28]

Trim을 하고, 선을 선택해서 Center Layer로 변경하겠습니다. [29]

Copy 명령어를 실행해서 평면도 전체를 선택하고 오른쪽 적당한 지점에 복사를 하겠습니다. [30]

Rotate 명령어를 실행하겠습니다.

Command: RO → Rotate 단축키 RO입력.

Current positive angle in UCS:

ANGDIR=counterclockwise ANGBASE=0

Select objects: Specify opposite corner: 18 found

→ 평면도 전체를 선택.[31]

Select objects: → Enter키 입력.

Specify base point: → 기준점 지정. [32]

Specify rotation angle or [Reference]: -90

→ 시계방향으로 90도를 회전하기 위해서 '-90'을 입력. [33]

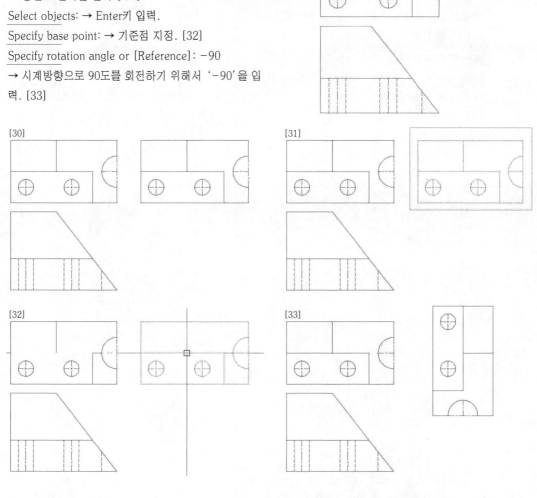

항상 우측면도을 그리기 위해서 평면도를 회전할 때는
반드시 -90도로 회전을 해야 됩니다. 그래야 평면도의
아래쪽이 우측면도의 왼쪽과 일치하게 됩니다.
회전한 평면도를 Move 명령어를 이용해서 그림과 같이
적당하게 위쪽으로 이동합니다. [34]
그림과 같이 평면도와 정면도의 체크한 점에서 선을 그
리겠습니다. [35]
그림과 같이 Trim을 하겠습니다. [36]
R30인 원에 대한 Ellipse를 그리기 위해서 그림과 같이
체크한 점에서 선을 그리겠습니다. [37]
Ellipse 명령어를 실행하겠습니다.

Command: EL → Ellipse의 단축키 EL입력.

Specify axis endpoint of ellipse or [Arc/Center]:
→ ①번 점 지정.

Specify other endpoint of axis: → ②번 점 지정.

Specify distance to other axis or [Rotation]:
→ ③번 점 지정. [38]

[34]

[35]

[36]

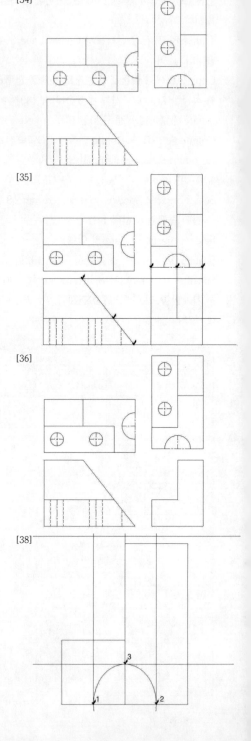

[37]

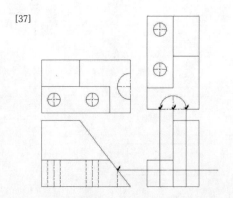

[38]

그림과 같이 Ellipse의 아랫부분을 Trim 하겠습니다.
[40-1]
Ellipse 안쪽에 수직선을 그리겠습니다. 그린 선을 선택
하고 Center Layer로 변경하겠습니다. [40-2]
그림과 같이 원의 체크한 점에서 선을 그리겠습니다.
[41]
그린 선을 Trim을 하고, 선을 선택해서 Hidden Layer로
변경하겠습니다. [42]
그림과 같이 원의 체크한 점에서 선을 그리겠습니다.
[43]
그린 선을 Trim을 하고, 선을 선택해서 Center Layer로
변경하겠습니다. [44]

[40-1]

[40-2]

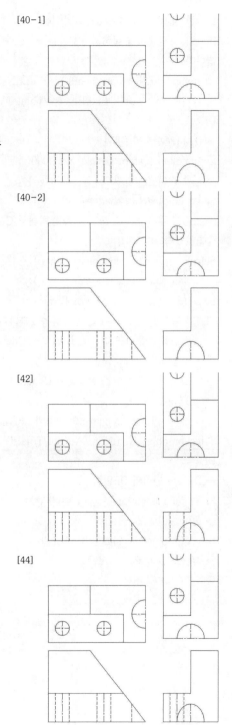

[41]

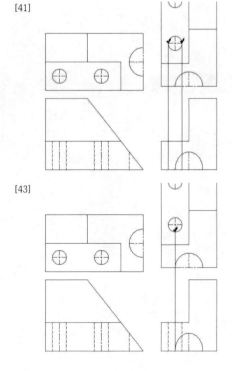

[42]

[43]

[44]

회전한 평면도를 삭제하겠습니다. [45]

Lengthen 명령어를 실행해서 Center 선을 돌출 시키겠습니다.

Command: LEN → Lengthen의 단축키 LEN입력.

Select an object or [DElta/Percent/Total/DYnamic]:
DE

→ Delta의 단축키 DE입력.

Enter delta length or [Angle] <0.0000>: 7

→ 돌출 길이 값 7입력.

Select an object to change or [Undo]:

→ 그림과 같이 체크한 모든 곳을 클릭해서 Center 선을 돌출하겠습니다. [46]

Select an object to change or [Undo]:

Select an object to change or [Undo]:

Select an object to change or [Undo]:

그림과 같이 모든 Center 선을 돌출하겠습니다. [47]

Center 선을 돌출하면 다른 선과 겹치는 Center 선은 반대로 줄입니다.

다시 Lengthen 명령어를 실행해서 Center 선을 줄이겠습니다.

Command: LEN → Lengthen의 단축키 LEN입력.

Select an object or [DElta/Percent/Total/DYnamic]:
DE

→ Delta의 단축키 DE입력.

Enter delta length or [Angle] <0.0000>: −3

→ 줄이는 길이 값 −3입력.

Select an object to change or [Undo]:

→ 그림과 같이 체크한 모든 곳을 클릭해서 Center 선을 줄이겠습니다.[48]

[45]

[46]

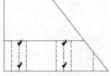

[47]
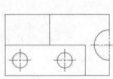
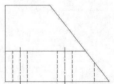

[48]
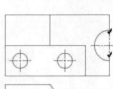
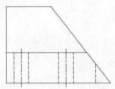

그림과 같이 Center 선이 줄여집니다. [49]
치수를 기입하기 위해서 기본 Layer로 설정되어 있는
Model Layer에서 Dim Layer로 변경하겠습니다.
주어진 도면과 같이 치수를 기입합니다. [50]

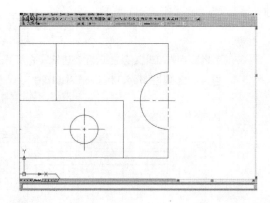

[50]

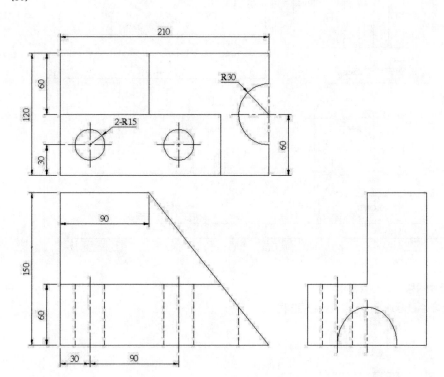

정면도부터 그리고 평면도, 우측면도의 순서로 그려 나가겠습니다.
항상 그릴 때는 Model Layer에서 그리는 것을 잊지 마시기 바랍니다.

[오토캐드기초도면연습-2]

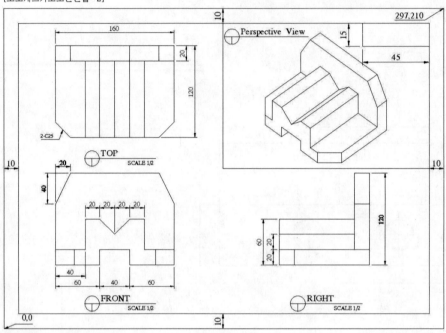

160×120 사각형을 그리겠습니다. [1]
그림과 같이 수평선과 수직선을 Offset 합니다. [2]

[1]

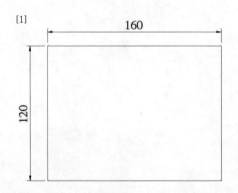

[2]

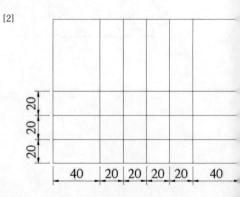

Trim을 이용해서 그림과 같이 선을 자르고 대각선도 그려 넣습니다. [3]

왼쪽 위의 모서리를 Chamfer 명령을 이용해서 모깎기를 합니다.

Command: CHA → Chamfer의 단축키 CHA입력.

(TRIM mode) Current chamfer Dist1=0.0000, Dist2=0.0000

Select first line or[Polyline/Distance/Angle/Trim /Method/mUltiple]: D → Distance의 단축키 D입력.

Specify first chamfer distance <0.0000>: 20 → 첫번째 모깎기 길이 값 20입력.

Specify second chamfer distance <20.0000>: 40 → 두번째 모깎기 길이 값 40입력.

Select first line : → 위쪽 선을 먼저 선택해야 됩니다.

Select second line: → 왼쪽 선 선택. [4]

같은 방법으로 오른쪽 모서리도 Chamfer 명령을 이용해 모깎기를 합니다. [5]

정면도를 다 그렸습니다. 평면도를 그려보죠.

정면도 위의 적당한 지점에 수평선을 그리고 그 선을 120 간격으로 Offset 하겠습니다. [6]

그림과 같이 정면도의 체크한 점에서 선을 그리겠습니다. [7]

[3]
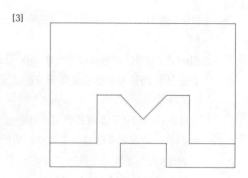

[4]
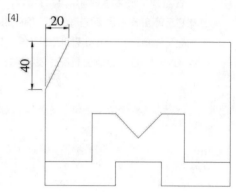

[5]
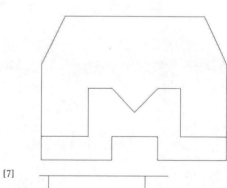

[6]
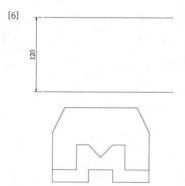

[7]
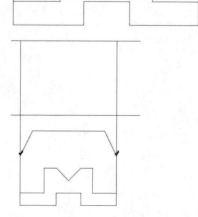

평면도의 160×120 사각형이 되도록 Trim 하겠습니다.
[8]

Chamfer 명령을 이용해서 첫번째 길이 값과 두번째 길이
값을 모두 25를 지정하고 양쪽 모서리를 모깎기를 하겠습
니다. [9]

그림과 같이 평면도의 체크한 점에서 선을 정면도로 그리
겠습니다. 이 도면에서 많이 그려지는 방법입니다.
Chamfer된 부분을 표현하는 것입니다. [10]

그린 선을 Trim 하겠습니다. [11]

평면도의 위쪽 선을 20간격으로 Offset 하고, 그림과 같이
정면도의 체크한 점에서 평면도로 선을 그리겠습니다. 역
시 Chamfer된 부분을 표현하는 것입니다. [12]

[8]

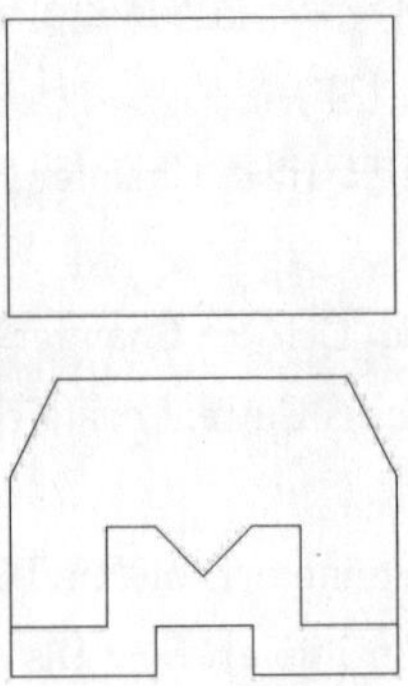

[9]

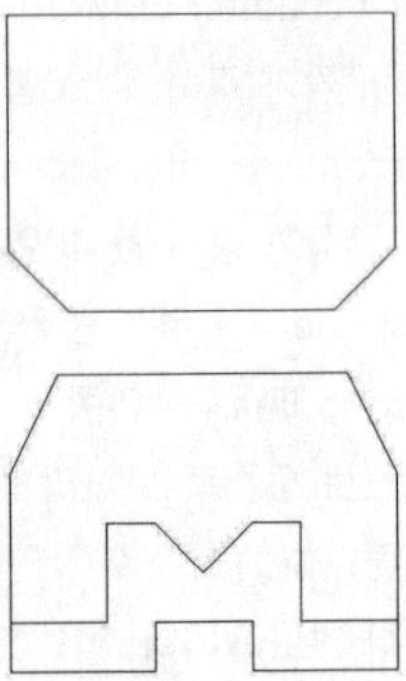

[10]

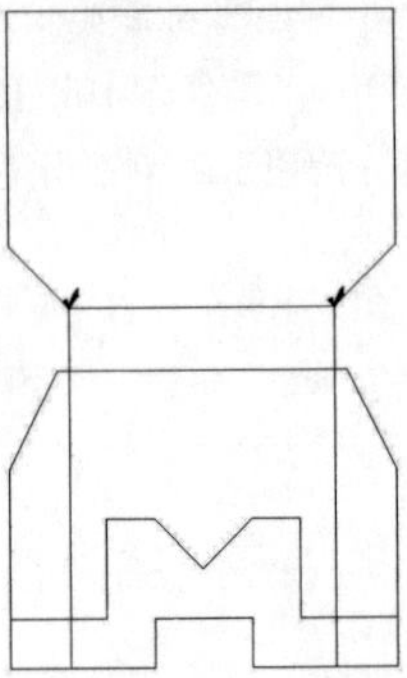

[11]

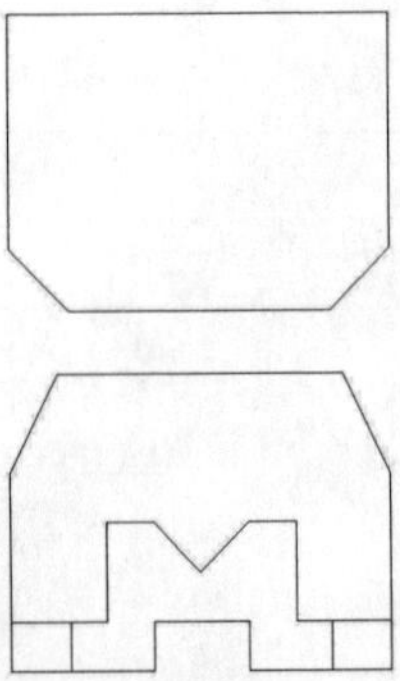

[12]

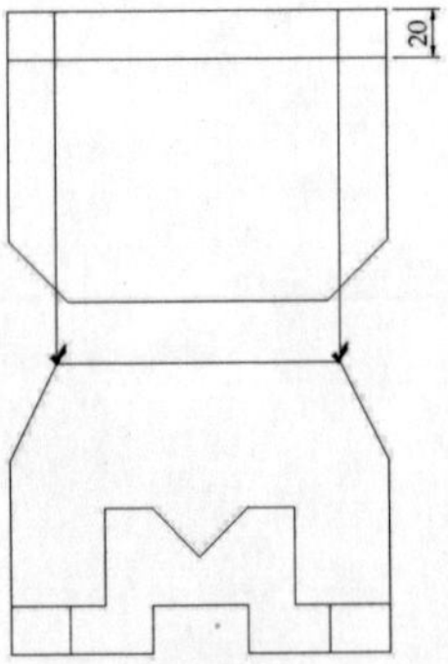

그림과 같이 Trim 하겠습니다. [13]
그림과 같이 정면도의 다섯 점에서 평면도로 선을 그리겠습니다. [14]
그림과 같이 Trim 하겠습니다. [15]
평면도의 체크한 점에서 선을 다시 그리고, 그린 선을 선택해서 Hidden Layer로 변경하겠습니다. [16]
평면도를 오른쪽으로 복사하겠습니다. [17]
복사한 평면도를 -90도로 Rotate 하겠습니다.
Rotate 한 후 적당하게 Move를 하세요. [18]

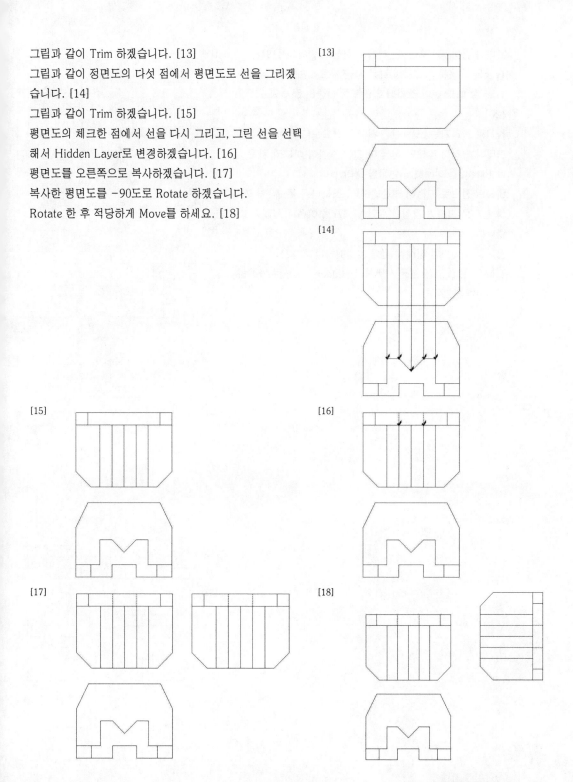

그림과 같이 체크한 모든 점에서 선을 그립니다.[19]
Trim을 이용해서 그림과 같이 선을 자르겠습니다. 선을
Trim 할 때도 선이 조각나지 않도록 신중히 하세요.
[20]
참고로 그려지는 모든 선은 하나의 선으로 그려야 됩니다.
그리다가 선이 짧으면 선을 더 그리는 것이 아니라 짧은 선
을 Extend를 이용해서 연장을 해야 됩니다.
하나의 선으로 그려야 되는데 선이 조각나서 두 개, 세 개
의 선으로 그리면 감점의 요인이 되므로 이점 유의하기 바
랍니다.
평면도의 체크한 점에서 선을 그리겠습니다. [21]
Trim을 하고 그린 선을 선택해서 Hidden Layer로 변경하
겠습니다. [22]

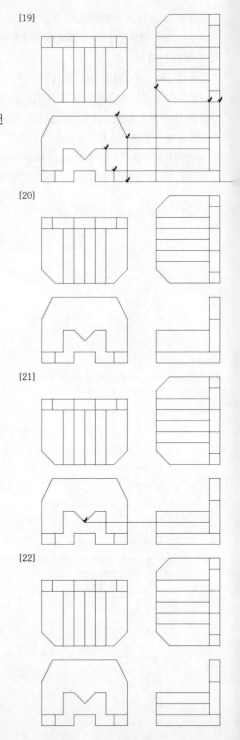

[19]

[20]

[21]

[22]

그림에서 원으로 표시한 부분을 Trim을 해서 잘라내고, 다시 선을 하나 그리고, 그린 선은 Hidden Layer로 변경하겠습니다. [23]

평면도의 체크한 점에서 선을 그리겠습니다. [24]

그림과 같이 Trim 하겠습니다. [25]

마지막으로 Layer를 Dim Layer로 변경하고 치수를 기입하겠습니다. [26]

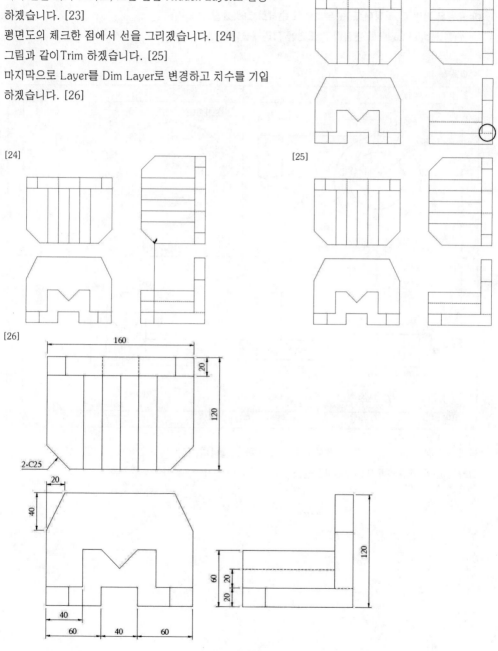

이 도면은 평면도 → 정면도 → 우측면도 순서로 그리겠습니다.
Layer를 Model Layer로 변경하고 도면을 그리겠습니다.

[연습문제-3]

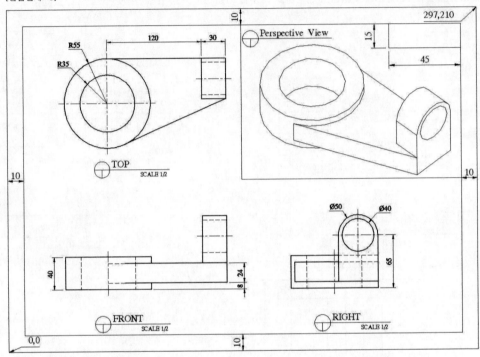

원의 중심선이 되도록 수직, 수평선을 교차 되도록 그립니다. [1]
그려진 선의 교차점에 R35, R55인 원을 그리겠습니다. [2]

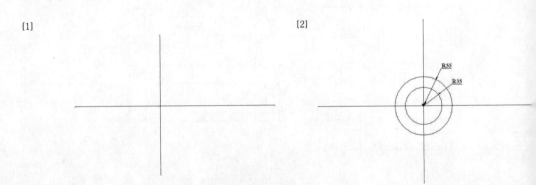

원을 경계로 수직, 수평선을 Trim 하겠습니다.[3]
원의 90도 방향 사분점에서 수평선을 길게 하나 그리겠습니다. [4]
원의 수직인 중심선을 120만큼 Offset 하고, 다시 그 선을 30만큼 Offset 하겠습니다. 수평선은 Trim 하겠습니다. [5]
수평선을 아래로 50만큼 Offset 하겠습니다. 우측면도의 큰 원의 지름이 50이므로 50만큼 Offset 하는 것입니다. [6]
Trim을 해서 사각형으로 만들겠습니다. [7]
사각형의 모서리에서 시작해서 원의 접점까지 선을 그리겠습니다. Osnap Settins에서 Tangent가 지정되어 있지 않으면 접점을 지정 할 수 없습니다. [8]

[3]

[4]

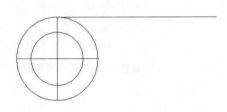

[5]

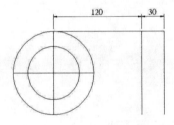

[6]

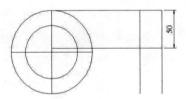

[7]

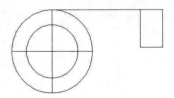

[8]

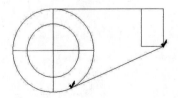

사각형의 중간점을 잇는 선을 그리겠습니다.
이 선이 중심선이 되는 것입니다. [9]
그린 선을 아래, 위로 20만큼 Offset 하겠습니다.
우측면도의 작은 원의 지름이 40이므로 반지름 값인 20만
큼 Offset을 하는 것입니다. [10]
20만큼 Offset한 선 두 개를 선택하고 Hidden Layer로 변
경하겠습니다. [11]
왼쪽의 중심선 두 개와 오른쪽 중심선 하나를 선택하고
Center Layer로 변경하겠습니다. [12]
평면도를 다 그렸습니다.
정면도를 아래 부분부터 그리겠습니다.
평면도 아래 적당한 지점에서 수평선을 하나 그리고 위로
40만큼 Offset 하겠습니다. 그림과 같이 평면도의 체크한
점에서 정면도로 선을 그리겠습니다. [13]
그림과 같이 Trim 하겠습니다. [14]

[9]

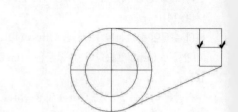

[10]

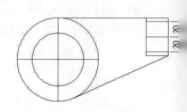

[11]

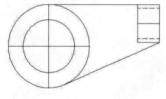

[12]

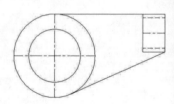

[13]

[14]

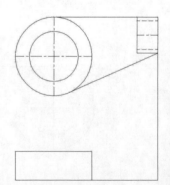

그린 정면도의 가장 아래 선을 위쪽으로 8만큼 Offset 하고, 다시 그 선을 위쪽으로 24만큼 Offset 하겠습니다.
[15]

평면도의 대각선과 원이 만나는 접점에서 정면도로 선을 그리겠습니다. [16]

그림과 같이 Trim 하겠습니다. [17]

정면도의 가장 아래 선을 65만큼 위로 Offset 하고,

다시 그 선을 25만큼 Offset 하겠습니다.

우측면도를 보면 아래에서 원의 중심까지 65이고, 원의 지름이 50이므로 반지름 값 25만큼 Offset을 한 것입니다.
[18]

그림과 같이 Trim 하겠습니다. [19]

우측면도의 원의 중심선이 되는 선을 아래, 위로 20만큼 Offset 하겠습니다. 우측면도의 작은 원의 지름이 40이므로 반지름 값 20만큼 Offset을 한 것입니다. [20]

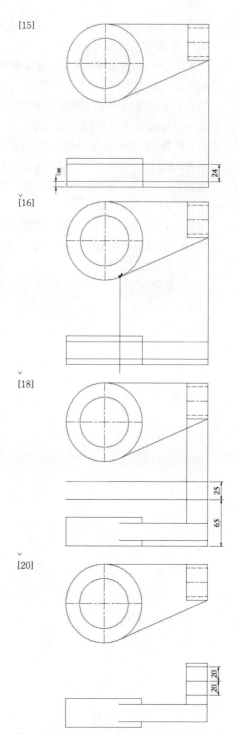

[15]

[16]

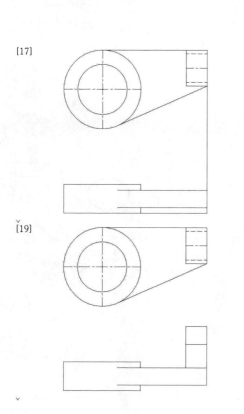

[17]

[18]

[19]

[20]

세 개의 선을 각 각 Hidden과 Center Layer로 변경하겠습니다. [21]

그림과 같이 평면도의 체크한 지점에서 정면도로 선을 그리겠습니다. [22]

그린 세 선을 Trim 하고, 선택을 해서 각각 Hidden과 Center Layer로 변경하겠습니다. [23]

그림의 표시한 곳에 선을 두 개 그리고 Hidden Layer로 변경하겠습니다. 이런 부분을 많이 놓치는데 꼼꼼하게 빠짐없이 그리는 습관을 가져야 합니다. [24]

정면도도 다 그렸습니다.

평면도를 우측으로 복사를 하고 −90도로 회전을 하겠습니다. 회전한 후 아래에 우측면도를 그릴 수 있도록 적당하게 이동을 하겠습니다. [25]

정면도와 평면도의 중심선에서 각 각 수직과 수평선을 그리겠습니다. [26]

[21]

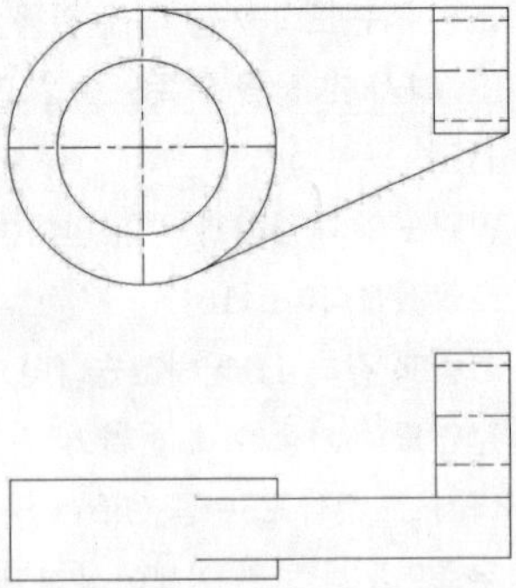

[22]

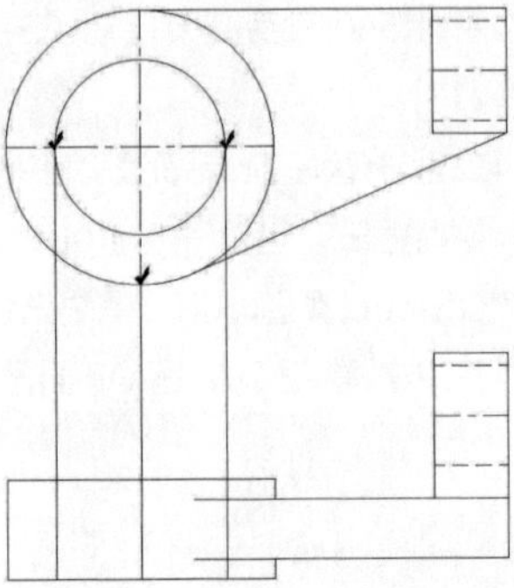

[23]

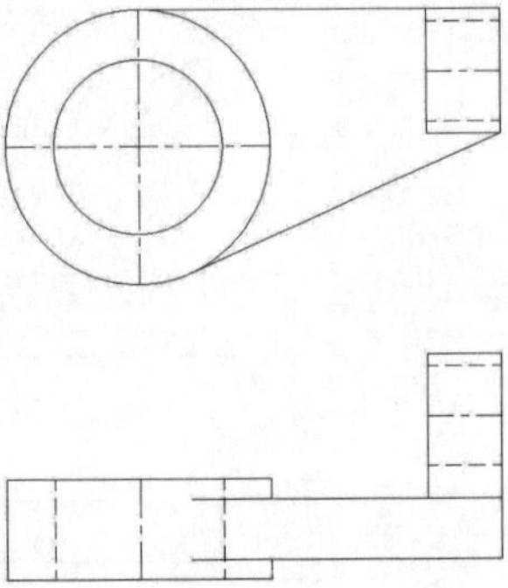

[24]

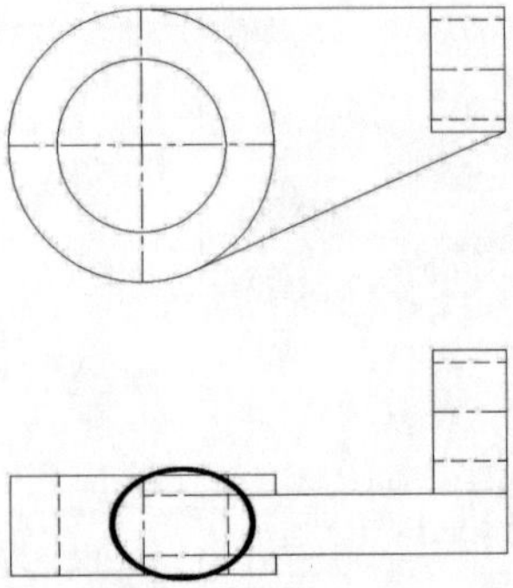

[25]

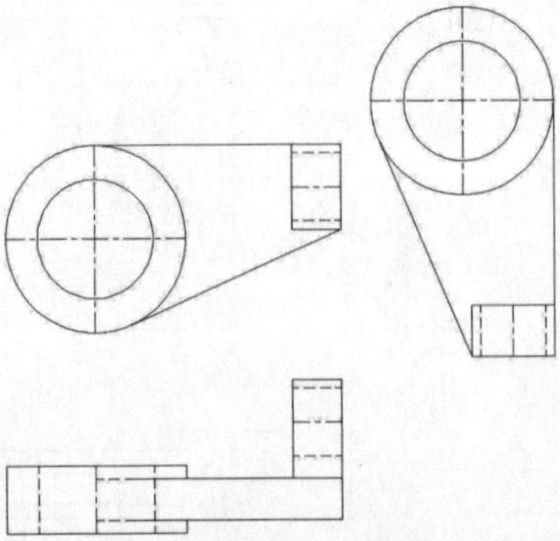

[26]

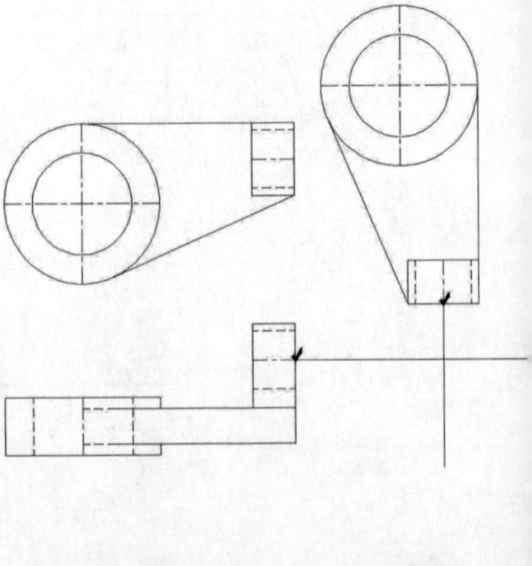

선이 교차하는 지점에서 지름50, 지름40인 원을 그리겠습니다. [27]

그림과 같이 Trim 하겠습니다. Trim한 후 중심선을 선택해서 Center Layer로 변경하겠습니다. [28]

평면도와 정면도의 체크한 점에서 우측면도로 네 개의 선을 그리겠습니다. [29]

그림과 같이 Trim 하겠습니다. [30]

평면도와 정면도의 체크한 점에서 우측면도로 네 개의 선을 그리겠습니다. [31]

그림과 같이 Trim 하겠습니다. [32]

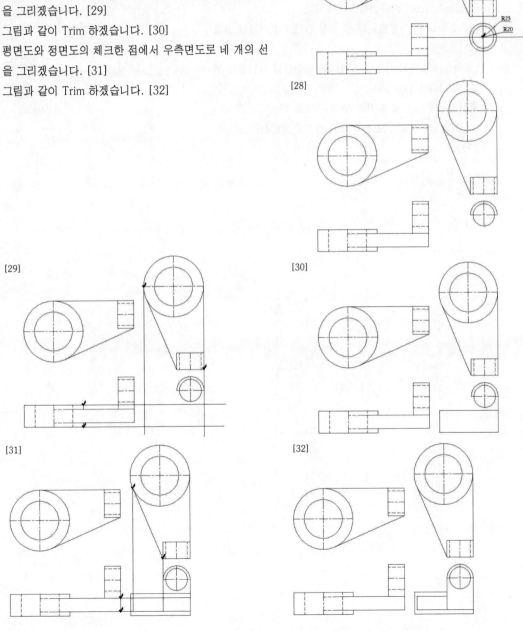

[27]

[28]

[29]

[30]

[31]

[32]

그림의 표시한 곳에 선을 두 개를 그리고 Hidden Layer로 변경하겠습니다. [33]

평면도의 체크한 세 점에서 우측면도로 선을 그리겠습니다. [34]

그린 세 선을 Trim 하고, 선택을 해서 각 각 Hidden과 Center Layer로 변경하겠습니다. [35]

우측면도도 다 그렸습니다. 회전한 평면도를 삭제를 하겠습니다.

Lengthen 명령을 실행해서 체크한 중심선을 빠짐없이 돌출 시키겠습니다. [36]

중심선은 반드시 돌출 또는 줄여 주어야 합니다. [37]

Layer를 Dim Layer로 변경하고 치수를 기입하겠습니다. [38]

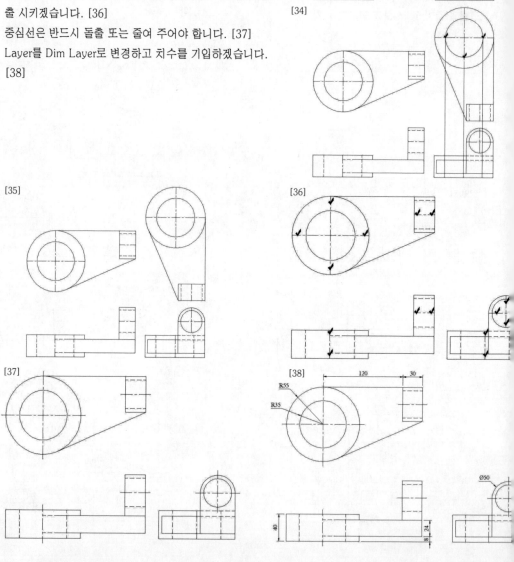

[오토캐드기초도면연습-4]

정면도 → 우측면도 → 평면도의 순서대로 그리겠습니다.

기본 Layer를 Model Layer로 변경하는 것을 잊지 마시기 바랍니다.

[연습문제-4]

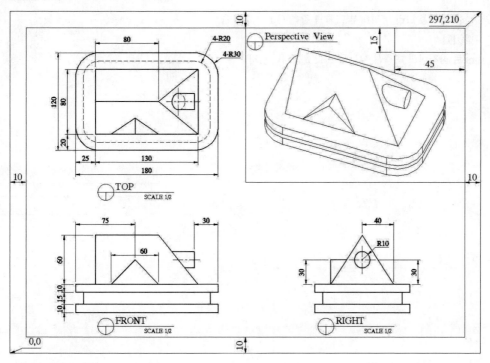

정면도의 아래 부분부터 그리겠습니다. 180×45 사각형을 그리겠습니다. [1]

사각형의 네 변을 10만큼 안쪽으로 Offset 하겠습니다. [2]

[1]

[2]

그림과 같이 Trim 하겠습니다. [3]

왼쪽에 수직선을 길게 하나 그리겠습니다. [4]

그림과 같이 수직선을 Offset 하고, 아래 수평선도 60만큼 Offset 하겠습니다. [5]

Erase와 Trim을 이용해서 다음과 같이 그림을 완성하겠습니다. [6]

삼각형 부분을 그리기 위해서 그림과 같이 Offset 하겠습니다. [7]

Line로 삼각형의 대각선 부분을 그리겠습니다. [8]

[3]

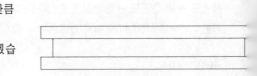

[4]

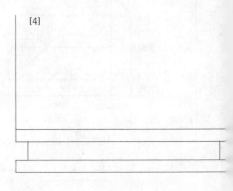

[5]

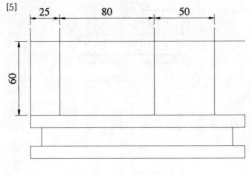

[6]

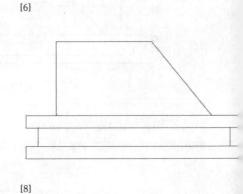

[7]

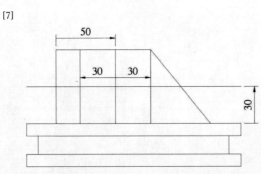

[8]

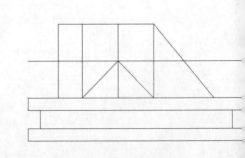

Erase로 선들을 삭제하겠습니다. 이때도 종종 Trim을 이용하는 분들이 있습니다, 이 경우에는 Erase로 삭제를 하는 것이 빠르고 간단합니다. [9]

그림과 같이 Offset 하겠습니다. [10]

Trim을 이용해서 그림과 같이 선들을 정리하고, 가운데 중심선을 선택해서 Center Layer로 변경하겠습니다. [11]

우측면도를 그리겠습니다.

정면도의 적당한 지점에 수직선을 하나 그리고, 그림과 같이 정면도의 체크한 점에서 우측으로 선을 하나 그리겠습니다. 역시 우측면도도 아래 부분부터 그리겠습니다. [12]

수직선을 120만큼 offset 하고

정면도의 체크한 모든 점에서 우측면도로 선을 그리겠습니다. [13]

Trim을 이용해서 그림과 같이 정리하겠습니다.[14]

[9]

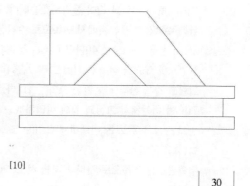

[10]

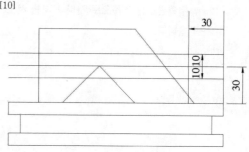

[11]

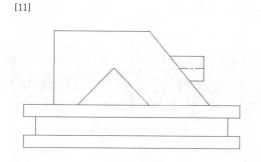

[12]

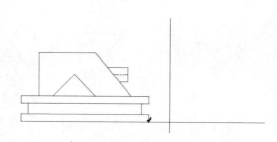

[13]

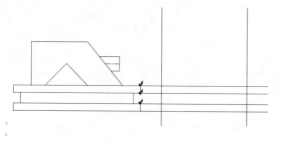

[14]

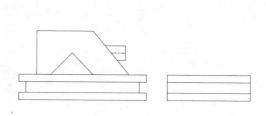

정면도 아래 부분을 그릴 때와 마찬가지로 10만큼 안으로 Offset 해서 그림과 같이 정리하겠습니다. [15]

위쪽 수평선의 중간점에서 위쪽으로 수직선을 하나 그리고, 그 선을 양쪽으로 40만큼 Offset 하겠습니다.

정면도의 체크한 점에서 선을 그리겠습니다. [16]

그림과 같이 삼각형과 원을 그리겠습니다. [17]

Trim을 이용해서 그림과 같이 정리하겠습니다. [18]

원의 중심선 두 개를 선택해서 Center Layer로 변경하겠습니다. [19]

우측면도를 위쪽으로 하나 복사를 하고, 90도로 회전하겠습니다. [20]

[15]

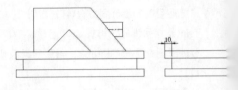

[16]

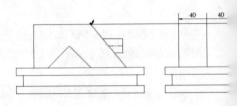

[17]

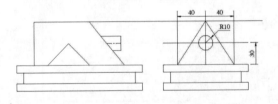

[18]

[19]

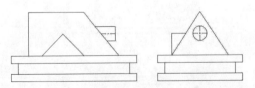

[20]

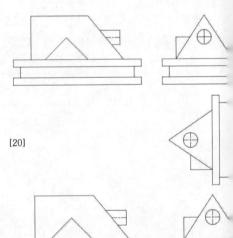

정면도와 회전한 우측면도의 체크한 점에서 선을 그리겠습니다. [21]

Fillet을 실행하면 자동으로 Trim이 되므로 따로 Trim을 실행해서 사각형으로 만들 필요는 없습니다.

Fillet 명령어 실행.

Command: F → FILLET의 단축키 F입력.

Current settings: Mode = TRIM, Radius = 0.0000

Select first object or[Polyline/Radius/Trim/mUltiple]: R→Radius의 단축키 R입력.

Specify fillet radius <0.0000>: 30

→ 반지름 값 30입력.

Select first object or[Polyline/Radius/Trim/mUltiple]:→ ①번 선 선택.

Select second object: → ②번 선 선택. [22]

Fillet이 되었습니다. [23]

나머지 세 개의 모서리도 Fillet 하겠습니다. [24]

Fillet한 네 개의 모서리와 네 변을 10간격으로 안쪽으로 Offset 하고 모두 Hidden Layer로 변경하겠습니다. [25]

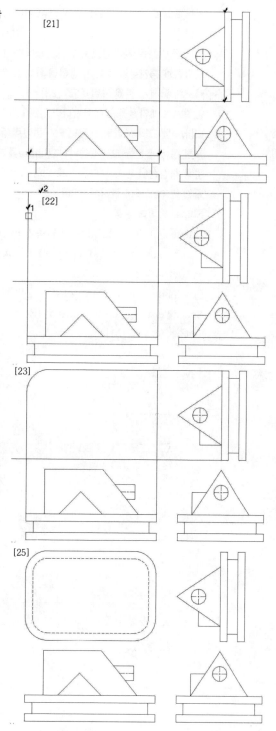

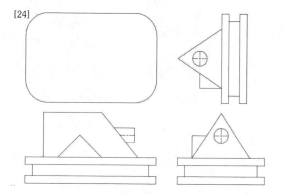

정면도와 회전한 우측면도의 체크한 점에서 선을 그리겠습니다. [26]

Trim을 이용해 사각형으로 만들겠습니다. [27]

사각형의 중간점을 잇는 수평선을 하나 그리고 정면도의 체크한 점에서 선을 그리세요. [28]

양쪽으로 대각선을 그리겠습니다. [29]

Ellipse를 그리기 위해서 정면도와 회전한 우측면도의 체크한 점에서 선을 그리겠습니다. Ellipse를 그리기 위해선 항상 중심선을 먼저 그리고 Ellipse의 사분점이 되는 선 세 개를 먼저 그려야 됩니다. [30]

Ellipse 명령어 실행.

Command: EL → ELLIPSE의 단축키 EL입력.

Specify axis endpoint of ellipse or [Arc/Center]: → ①번 점 지정.

Specify other endpoint of axis: → ②번 점 지정.

Specify distance to other axis or [Rotation]: → ③번 점 지정. [31]

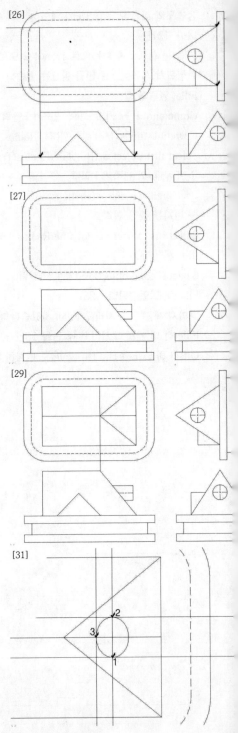

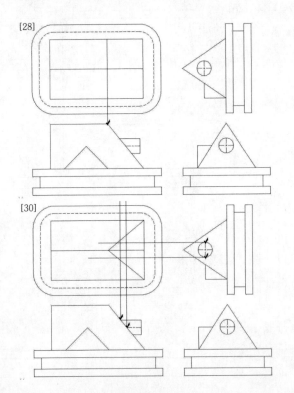

그림과 같이 Trim 하겠습니다. [32]

Ellipse의 반쪽은 Model이고 나머지 반쪽은 Hidden 이므로 Ellipse의 반은 Trim을 해서 잘라낸 후 다시 Mirror를 해서 반을 생성 하겠습니다.

Mirror 명령어 실행.

Command: MI → MIRROR의 단축키 MI입력.

Select objects: → Ellipse 선택. [33]

Select objects: → Enter키 입력.

Specify first point of mirror line: → ①번 점 지정.

Specify second point of mirror line: → ②번 점 지정.[34]

Delete source objects?[Yes/No]<N>: → Enter키 입력.

Mirror한 Ellipse의 반쪽을 선택해서 Hidden Layer로 변경하겠습니다. [35]

그림과 같이 정면도의 체크한 점에서 선을 그리겠습니다. [36]

Trim을 이용해서 그림과 같이 정리한 후, 중심선 두 개를 선택해서 Center Layer로 변경하겠습니다. [37]

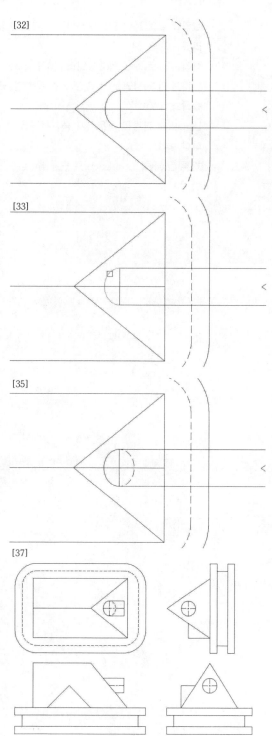

[32]

[33]

[34]

[35]

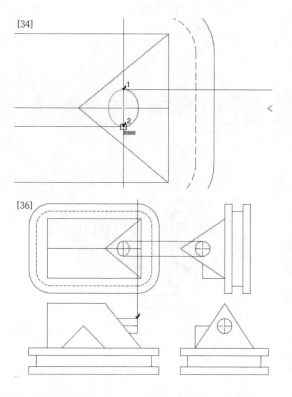

[36]

[37]

그림과 같이 정면도와 우측면도의 체크한 점에서 선을 그리겠습니다. [38]

대각선을 두 개 그리겠습니다. [39]

그림과 같이 정리를 하고, 회전한 우측면도도 삭제를 하겠습니다. [40]

Lengthen 명령을 이용해서 중심선들을 모두 돌출 하겠습니다. [41]

기본 Layer를 Dim Layer로 변경 후 치수를 기입하겠습니다. [42]

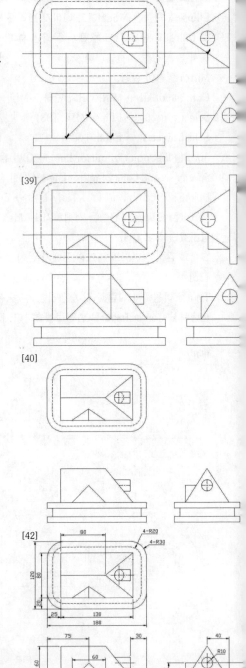

[38]

[39]

[40]

[41]

[42]

실제로 시험에 출제 된다면 이 정도 도면의 난이도로 출제가 됩니다.
출제된 물체에 대한 충분한 이해를 바탕으로 도면을 그려보겠습니다.
그리기 이전에 참고사항을 설명 후 그려보도록 하죠.

[오토캐드기초도면연습-5]

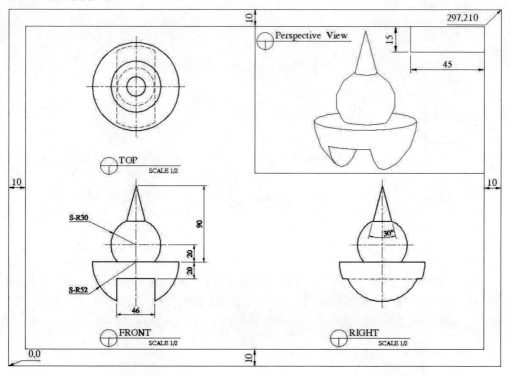

치수 앞에 S가 붙을 때는 구(Sphere.球)라는 뜻입니다.
구는 어떤 방향에서 보든지 같은 모양이며 반지름의 치수가 같습니다.

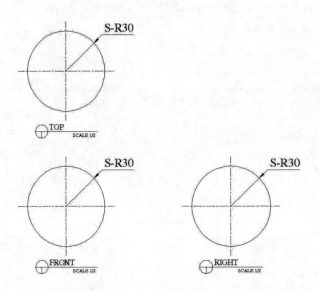

[참고-2]
구의 밑 부분을 잘랐습니다. 정면도와 우측면도는 같이 보이고 평면도에는 보이지 않는 원이(①번 점을 중심으로 ②번 점까지를 반지름으로 하는 원) 하나 더 생깁니다. 잘려진 면의 원입니다.

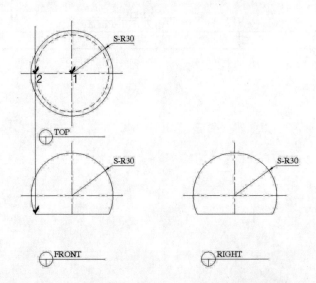

[참고-3]

구를 반으로 자르면 우측면도는 같이 보이고 평면도에는 같은 반지름의 원으로 보입니다.

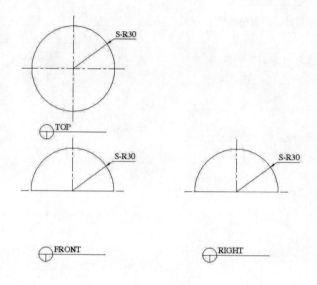

[참고-4]

구를 반 이상에서 자르면 평면도에서 보이는 원의 반지름은 달라집니다.
(①번 점을 중심으로 ②번 점까지를 반지름으로 하는 원)

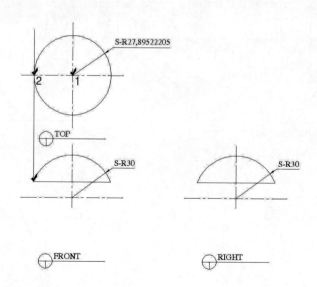

이 처럼 구는 어디가 절단 되는지에 따라서 보여 지는 원의 [1]
반지름이 달라집니다. 이 점에 유의하면서 출제된 도면을
그려 보도록 하겠습니다.

정면도 → 우측면도 → 평면도의 순서대로 그리겠습니다.
우선 수직과 수평선을 그리겠습니다. 수직선은 수평선에서
위쪽이 길도록 그리겠습니다. [1]
선이 교차하는 점에서 R52인 원을 그리고 원의 위쪽 반은
Trim하겠습니다. [2]
그림과 같이 Offset 하겠습니다. [3]
그림과 같이 Trim 하겠습니다. [4]
그림과 같이 R30인 원을 그리고 Trim 하겠습니다. [5]
이제 위쪽의 뿔 부분을 그려보겠습니다.
그림과 같이 Offset 하겠습니다. [6]

[2]

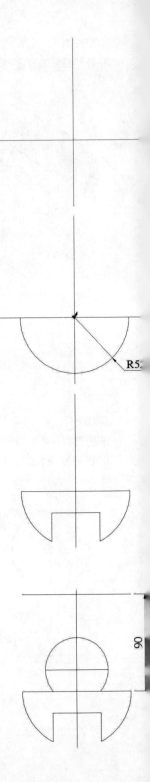

[3]

[4]

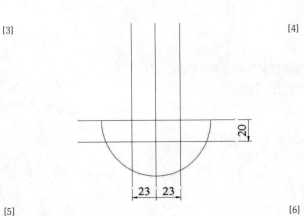

[5]

[6]

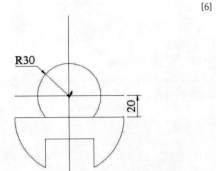

선이 교차하는 점에서 선 길이는 50으로 하고 각 각의 각
도는 255도, 285도로 선을 두 개 그리겠습니다. [7]
필요 없는 선을 삭제하고, 중심선을 선택해서 Center
Layer로 변경하겠습니다. [8]
주어진 도면의 물체가 회전체이므로 우측면도를 그리기
위해서 정면도에서 같은 부분만 복사를 하겠습니다. [9]
R52인 원을 그리겠습니다. [10]
그림과 같이 정면도의 체크한 점에서 선을 그리겠습니다.
[11]
그림과 같이 Trim 하겠습니다. 앞서 설명한 것과 마찬가지
로 구가 완전하게 있는 것이 아니고 특정 부분이 잘려 나갔
기 때문에 잘려나간 부분 까지만 R52인 원으로 보이는 것
입니다. [12]

[7]

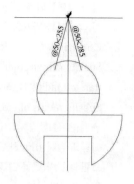

[8]

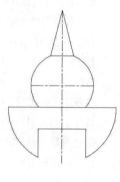

[9]

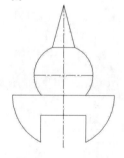

[10]

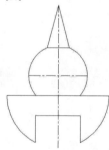

[11]

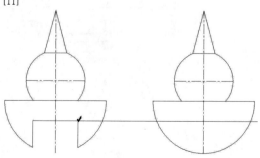

[12]

다시 정면도의 체크한 점에서 선을 그리고, ①번 점에서 ②
번 점까지를 반지름으로 하는 원을 그리겠습니다.

Command: C → CIRCLE의 단축키 C입력.

Specify center point for circle or [3P/2P/Ttr
(tan tan radius)] : → ①번 점 클릭.

Specify radius of circle or [Diameter] :
→ ②번 점 클릭. [13]

그림과 같이 trim 하겠습니다. [14]

그림과 같이 선을 그리고 선택해서 Hidden Layer로 변경
하겠습니다. [15]

평면도를 그리겠습니다. 우측면도를 위로 복사한 후
90도로 회전하겠습니다.

정면도와 회전시킨 우측면도의 중심점에서 선을 그리겠습
니다. [16]

그림과 같이 회전시킨 우측면도의 체크한 점에서 선을 그
리겠습니다. [17]

①번 점을 중심으로 해서, 각각 ②, ③, ④번 점까지를 반지
름으로 하는 원을 세 개 그리겠습니다. [18]

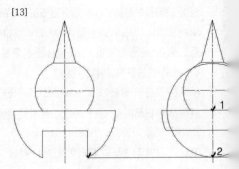

[13]

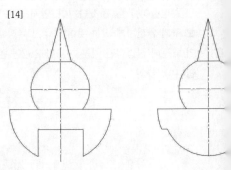

[14]

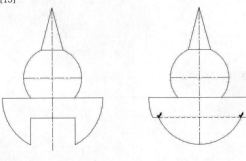

[15]

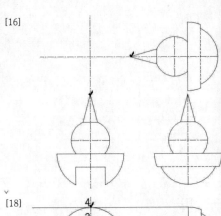

[16]

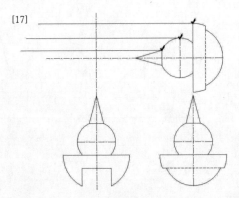

[17]

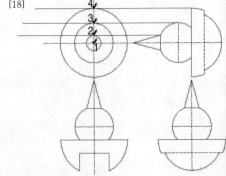

[18]

원을 그린 후 우측면도에서 따온 선은 삭제하겠습니다.
그림과 같이 회전시킨 우측면도의 체크한 점에서 선을 그리겠습니다. [19]

①번 점을 중심으로 해서, 각각 ②, ③번 점까지를 반지름으로 하는 원을 두 개 그리겠습니다. 그린 후 선택을 해서 Hidden Layer로 변경하겠습니다.[20]

그림과 같이 정면도의 체크한 점에서 선을 그리겠습니다. [21]

그림과 같이 Trim을 하고 Hidden Layer로 변경하겠습니다. [22]

Lengthen 명령어를 이용해서 모든 중심선의 끝 부분을 돌출하겠습니다. [23]

기본 Layer를 Dim Layer로 변경하고 치수를 기입하겠습니다. [24]

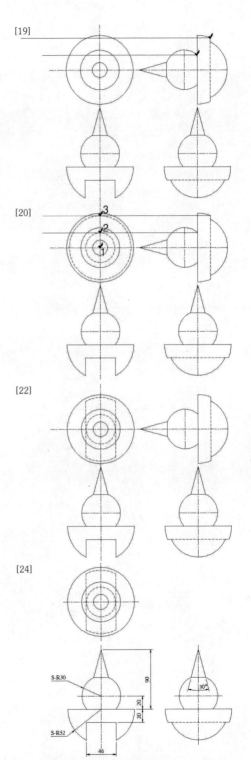

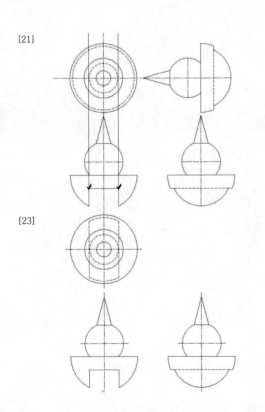